木質系有機資源の新展開 II
Advanced Technologies for Woody Organic Resources II

《普及版／Popular Edition》

監修 舩岡正光

シーエムシー出版

はじめに

　森林は地球生態系を構成する重要な基盤ユニットである。したがって，その取扱いには慎重であらねばならず，安易な大規模利用は修復不可能な環境破壊を引き起こす可能性がある。

　森林は，微小分子が巨大複合体（樹木）を経て再び分子へと転換される一つの流れの場として捉えることができる：

1st（Energy input/Potential up; Phase Ⅰ）：

拡散状態にある炭酸ガスが太陽光をエネルギー源とする光合成システムによって集合化，濃縮され，精密な分子複合系へと組み上げられるステップ（樹木形成）

2nd（Potential equivalent; Phase Ⅱ）：

ハイポテンシャルを維持するステップ

3rd（Energy output/Potential down; Phase Ⅲ）：

分子複合系が解放され壮大な年月をかけ逐次構造転換を繰り返しながら最終的に炭酸ガスへと転換されるステップ

　我々は，生物種そしてそれを構成する物質毎に「Energy」，「Function」，「Time」の認識の下に使い分けているであろうか。材料としてのPhase Ⅲ（分子循環ステップ）の具現化は，21世紀における新しい分野融合型の活動である。それは，ハイポテンシャルで多機能な分子複合系を扱う農学，ローポテンシャルで単機能な素材から高機能材料を精密に組み上げる工学，この両者が融合することによってのみ成り立つ活動である。

　2005年1月シーエムシー出版より『木質系有機資源の新展開』というタイトルのもとに新しい森林資源の活用技術を総括した。本書はその続編であり，森林資源を分子レベルで見つめ直し，それを固定した材料（木材，紙など）を超え高付加価値かつ高機能素材，材料として活用することを意図して開発された最先端の技術を網羅している。

　読者には，個々の技術の特徴を深く比較・認識し，生態系を攪乱しない，そしてその技術が生きる独創的な応用システムを構築していただきたい。

2009年10月

舩岡正光

普及版の刊行にあたって

本書は2009年に『木質系有機資源の新展開Ⅱ』として刊行されました。普及版の刊行にあたり，内容は当時のままであり加筆・訂正などの手は加えておりませんので，ご了承ください。

2015年12月

シーエムシー出版　編集部

―――― 執筆者一覧（執筆順）――――

舩岡 正光	三重大学　大学院生物資源学研究科　教授
松永 正弘	㈱森林総合研究所　木材改質研究領域　機能化研究室　主任研究員
山本 幸一	㈱森林総合研究所　東北支所　支所長
真柄 謙吾	㈱森林総合研究所　バイオマス化学研究領域　木材化学研究室　室長
池田　努	㈱森林総合研究所　バイオマス化学研究領域　木材化学研究室　主任研究員
大原 誠資	㈱森林総合研究所　研究コーディネーター
青栁　充	三重大学　大学院生物資源学研究科　特任准教授
三亀 啓吾	三重大学　大学院生物資源学研究科　特任准教授
野中　寛	三重大学　大学院生物資源学研究科　准教授
三苫 好治	県立広島大学　生命環境学部　環境科学科　准教授
科野 孝典	三重大学　大学院生物資源学研究科
任　　浩	三重大学　大学院生物資源学研究科
宇山　浩	大阪大学　大学院工学研究科　応用化学専攻　教授
小西 玄一	東京工業大学　大学院理工学研究科　有機・高分子物質専攻　准教授
佐藤　伸	青森県立保健大学　健康科学部　栄養学科　教授
藤田 修三	青森県立保健大学　健康科学部　栄養学科　教授
門多 丈治	(地独)大阪市立工業研究所　加工技術研究部　研究員
長谷川 喜一	(地独)大阪市立工業研究所　加工技術研究部　研究主幹

井上　勝利	佐賀大学名誉教授	
喜多　英敏	山口大学　大学院理工学研究科　環境共生系専攻　教授	
古賀　智子	山口大学　大学院理工学研究科　環境共生系専攻	
平田　慎治	トヨタ車体㈱　新規事業部　部長	
小林　広和	北海道大学　触媒化学研究センター　助教	
福岡　　淳	北海道大学　触媒化学研究センター　教授	
矢野　浩之	京都大学　生存圏研究所　教授	
アントニオ・ノリオ・ナカガイト	京都大学　生存圏研究所　博士研究員	
阿部　賢太郎	京都大学　生存圏研究所　JSPS博士研究員	
能木　雅也	京都大学　生存圏研究所　JSPS博士研究員	
原　　亨和	東京工業大学　応用セラミックス研究所　教授； ㈶神奈川科学技術アカデミー「エコ固体酸触媒プロジェクト」 プロジェクトリーダー	
白井　義人	九州工業大学　大学院生命体工学研究科　教授	
井藤　和人	島根大学　生物資源科学部　教授	
谷口　正明	㈱武蔵野化学研究所　企画開発部　副主管	
岡部　満康	㈱武蔵野化学研究所　顧問；静岡大学名誉教授	
渡辺　隆司	京都大学　生存圏研究所　生存圏学際萌芽研究センター　センター長， 教授	

執筆者の所属表記は，2009年当時のものを使用しております．

目　次

第 1 章　"Sustainability" を導く―基盤資源リグノセルロースの持続的活用指針
舩岡正光

1　最後の選択 …………………………… 1
2　樹木―その "流れ" としての認識 …… 2
3　リグノセルロース―分子レベルで見直してみる ………………………… 5
　3.1　リグニンは潜在性フェノール誘導体 ……………………………… 6
　3.2　リグニンはリニア型ユニットの集合体 ……………………………… 6
　3.3　リグニンは不安定 ………………… 6
4　持続的社会に向けて ………………… 7

第 2 章　リグノセルロースのリファイニング技術

1　相分離系変換システム ……舩岡正光… 8
　1.1　分子精密リファイニングの KEY … 8
　1.2　機能可変型リグニン系新素材の設計 ………………………………… 8
　1.3　リグニンおよび炭水化物の変換設計 ………………………………… 10
　　1.3.1　リグニンの逐次変換設計 …… 10
　　1.3.2　炭水化物の逐次変換設計 …… 11
　　1.3.3　リグノセルロースの逐次精密リファイニング …………………… 11
　1.4　リグノフェノールおよび糖質の 2 次機能制御 ………………………… 12
　1.5　植物資源変換システムプラントの構築 ………………………………… 16
2　超臨界水および亜臨界水処理
　　　　　　　　　　　……松永正弘… 19
　2.1　はじめに …………………………… 19
　2.2　超臨界水・亜臨界水とは ………… 19
　2.3　木質バイオマスの亜臨界水処理 … 20
　　2.3.1　水可溶性成分 ………………… 21
　　2.3.2　水不溶性成分（析出物）…… 23
　　2.3.3　反応器内残留物 ……………… 24
　2.4　おわりに …………………………… 25
3　アルカリ蒸解技術のバイオエタノール製造への応用
　　　　……山本幸一，真柄謙吾，池田　努… 27
　3.1　木質バイオエタノール製造の現状 ………………………………… 27
　3.2　リグニンの適切な前処理 ………… 28
　3.3　リグニン除去処理としてアルカリ蒸解（ソーダ蒸解）の選択 ……… 28
　3.4　漂白工程導入の効果 ……………… 30
　3.5　黒液からのエネルギーおよびアルカリの回収 ……………………… 31

3.6 糖収率向上のための諸工程 ……… 31
3.7 アルカリ蒸解による木質バイオエタノール製造実証プラントと今後の展開 ……… 32
4 微生物変換技術 ……… 大原誠資 … 35
　4.1 はじめに ……… 35
　4.2 リグニンの化学構造 ……… 35
　4.3 リグニン分解微生物—*Sphingobium paucimobilis* SYK-6株 ……… 36
　4.4 微生物機能を用いたPDC生産系の構築 ……… 37
　4.5 発酵液からのPDCの精製 ……… 39
　4.6 PDCを原料としたポリマーの生産 ……… 39
　4.7 おわりに ……… 41

第3章　リグニンの機能とその制御

1 高分子物性とその応用 ……… 青柳　充，舩岡正光 … 43
　1.1 はじめに ……… 43
　1.2 リグノフェノールの熱特性 ……… 43
　1.3 リグノフェノールの溶融状態 ……… 46
　1.4 分子量分布と分画 ……… 47
　1.5 おわりに ……… 48
2 逐次分子機能制御 ……… 三亀啓吾，舩岡正光 … 49
　2.1 はじめに ……… 49
　2.2 相分離系変換システムによるベンジルアリールエーテルの開裂 ……… 50
　2.3 アルカリ処理によるβ-アリールエーテルの開裂 ……… 50
　2.4 ルイス酸処理によるメトキシル基の脱メチル化 ……… 51
　2.5 核交換処理によるモノフェノール化 ……… 53
　2.6 おわりに ……… 53
3 芳香族モノマーの誘導 ……… 野中　寛，舩岡正光 … 56
　3.1 はじめに ……… 56
　3.2 リグニンからの芳香族モノマー誘導 ……… 56
　3.3 リグノフェノールからの芳香族モノマー誘導の考え方 ……… 57
　3.4 水熱分解による芳香族モノマーの誘導 ……… 59
　　3.4.1 リグノフェノールの水熱分解 … 59
　　3.4.2 アルカリ触媒の効果 ……… 60
　　3.4.3 リグノフェノールのアルカリ添加水熱分解 ……… 61
　3.5 おわりに ……… 63
4 還元による機能開発 ……… 三苫好治，舩岡正光 … 65
　4.1 はじめに ……… 65
　4.2 従来のリグニン誘導体還元法 ……… 66
　　4.2.1 接触水素化 ……… 66
　　4.2.2 電子移動還元 ……… 68
　4.3 電子移動／接触還元のハイブリッド

式新規還元法 …………………… 70
　4.3.1　ハイブリッド式新規還元法 …… 71
　4.3.2　金属カルシウム触媒法によるリ
　　　　グノフェノールの接触水素化 … 71
4.4　おわりに ……………………………… 73
5　新規高分子変換系の開発
　　　　………………舩岡正光，青柳　充… 75
5.1　はじめに ……………………………… 75
5.2　HM 基を介したフェノールの逐次導
　　入 ……………………………………… 75
5.3　消失型担持体を用いた逐次フェノー
　　ル導入 ………………………………… 78
5.4　アルキルフェノールの導入 ………… 79
5.5　おわりに ……………………………… 81
6　ファイバーボードの分子素材特性
　　　　………………三亀啓吾，舩岡正光… 82
6.1　はじめに ……………………………… 82
6.2　MDF および MDF 原料のリグニン
　　量 ……………………………………… 82
6.3　相分離系変換システムによるリグノ
　　フェノールへの変換 ………………… 83
6.4　リグノフェノールの性状分析 ……… 85
　6.4.1　リグノフェノールの分子量分布
　　　　 …………………………………… 85
　6.4.2　FT-IR によるリグノフェノール
　　　　の構造解析 ……………………… 86

　6.4.3　TMA によるリグノフェノール
　　　　の熱可塑特性 …………………… 86
6.5　相分離系変換処理により分離された
　　炭水化物の特性評価 ………………… 87
6.6　おわりに ……………………………… 88
7　オイルパーム系資源の特性
　　　　………………科野孝典，舩岡正光… 89
7.1　はじめに ……………………………… 89
7.2　オイルパーム複合系から獲得可能な
　　資源 …………………………………… 89
7.3　相分離系変換システムによるオイル
　　パーム複合系の分子素材への変換 … 90
　7.3.1　オイルパーム複合系の解放とそ
　　　　の変換・分離の特徴 …………… 91
　7.3.2　オイルパーム複合系から誘導さ
　　　　れるリグノフェノールの特徴 … 91
7.4　オイルパームフィールドの持続的分
　　子農場としての価値 ………………… 93
7.5　おわりに ……………………………… 93
8　タケリグノセルロースのポテンシャル
　　　　………………任　浩，舩岡正光… 95
8.1　はじめに ……………………………… 95
8.2　タケの特性 …………………………… 95
8.3　タケリグノフェノールの特性 ……… 96
8.4　タケリグノフェノールの活用 …… 100

第4章　循環型リグニン素材「リグノフェノール」の機能開発

1　電子伝達系の応用
　　　　………………青柳　充，舩岡正光… 102

1.1　はじめに ……………………………… 102
1.2　天然物系光増感剤 …………………… 102

1.3	ベスト・パフォーマンス ………… 103		としての可能性 ……………… 125
1.4	フェノール種の影響 …………… 104	4.4	アルコキシベンゼンポリマーの機能化 ……………………………… 126
1.5	リグノフェノール誘導体の構造の影響 ……………………………… 105	4.5	おわりに ……………………… 126
1.6	ポリアニリン／リグノフェノール導電材料 ……………………… 105	5	生体機能開発 ……佐藤 伸，藤田修三，舩岡正光… 128
1.7	おわりに ……………………… 107	5.1	はじめに ……………………… 128
2	酸化チタン複合系の機能 ……………青柳 充，舩岡正光… 108	5.2	リグノフェノールによる糖尿病モデル動物の腎障害の予防と改善 …… 128
2.1	はじめに ……………………… 108	5.2.1	糖尿病モデルラットの作製 …… 128
2.2	複合体の形成とその特性 ………… 108	5.2.2	リグノフェノールによる酸化ストレスの抑制 ……………………… 129
2.3	複合体を用いたリグノフェノールの回収 ……………………………… 111	5.2.3	リグノフェノールによる腎臓の線維化や炎症細胞浸潤の抑制… 129
2.3.1	酸性溶液からの回収………… 111	5.3	高分子量あるいは低分子量リグノフェノールによる血圧上昇の抑制作用 ……………………………… 131
2.3.2	有機溶媒系からの回収………… 112		
2.4	おわりに ……………………… 113		
3	高分子新材料への誘導 ……………宇山 浩，舩岡正光… 115	5.3.1	高分子量リグノフェノールによる血圧上昇の抑制 …………… 131
3.1	はじめに ……………………… 115		
3.2	リグノフェノール―シリカハイブリッド ……………………………… 115	5.3.2	低分子量リグノフェノールによる血圧上昇の抑制 …………… 131
3.3	リグノフェノール―ポリ（L-乳酸）コンジュゲート ……………… 117	5.4	おわりに ……………………… 133
3.4	超高分子量リグノフェノール …… 121	6	高性能エポキシ樹脂材料 …門多丈治，長谷川喜一，舩岡正光… 134
3.5	おわりに ……………………… 121	6.1	はじめに ……………………… 134
4	新規機能性高分子の設計 ……………小西玄一，舩岡正光… 123	6.2	フェノール樹脂代替材料として … 134
4.1	はじめに ……………………… 123	6.3	リグノフェノールを原料とするエポキシ樹脂の合成 ……………… 134
4.2	グラフト化リグノフェノールとポリマーブレンドへの応用 ……… 123	6.4	エポキシ化リグノフェノール／イミダゾール触媒加熱硬化系 ……… 136
4.3	修飾型リグノフェノールの光学材料	6.4.1	耐熱性（ガラス転移温度）…… 136

6.4.2 接着性（引張りせん断強度）… 137	8.5.2 リグノフェノールによるセルラーゼの固定化 ……………… 153
6.4.3 熱分解性（5%重量減少温度）… 137	8.6 おわりに ……………………… 155
6.5 エポキシ化リグノフェノール／アミン常温硬化系 ……………… 138	9 リグニン系機能性炭素膜の創製 …………喜多英敏，古賀智子，舩岡正光… 157
6.5.1 耐熱性（ガラス転移温度）… 138	9.1 はじめに ……………………… 157
6.5.2 接着性（引張りせん断強度）… 139	9.2 リグノクレゾールを前駆体とする炭素膜の製膜 ……………… 158
6.6 おわりに ……………………… 140	9.3 リグノクレゾールを前駆体とする炭素膜の分離性 ……………… 159
7 金属の吸着特性とその応用 …………井上勝利，舩岡正光… 141	9.4 おわりに ……………………… 162
7.1 はじめに ……………………… 141	10 循環型リグノセルロース系複合材料 …………舩岡正光，青柳 充… 164
7.2 従来の貴金属製錬技術 ……… 141	10.1 はじめに ……………………… 164
7.3 架橋リグノフェノールの調製と金属の吸着特性 ……………… 142	10.2 パルプ成型体調製のこれまでの取り組み ……………………… 164
7.4 リグノフェノールの化学修飾と貴金属の吸着・分離 …………… 145	10.3 積層パルプモールド調製の試み … 165
7.5 おわりに ……………………… 147	10.4 リグノフェノール複合体調製のこれまでの取り組み ……………… 166
8 セルラーゼの固定化 …………野中 寛，舩岡正光… 148	10.5 パルプモールドと複合体の特性 … 166
8.1 はじめに ……………………… 148	10.6 おわりに ……………………… 168
8.2 セルラーゼの固定化 ………… 148	11 車体への応用 …………平田慎治… 170
8.3 リグニンとセルラーゼの親和性 … 151	11.1 はじめに ……………………… 170
8.4 リグノフェノールの優れたタンパク質吸着能 ……………… 152	11.2 自動車産業としての環境問題 …… 171
8.5 リグノフェノールによるセルラーゼの固定化 ……………… 153	11.3 農業と工業の融合 …………… 173
8.5.1 リグノフェノールによるβ-グルコシダーゼの固定化 ………… 153	11.4 車体への応用 ………………… 174

第5章　セルロース，ヘミセルロースの制御技術

1 セルロースの解重合（触媒）　　　　　……………小林広和，福岡 淳… 176

1.1　はじめに …………………………… 176
1.2　セルロースの構造 ………………… 176
1.3　セルロースの分解反応 …………… 177
　1.3.1　セルロースのガス化および熱分解反応 ……………………… 177
　1.3.2　セルロースの水素化分解反応 … 178
　1.3.3　セルロースの加水分解反応 …… 179
1.4　おわりに …………………………… 181

2　セルロースナノファイバーの製造と利用
　……矢野浩之，アントニオ・ノリオ・ナカガイト，阿部賢太郎，能木雅也… 183
2.1　無尽蔵のナノファイバー——セルロースミクロフィブリル ……………… 183
2.2　セルロースナノファイバーおよびウィスカーの製造 ………………… 183
2.3　セルロースナノファイバーおよびウィスカーによるラテックス補強 … 185
2.4　ミクロフィブリル化セルロース（MFC）を用いた繊維強化材料…… 186
2.5　ナノファイバー繊維強化透明材料… 187
2.6　おわりに …………………………… 188

3　固体酸の開発とその応用 …原　亨和… 191
3.1　はじめに …………………………… 191
3.2　カーボン系固体酸の合成・構造・機能 ………………………………… 191
3.3　カーボン系固体酸の触媒能 ……… 193
　3.3.1　セルロースの加水分解による単糖の製造 …………………… 193
　3.3.2　カーボン系固体酸によるセルロースの加水分解 …………… 194
3.4　おわりに …………………………… 198

4　ポリ乳酸のケミカルリサイクル
　………………………………白井義人… 199
4.1　はじめに …………………………… 199
4.2　ポリ乳酸の熱分解 ………………… 200
4.3　加圧高温水蒸気によるポリ乳酸の加水分解 ………………………… 202
4.4　ポリ乳酸製卵パックの回収と分別… 204
4.5　ポリ乳酸のケミカルリサイクルの実現性 …………………………… 206

5　メタン発酵 ……井藤和人，舩岡正光… 208

6　乳酸発酵 ………谷口正明，岡部満康… 214
6.1　はじめに …………………………… 214
6.2　乳酸菌によるL-乳酸発酵 ………… 214
6.3　カビによるL-乳酸発酵 …………… 215
6.4　組換え酵母によるL-乳酸発酵 …… 216
6.5　D-乳酸発酵 ………………………… 218
6.6　リグノセルロース系バイオマスからのL-乳酸の生産 ……………… 219
6.7　おわりに …………………………… 221

7　糖質の転換利用 …………渡辺隆司… 222
7.1　はじめに …………………………… 222
7.2　バイオリファイナリーと糖質の変換 ………………………………… 222
7.3　バイオリファイナリーにおける糖質の変換技術 …………………… 223
　7.3.1　植物細胞壁多糖の酵素加水分解 ……………………………… 223
　7.3.2　リグノセルロース系バイオリファイナリーのためのセルラーゼの開発 ……………………………… 223
　7.3.3　糖質の変換のための微生物の改

変 …………………………… 224
7.3.4　バイオリファイナリーのための
　　　糖質由来のプラットフォーム化
　　　合物 ………………………… 225
7.4　石油リファイナリープロセスとリン
　　　クした糖質からのポリマー生産 … 229
7.5　ヘミセルロースの機能開発と製紙産
　　　業がリンクした森林バイオリファイ
　　　ナリー ……………………… 230
7.6　セロオリゴ糖の機能開発 ………… 232

第6章　石油社会からバイオ時代へ　　舩岡正光…235

第1章 "Sustainability"を導く―基盤資源リグノセルロースの持続的活用指針

舩岡正光*

1 最後の選択

　人間を中心とする大規模な活動が引き起こした深刻な環境攪乱への反省から，真の持続的社会の設計，それを導く基盤技術の開発に関心が高まっている。論議の内容は多様であるが，世界的な一つの流れは，再生されない地下隔離炭素（化石資源）に代わり，持続性を有する生物素材への社会基盤の転換である。デンプンやセルロースを原料とするプラスチックやアルコールの製造などは，21世紀型活動のモデルともなっている。しかし，生態系は巧妙な物質ネットワークでそのバランスが保持されており，人間社会の維持に高度に特化した植物資源利用活動は，地球生命を支える基盤生態系のバランスを破壊する可能性がある。

　エネルギー源として木材を多用した18世紀までに対し，炭素比率が高くエネルギー変換効率の高い石炭の活用によって19世紀に第1次の産業革命が起こった。しかし，現在のハイテク社会へと繋がる大きな社会変革の発端は，流体資源"石油"の発見である。もともと人間社会は生物素材・生物エネルギーを基盤とした複雑系で構築されていたが，石油の発見以来次々と提供される単純系素材によって生物系複合体の複雑性から解放され，極めて短期間の間に材料全般に対し人間の思考の及ぶ単純系，単機能システムを基盤とする社会へと移行したのである。

　しかし，21世紀において今我々が対象とするバイオ，それは化石資源のルーツであり，生態系を構成する最重要複雑系（複合系）基盤ユニットである。生物複合系から部分的に抜き出した単純素材を対象とした20世紀型技術が通用するわけはなく，それを無理矢理適用しようとする現在のバイオマス利用活動は，生物素材の複合機能を切り落とし，生態系を攪乱する活動にほかならない。

　我々は今，人間活動は地球生態系の従属ユニットとしての活動であることを再度深く認識すると共に，真摯に生態系のシステムを深く見直し，それを規範とする新しい社会システムを構築しなければならない。

＊　Masamitsu Funaoka　三重大学　大学院生物資源学研究科　教授

2 樹木—その"流れ"としての認識

人間社会は地球生態系に従属するサブユニットである。従属生物である人間が自身を包含するその基盤システムを語ることは容易ではない。しかし，人間が生態系の主役と錯覚した 20 世紀型活動の反省をふまえ，サブユニットとしての視野で再度生態系を捉え直すと，そこには以下の原理が浮かび上がってくる。

① 個々の生命およびその支持体のネットワークにより稼働する精密システム
② システム構成ユニットに不要な部品は存在しない（自然淘汰）
③ 分子レベルで形を変え，前進型の持続的な流れ（ネットワーク）を形成
④ 生態系物質に主従関係は存在しない。

以上を理解すると，自ずと 21 世紀の活動指針（優先順位）が見えてくる。

① バイオマテリアルの機能を動的に解析，理解
② その機能を破壊しない，それを活用する変換プロセス開発
③ その機能が最大に生きる応用展開
④ 生態系での流れの順に多段階に活用する。

すべての活動は，バイオから始まり，バイオで終わる。これがバイオの時代である。プロセス開発を優先し，バイオへの適用によるその効果のみが比較される現実——現行のバイオ活動は，明らかに人間中心であり，環境攪乱を引き起こした 20 世紀と何も変わってはいないことを早急に認識しなければならない。

近年，カーボンニュートラルという言葉とその認識の下に植物の利用が推奨されている。しかし，この活動には大きな落とし穴がある。「時間」，「エネルギー」そして「機能」の 3 因子の欠落である。

植物の循環は，炭素の流れとしてエントロピーの異なる三つの Phase より構成されている（図 1）。

Phase I （Potential up）：炭素濃縮，分子構築，形態形成
Phase II （Potential 平衡）：形態維持
Phase III （Potential down）：形態・分子解放

Phase I は通常光合成として理解されており，炭素が濃縮され形態が可視レベルに到達した時点で，我々は植物としての認識を開始する。Phase II は，植物の主体として認識されるステップであり，森林とはこの状態を指す。Phase III は，分子として濃縮された炭素が構造として解放され，拡散していくステップである。

生命が存在するのは Phase I と II であり，一方リグノセルロース区分は生命支持体として全

第1章 "Sustainability"を導く―基盤資源リグノセルロースの持続的活用指針

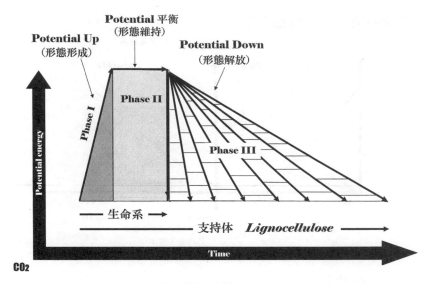

図1　植物の循環システム

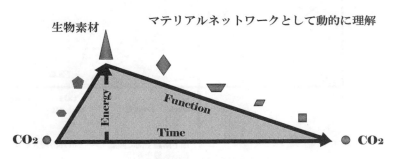

図2　生態系物質（有機素材）の流れ

てのPhaseの基盤となっている。樹木と草の根本的な違いはPhase IとIIにあり，草は樹木に比べ分子濃縮のレベルが低く，かつその循環は短時間で完結する。

　地球生態系の基盤要素である植物を，環境を攪乱することなく持続的に活用するためには，生命系とその支持体を分離認識すると共に，その炭素循環系を「時間」，「エネルギー」，「機能」の3因子で分子レベルにおいてマテリアルネットワークとして動的に理解し（図2），それを人間社会における物質とエネルギーの流れに再現することが必須となる。中でも，現行のバイオマス利用で放棄されている植物のPhase IIIを，いかに人間社会における持続的な原料，材料そしてエネルギーのフローとして具現化するかがキーとなる。

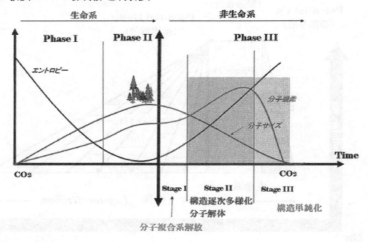

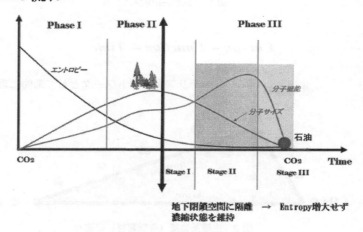

図3 植物の流れと石油の生成

　図3は，炭素の流れとしての植物の表示を，エントロピー，分子サイズ，分子機能との相関で再表示している。資源は濃縮されていなければならず，その意味において，生命が存在するPhase IIで，形成された分子のサイズは最大，炭素濃縮のレベルは最高（エントロピー最小）に達し，資源としての最適状態となる。木材工業とは，正にこのステップを活用する活動として発展してきたものである。生命停止後のPhase IIIでは，分子サイズは徐々に低下する一方，分子機能はそれによってさらに増大するが（Stage I，II），さらなる分子解体によって最終的には単機能系分子へと移行し，最終的には炭酸ガスへと転換される。この間，Phase IIIにおいてエントロピーは増大し続け，Phase IIまでに濃縮された分子は生態系へと拡散し，資源価値は失われ

第1章 "Sustainability"を導く―基盤資源リグノセルロースの持続的活用指針

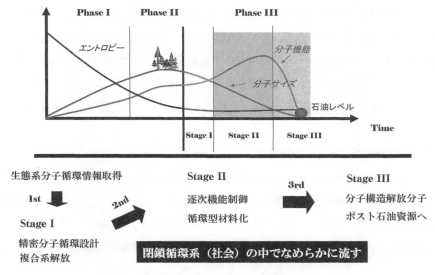

図4 人間社会を経由する新しい植物の流れ

ていく。

ではなぜ，植物を重要なルーツの一つとする石油，石炭が資源となり得るのか。それは，特殊な地殻変動で地下に隔離状態となったリグノセルロースが，炭素濃縮状態（低エントロピー状態）を保持したまま地熱，圧力，そしてエージング効果を受け，徐々に還元的に単機能系分子へと変化したからである。

地下隔離炭素（化石資源）の大部分を大気へ放出してしまった現在，環境を攪乱することなく現行のハイテク社会を維持する方策――それは，人間社会を生態系における一つの閉鎖循環系と見なし，そこを超えて濃縮資源が拡散しないよう管理することである。従来の林業，木材工業の仕組みにしたがい森林資源を総体（分子複合体）として活用後，樹木構成成分を高分子から低分子へと逐次機能制御することによって逐次材料化し，最終的に分子構造を解放し，単機能系ポスト石油資源へと転換すること以外にはない（図4）。

3 リグノセルロース―分子レベルで見直してみる

リグノセルロースは生命体ではない。生命ユニットを受容（保持）するカプセルであり，その集合化に寄与する支持体である。それを構成する炭水化物（セルロースとヘミセルロース）とリグニンは，地球生態系に無尽蔵に拡散する炭酸ガスと水が高度に濃縮された1形態（低エントロピー体）であり，それぞれ脂肪族および芳香族系素材として持続的社会の基盤となる重要な資源

である。脱石油型社会の達成には両者の機能的多段階活用が必須となる。これまで膨大なアプローチがなされているにもかかわらず，なぜ未だに両素材の機能的な活用分野が見出されないのだろうか。短絡的なリグノセルロースの利用を繰り返す前に，ここで原点に立ち返り，地球生態系に高度に蓄積されながら未だに有効な活用分野が見出されないリグニン構造に焦点を当て，新たな視点で再度その本質を見直してみたい。

3.1 リグニンは潜在性フェノール誘導体

リグニンの主要原料であるコニフェリルアルコールとシナピルアルコールは，炭酸ガスからグルコース，シキミ酸，芳香族アミノ酸を経由して形成される。芳香族アミノ酸から窒素が離脱した後，芳香核に複数個の水酸基が付加するが，その後1個を除き速やかにメチル化され（メトキシル基の形成），不活性化される。なぜ高分子形成に不要な水酸基が複数個付加され，その後ブロックされるのか。一見実に幼稚な淘汰されるべき仕組みに見えるが，壮大な時間を超え地球と共存してきた植物の仕組みに不合理なシステムが存在するはずはない。ここに「流れ」という動的な認識が必要になる。生態系における芳香族化合物代謝システムすなわち芳香族系マテリアルネットワークの上流に位置する一ユニットをリグニンという総称で捉え，その下流に多価フェノール骨格が生きる化合物群を位置付けることによって，リグニンの複合機能が合理的に理解される。

3.2 リグニンはリニア型ユニットの集合体

「リグニン3次元構造は，フェノキシラジカルの形成とそれに続くラジカル共鳴混成体のランダムカップリングにより形成される」と専門書に記されている。しかし，ラジカル共鳴混成体における主な活性位置の反応性は対等ではなく，その数もコニフェリルアルコールで3，シナピルアルコールでは2にすぎない。さらに，ラジカル形成ポイントであるフェノール性水酸基が最優先でカップリングに関与する結果，3次元高分子形成に必要なラジカル活性ポイントの数は明らかに不充分である。脱水素重合により構築されるリグニン1次分子鎖は，分岐を有するリニア型が主体となるはずである。

3.3 リグニンは不安定

リグニンの生合成において，ラジカル共鳴混成体に含まれるβ-ラジカルが保有するキノンメチド構造はβラジカルのカップリング後も残存し，そこに主として含酸素活性基が付加する結果，側鎖α位に多様な活性構造が形成される。隣接リグニンユニットのフェノール性水酸基が付加した場合，脱水素重合系1次分子鎖間にリンクが形成されることになり，これによってリグ

ニン3次元ネットワークが形成される。すなわち,リグニンはリニア型サブユニット(1次分子鎖)がベンジルアリールエーテルでリンクされた実に不安定な3次元高分子であり,この不安定性が高度な環境応答性の基本となっている。

　リグニンは「糖質を保護する分解困難なフェノール系高分子」と説明されてきたが,これは誤解を招く実に不正確な解釈である。リグニンは「活性側鎖を有する潜在性フェノール系高分子」と理解すべきである。活性部位は,環境変化に応答し構造ストレスを解放する環境応答設計であり,フェノール性水酸基のブロック体は,その後 Phase Ⅲ において多価フェノールとして機能するための潜在構造と見なし得る。炭水化物とリグニンはその生態系循環時間が大きく異なり,際立った長期循環系を形成するリグニンは包含している分子設計が多く,セルロースなどの短期循環素材と同次元で比較するとその構造が著しく複雑で不可解に感じられてしまうのである。炭水化物とリグニンは同次元で扱ってはならず,個別のプラットフォームが必要とされる。

4　持続的社会に向けて

　リグニンは芳香族系物質の代謝システムを構成する一連の機能群として捉えなければならない。リグニンの機能は決して同時に発現することはなく,構造の切り替えにより逐次発現する。この点が各種構造体の混合物として存在する石油と根本的に異なる点である。"複合系制御"と"混合系分離"——"リファイニング"という言葉の下で混同されてはいないだろうか。環境を攪乱することなく石油とバイオを使い分けるためのキーである。

　生態系を攪乱することなく持続的に基盤資源を活用するためには,バイオマテリアルを固定的に捉えず,流れとして動的に,マテリアルネットワークとして理解する姿勢が必要である。我々人間の視野に飛び込んでくるバイオ——それは流れを構成する一形態にすぎない。それはどこから来たのか,その後は何か,それは生命構成要素か,生命を保持するカプセルか,その循環時間はどのくらいなのか,などバイオの本質を元素,分子,時間,エネルギー,機能の軸で慎重に認識し,生態系におけるその仕組みを乱さない取り組みが基本となる。

第2章　リグノセルロースのリファイニング技術

1　相分離系変換システム

舩岡正光*

1.1　分子精密リファイニングの KEY

　炭酸ガスから始まり炭酸ガスへと返る植物の炭素循環システムを人間社会の物質・エネルギーの持続的フローに具現化するためには，三つの Phase より構成される生態系の循環設計を損なわない構成素材のリファイニングとその循環特性を順に活用する精密な逐次機能変換システムが必要となる。

　セルロース分子鎖は，グルコース間の脱水により形成される。したがって，その解重合には必ず水分子を戻す必要がある。一方リグニンでは，高分子形成過程で脱水は行われておらず，むしろキノンメチドへの加水により最終構造が形成されている。解体により親水構造が導かれるセルロースと疎水構造が誘導されるリグニンをいかに同時に構造制御するのか，さらにその過程で生成する極端に反応性の異なる炭水化物 C_1 カチオンとリグニンベンジルカチオンをいかに個別に制御するのか——これがリグノセルロース精密リファイニングのキーとなる。従来のリファイニング過程で負荷される環境は，リグニンには過酷すぎ，分子内に包含された循環ポイントが一気に機能する結果，誘導された素材はその固有の循環系を大きくジャンプしており，その後機能的に循環活用することは不可能となる。

　リグノセルロースを基盤とする脱石油型社会を導くためには，炭水化物を中心とした従来の処理システムを根本的に見直し，リグニンおよび炭水化物両者を精密に変換する全く新しいシステムを構築しなければならない。

1.2　機能可変型リグニン系新素材の設計

　天然リグニンは以下のステップを経て形成される。

〈基本構成ユニット誘導〉

① 　フェニルアラニンの脱窒

　生命系必須元素の離脱により，炭酸ガスと水のみからなる基盤資源ユニットが形成される。

② 　フェノール性水酸基の付加

　＊　Masamitsu Funaoka　三重大学　大学院生物資源学研究科　教授

第2章 リグノセルロースのリファイニング技術

芳香核に水酸基が複数個付加され，多価フェノールユニットが形成される。
③ フェノール性水酸基のメチル化
C4位OH以外はメチル化体となり，そのフェノール活性がマスクされる。
④ カルボキシル基の還元
側鎖C3位のカルボキシル基が還元され，1級水酸基が形成される。
〈高分子鎖形成〉
⑤ フェノール性水酸基の脱水素
フェノール酸化酵素の作用により，フェノキシラジカルが形成される。
⑥ ラジカル共鳴混成体間のランダムカップリング（高分子鎖形成 1st Driving Force）
これにより分岐鎖を有するリニア型1次高分子鎖が形成される。
⑦ 1次高分子鎖間の結合（3次元体の形成）
側鎖C2ラジカルが保有する活性キノンメチドへの隣接フェノール性水酸基の攻撃により（2nd Driving Force），ベンジルアリールエーテルが形成され，1次分子鎖が3次元的に配向する。

リグニンの高分子鎖形成に関与する1次（⑤），2次（⑥），3次（⑦）反応は，いずれもランダム系であるため，結果として形成される高分子リグニンは構造に規則性を持たず，天然系素材としては極めて異質な存在となる。これが生態系におけるリグニンの際だった高耐久性，多機能性，長期循環性の主因であるが，一方ではこれはセルロースなどと同列の固定的評価においてリグニンの特性を曖昧にし，その利用を阻む主因ともなっている。

第1章で述べたように，樹木は炭素循環の地上での一形態であり，上記7段階で形成されるリグニンはその地上ステップでの機能体としての必要条件を有し，かつその下流側に必要な機能をも潜在的に包含している。すなわちリグニンを動的に構造，機能の流れとして捉えると，樹木中のリグニンを固定的にその構造にこだわり，それをそのまま活用しようとする従来の姿勢はリグニンの真の機能を認識することなく破壊し，結果として環境攪乱を引き起こすことになる。樹木を背にし，炭酸ガスへ向かう資源フローの下流側に視点を置くとき，樹木中の天然リグニンは構造変換の出発点に位置する原料物質である。分子レベルにおける詳細な理解により現在の精密石油化学工業が誘導されたように，リグニンのポスト石油系素材レベルまでの機能的な長期フローには，天然リグニンの構造の詳細を理解し，それを個別に逐次活用するという新しいスタンスが必須となる。

リグニン分子中（C9基本単位間，基本単位内）には，C-C系およびC-O-C系の結合が存在し，単位間におけるその頻度はほぼ同等である。C-C系には，Alkyl-Aryl型，Alkyl-Alkyl型，Aryl-Aryl型があり，C-O-C系には，Alkyl-O-Aryl，Aryl-O-Aryl，Alkyl-O-Alkyl型が含まれる。主要なC-O-C系の形成順は，Methyl-O-Aryl(Methoxyl)→側鎖C2-O-Aryl→側鎖

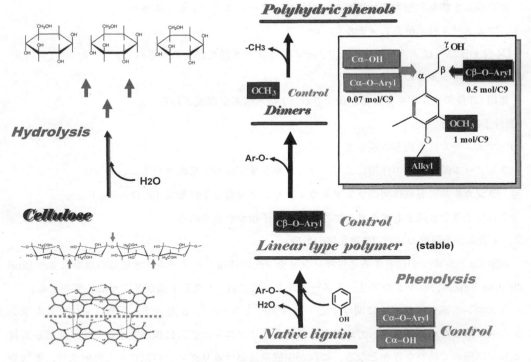

図1 リグノセルロース成分の逐次機能制御

C1-O-Arylであり，この順でその安定性は低下する。一方，全てのリグニン構成単位の側鎖C1位には活性含酸素構造が存在し，リグニンの環境応答機能の原動力となっている。

　天然リグニンをポスト石油資源のレベル（モノマー，ダイマー，オリゴマーなど）まで分子量，フェノール活性そしてその機能を逐次制御するにあたり，そして同時に炭水化物との関係を絶ち，両素材を個別に活用する目的で，両素材の生合成経路を逆にたどる多段階機能制御システムを設計した（図1）。

1.3　リグニンおよび炭水化物の変換設計

1.3.1　リグニンの逐次変換設計

L-①　キノンメチドへの隣接フェノール性水酸基の付加によって形成された側鎖C1-アリールエーテルユニットを選択的に切断することにより，天然リグニンを3次元高分子からそのリニア型サブユニット（ラジカルカップリングに基づく1次分子鎖）に解放する（高次構造制御）。

L-②　活性側鎖C1炭素への選択的フェノールグラフティングによって，リグニンC9基本ユ

第2章　リグノセルロースのリファイニング技術

ニットに 1,1-ビス（アリール）プロパン型構造を構築する（C9 基本ユニットの標準化，機能制御）。

L-③　側鎖 C1-フェノール-C2-アリールエーテルユニットにおける C1 フェノール核の隣接炭素（C2）求核攻撃性を活用し，最多単位間結合である側鎖 C2-アリールエーテルを制御する（分子内機能変換ユニット，分子量・フェノール活性制御）。

L-④　潜在性フェノール構造（アルキルアリールエーテルユニット）を逐次解放することにより，フェノール活性を持続的に発現させる（側鎖 C1 エーテル→側鎖 C2 エーテル→メトキシル基）。

L-②の設計は以下の理由による。リグニン基本構成単位は，芳香核とアルキル（プロパン）ユニットからなる。側鎖 C1 は SP^3 混成炭素であり，そこに新たに導入するユニットはプロパン側鎖に対しリグニン芳香核と対等関係を形成する。すなわち新たに導入するユニットの機能を選択することにより，リグニン高分子本体に，その構成単位レベルで新たな機能を融合させることが可能となる。さらに，形成されるジアリールメタン型構造は，容易に核交換反応によりその構造が解放され，芳香核の回収，置換が可能である。

1.3.2　炭水化物の逐次変換設計

C-①　結晶領域の膨潤によりセルロース分子鎖の拘束を解く。

C-②　分子内グリコシド結合の 1 次加水分解制御により，分子サイズの 1 次規制を行う。

C-③　2 次加水分解制御により，最終糖鎖ユニットへと転換する。

1.3.3　リグノセルロースの逐次精密リファイニング

炭水化物およびリグニンに対し個別に設定した上記変換ステップのうち，L-①，L-②，C-①，C-②はリグノセルロース複合体に与える反応環境下で同時に達成しなければならず，この反応制御が精密リファイニング達成の鍵となる。そのためには，①変換反応系のマッチング，②反応速度差の制御，③選択的反応制御，が必須となり，従来行われてきた高エネルギー環境下における一段処理は通用しない。

これらを常温，常圧下で選択的に進行させる新しいプロセスとして，1988 年に"相分離系変換システム"を考案した。システムのキーポイントは，疎水性リグニンと親水性炭水化物に相混合しない個別の反応系（機能環境媒体）を設定し，リグニンは Phenolysis により，一方炭水化物は Hydrolysis により常温常圧下で選択的に変換・分離することにある（図2）。

1 次制御：リグノセルロース系複合体（粉体）を疎水性媒体（フェノール誘導体）で溶媒和した後，酸水溶液中に投入し，系を激しく攪拌する。疎水性フェノールは水中で微粒子状に分散し，内部のリグノセルロースは界面でのみ短時間酸と接触する。すると炭水化物は膨潤，部分加水分解をうけ，一方リグニンのベンジルアリールエーテルが開裂，生成したカチオンにはフェノール

誘導体が導入され，高度な細胞壁複合系がゆるみ始める。

2次制御：加水分解を受けた親水性炭水化物はフェノール相から水相へと抜け出すが，一方変換によって疎水性の高まったリグニンは反対に粒子界面から中心部へと移行し，結果として酸との接触による複雑な2次変性は可及的に抑制される。

3次制御：系の攪拌を停止すると，両相の比重差により反応系は機能変換リグニンを含む有機相（上層）と炭水化物を溶解した水相（下層）に分離する（図3）。

相分離系変換処理により，リグノセルロース系複合体を構成する天然リグニンはほぼ定量的に1,1-ビス（アリール）プロパンユニットを高頻度で含むリニア型フェノール系リグニン素材（リグノフェノール）に変換され，最終的に白色粉末状で分離される。

一方水相には，構成多糖が主として分子量2000以下の低分子画分および分子量10万以上の水溶性ポリマーとして分離される。

上記変換・分離は，樹木系リグノセルロースで30〜60分，草本系リグノセルロースで5〜10分の相分離系処理で達成される。この迅速なリファイニングは，リグニン高分子鎖の解放による炭水化物に対するベルト効果の消失，炭水化物の膨潤・部分加水分解によるフレームワーク構造の解放，の両効果に基づく。

1.4 リグノフェノールおよび糖質の2次機能制御

生態系長期循環資源であるリグニンを逐次活用するためには，その機能を任意に転換し得る分子内スイッチが必要となる。

リグノフェノール分子内に高頻度で分布する1,1-bis-(aryl)propane-2-O-aryl etherユニットを機能変換ポイントとして位置付け，側鎖C1フェノール核をC2エーテル結合の解裂スイッチとして機能させる新しいシステムを設計した（図4）。スイッチング機能には，電子欠損した側鎖C2炭素に対するC1フェノール核OHの求核攻撃性を活用し，その開始はフェノール核の塩基性と運動性によって制御する。立体的に隣接炭素攻撃が可能な p-アルキル置換フェノールはいずれもスイッチング素子として機能する。

この分子機能変換は，C1フェノール核とリグニン母体芳香核間のフェノール活性交換により発現し，結果として分子量は低下する一方，その全フェノール活性は一定に保たれる。制御分子量はスイッチング素子の分子内頻度と明確に相関しており，コントロール素子を活用し，スイッチング素子の分子内分布を制御することによって，リグノフェノールの分子量を任意にコントロール可能である。

スイッチング素子の機能メカニズムは，エネルギーによって異なり，比較的低エネルギー環境下では，側鎖C2炭素へのフェノキシドイオンの攻撃が優先し，クマラン環の形成を伴うエーテ

第2章 リグノセルロースのリファイニング技術

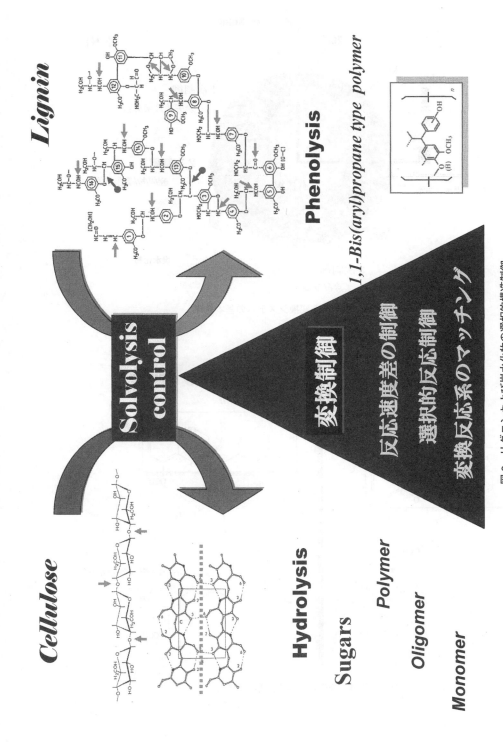

図2 リグニンおよび炭水化物の選択的構造制御

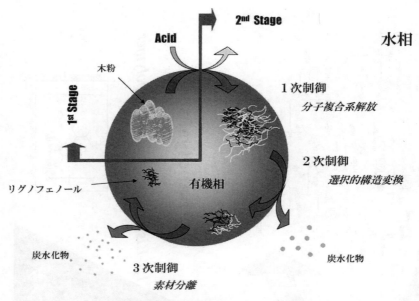

図3　相分離系変換システムの基本原理

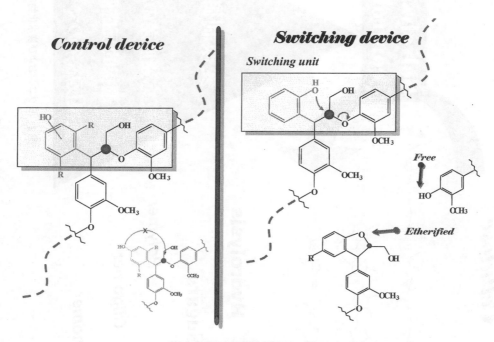

図4　分子内機能変換素子の設計

第2章　リグノセルロースのリファイニング技術

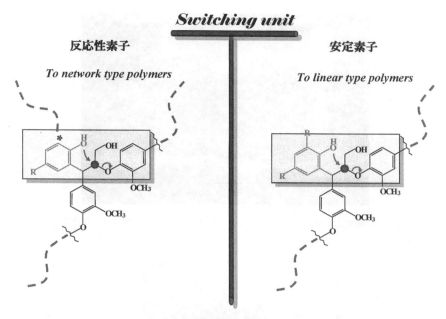

図5　反応性素子と安定素子

ル結合の解裂が進行するが，高エネルギーの場合にはアリールミグレーションが生じ，結果としてスチルベン型ユニットが形成される。

　芳香核上に活性ポイントを保持したフェノール核（反応性素子）は，架橋により隣接分子との接合ユニットとして機能し，リグノフェノール分子は安定な3次元構造へと成長するが，一方活性ポイントを有しないフェノール核（安定素子）を保持した素材では，分子末端でのみ結合が生じ，リニア型へと成長する（図5）。両素子の分子内頻度を制御することにより，高分子の架橋密度をコントロールすることができ，様々な物性を有するリグニン系循環型機能材料を誘導することができる。

　導入フェノールの構造と反応性を選択することにより，リグノフェノールの機能を自在に制御することができ，これによって生態系において構造を転換しながら長期間機能するリグニンを，世代を超え材料として逐次活用することが可能となる。

　一方，変換系を構成する酸媒体の選択により，加水分解速度の差を用いてセルロースとヘミセルロースを選択的に分離することが可能であり，さらにセルロースの重合度を任意に制御することもできる。したがって，長鎖セルロースとしての利用後，最終的にグルコースへと誘導し，各種発酵操作などによって有用なケミカルスへと持続的に転換，利用することが可能となる。

　現在植物系分子素材の利用に関し，バイオエタノール，ポリ乳酸など様々な提案がなされてい

木質系有機資源の新展開Ⅱ

図6　植物資源変換システムプラント［第1号システム（2001），三重大学］

図7　植物資源変換システムプラント［第2号システム（2003），林野庁］

るが，これらはいずれも植物構成糖（炭水化物）の利用であり，その前段階では芳香族資源として重要なリグニンが破壊され，廃棄されている。本法を従来の糖質利用プロセスの上流側に付加することにより，糖質の利用がより多段階に実行可能となるのみならず，リグニン区分をも高付加価値なリグノフェノールに転換，取得することができる。

1.5　植物資源変換システムプラントの構築

　2001年夏，三重大学構内に相分離系変換の基本システムを具現化する第1号変換プラントを建設した（JST CREST 研究；図6）。2003年12月には北九州（若松）に第2号変換システムプラント（農林水産省 林野庁補助事業）が完成し（図7），企業による比較的大規模な試験運転が

第2章　リグノセルロースのリファイニング技術

図8　植物資源連続変換システムプラント［第3号システム（2008），三重大学］

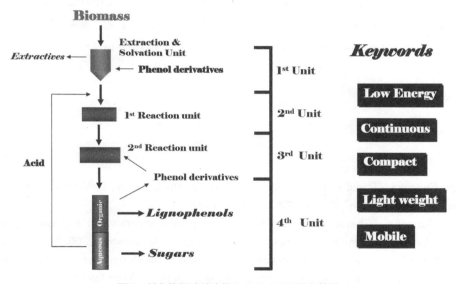

図9　植物資源連続変換システムの工程と特徴

行われてきた。さらに現在，連続，軽量，コンパクトをキーワードとするフィールド対応型連続変換システムプラントを独自に設計，建設し，試験運転を行うと共にそのフィールドでの実証を進めている（JST SORST 研究；図8，9）。

　第3号プラントは，従来型のバッチ方式ではなく，連続式流通系反応方式を採用しており，さらに工程間のバッファー層やポンプを排除し，シンプルかつ低エネルギー型に組み上げている。変換分離特性は，実験室試験値と同様ほぼ定量的であり，さらに天然リグニンのリグノフェノールへの変換レベルを制御し，分子量とその機能を自在にコントロールする仕組みも工程に組み込

んでいる。さらに変換精製工程で使用する有機溶媒の回収再利用システム，硫酸回収システムも導入し，完全クローズドシステムを目指した設計となっている。変換工程は全て常温，常圧で機能し，さらに全工程を液相で進めるため，非常に低エネルギーかつ短時間にリグノセルロースの精密リファイニングが達成される。

石油は流体であり，輸送に適した資源である。一方，植物は多孔質かつ嵩高な固体である。したがって，それを基盤とする工業システムは自ずと異なり，原料をプラントへ輸送する石油化学工業システムに対し，新しい植物系工業システムは原料形成フィールドへプラントが移動するという仕組みが適している。現場で植物を液相に転換し，タンクローリーで化学処理拠点へ輸送する。

フィールドに設置するプラントにはその環境に融合するデザインが求められる。変換効率，輸送効率，エネルギー収支，マテリアルバランスのみを追い求めた20世紀の化学工学，工業システムとは一味違う新しい学問分野"環境融合工学"の創成が求められる。環境と融合するシステム，それが真のエネルギーミニマム型システムであることは間違いない。

文　　献

1) M. Funaoka, "Rapid separation of wood into carbohydrate and lignin with concentrated acid-phenol system", *Tappi J.,* **72**, 145-149（1989）
2) M. Funaoka, "Characteristics of lignin structural conversion in a phase-separative reaction system composed of cresol and sulfuric acid", *Holzforschung,* **50**, 245-252（1996）
3) M. Funaoka, "A new type of phenolic lignin-based network polymer with the structure-variable function composed of 1,1-diarylpropane units", *Polymer International,* **47**, 277-290（1998）
4) M. Funaoka, "Lignin, Its functions and successive flow", *Macromol. Symp.,* **201**, 213-221（2003）
5) K. Mikame and M. Funaoka, "Conversion and separation pattern of lignocellulosic carbohydrates through the phase-separation system", *Polymer Journal,* **38**, 694-702（2006）

2 超臨界水および亜臨界水処理

松永正弘*

2.1 はじめに

　地球温暖化の一因であり，しかも有限である石油や石炭などの化石資源に代わり，再生産可能なカーボンニュートラル資源である木質バイオマスをエネルギー源や化学工業原料として利用しようとする研究が近年活発化している。特に，2002年12月に閣議決定された「バイオマス・ニッポン総合戦略」が2006年3月に見直され，国産バイオ燃料を本格的に導入するための施策推進が図られるようになってから，エネルギー分野での木質バイオマス利用研究が非常に盛んになっている。

　木質バイオマスをバイオエタノールのような液体燃料に変換する場合にも，工業原料として有用なケミカルスに変換する場合にも，樹木を形成している複雑な高分子を扱いやすい低分子量のモノマーやオリゴマーに分解する必要がある。木材構成成分の低分子化技術については様々な手法が研究・開発されているが，ここでは超臨界水および亜臨界水を用いた木質バイオマスのケミカルリサイクル技術について説明する。

2.2 超臨界水・亜臨界水とは

　超臨界水とは温度が374.2℃以上，圧力が22.1MPa以上の水のことであり，亜臨界水とは超臨界水よりもやや低い温度・圧力の水のことである（図1）。亜臨界水の明確な定義はないが，200〜374℃/10〜30MPa程度の温度・圧力範囲で，液体状態の水を指すことが多く，「加圧熱水」・「高温高圧水」などとも呼ばれる。

　超臨界水および亜臨界水中では，酸やアルカリ，触媒などが存在しなくてもエーテル結合やエステル結合を持つ有機物が高速に加水分解される。スギ木粉および微結晶セルロースの分解速度定数のアレニウスプロットを図2に示す[1〜3]。微結晶セルロースでは350〜360℃付近に変曲点が存在し，超臨界水領域での分解速度定数が急激に増大しているのがわかる。一方，スギ木粉では明確な変曲点は存在しないが，これは，微結晶セルロースが単一物質で加水分解反応が均相的に生じているのに対し，スギ木材はセルロースやヘミセルロース，難分解性のリグニンなどからなる複合材料で，反応性も各構成成分によって大きく異なり，分解反応が不均一に生じているためと推測される。

　超臨界水処理と亜臨界水処理を比較すると，反応速度の面では超臨界水処理の方が高速に反応が進行するため有利である。しかし，超臨界水処理は反応が高速すぎるため，一秒の違いで得ら

---

　　* Masahiro Matsunaga　㈱森林総合研究所　木材改質研究領域　機能化研究室　主任研究員

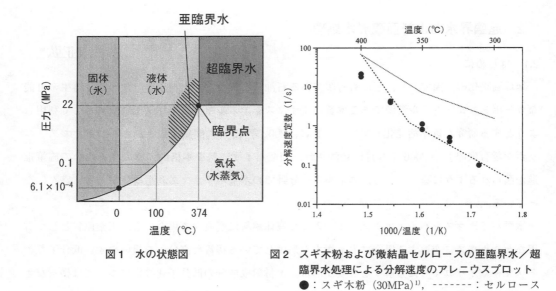

図1　水の状態図

図2　スギ木粉および微結晶セルロースの亜臨界水／超臨界水処理による分解速度のアレニウスプロット
●：スギ木粉（30MPa）[1]，-------：セルロース（25MPa）[2]，……：セルロース（40MPa）[3]

れる生成物の構成が大きく変化してしまうこともあり，大規模化したときの反応制御が非常に困難であると予想される。むしろ，処理時間が数十秒～数十分単位の亜臨界水処理の方が扱いやすいといえる。また，高圧水のイオン積は300～350℃の亜臨界水領域で極大値を示す[4]ため，酸触媒的・アルカリ触媒的な効果としては亜臨界水の方が期待できることや，将来の実用化を考えた場合に，温度・圧力の低い亜臨界水の方がエネルギーコストも抑えられ，プラントも低圧設計となるので製作コストが低減できることなど，利点も多い。そこで，以下では亜臨界水処理による研究成果を中心に説明を行う。

2.3　木質バイオマスの亜臨界水処理[5]

現在，当研究室では半流通式（半回分式）と呼ばれる反応装置を用いて研究を進めている。装置の概略図を図3に示す。半流通式反応装置は，反応器の中にあらかじめ木粉を仕込み，焼結フィルターで栓をしてから亜臨界水を流通させ，木粉を分解する構造になっている。この装置では，分解反応が終了するたびに新しい木粉に入れ替える必要があるため，連続的な運転はできないが，分解して水可溶化した糖類が即座に反応器外へ排出されて冷却されるため，不必要な二次分解を防ぐことができ，高い収率を得ることができる。また，木材のセルロースとヘミセルロースでは糖化に適した温度域が異なるが，半流通式装置を用いれば，低温域から徐々に反応器を昇温させることで両成分から効率よく糖類を生成することができ，かつ生成物のおおまかな分離回収も可

第 2 章　リグノセルロースのリファイニング技術

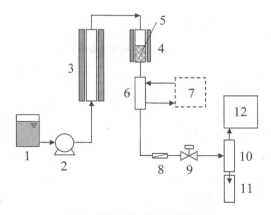

図 3　半流通式反応装置概略図
1：水タンク，2：高圧ポンプ，3：予熱器，4：反応器，5：木粉，6：熱交換器，7：冷却ユニット，
8：フィルター，9：背圧弁，10：気液分離器，11：反応液回収タンク，12：ガス捕集器

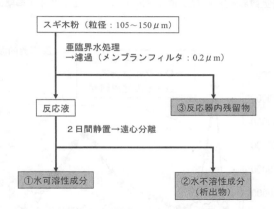

図 4　スギを亜臨界水処理して得られた生成物の分画手順

能になる，という利点がある。そこで，当研究室ではラボスケールの半流通式装置を用いてスギ材の亜臨界水処理実験を行った。反応器の内容積は約 50cm³（65mm（L）× 32mm（φ））または 200cm³（260mm（L）× 32mm（φ））で，あらかじめスギ木粉（粒径：105 〜 150μm）を 2 〜 30g 仕込み，亜臨界水（260 〜 360℃/15 〜 25MPa）を 20 〜 130g/min の速さで流通させた。得られた生成物は図 4 に示すような手順で分画された。

2.3.1　水可溶性成分

まず，図 4 中の①の水可溶性成分であるが，液体クロマトグラフィ（HPLC）による分析の結果，加水分解反応によってバイオエタノールの原料となるグルコースやオリゴ糖などの糖類が多量に生成していることがわかった（図 5）。特に，温度が 310 〜 320℃，圧力が 25MPa の亜臨界

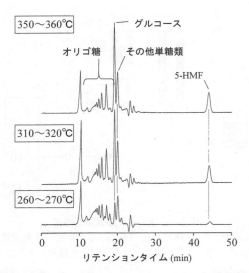

図5 スギ木粉（2g）を亜臨界水処理（25MPa，62g/min）したときの水可溶部のHPLCクロマトグラム

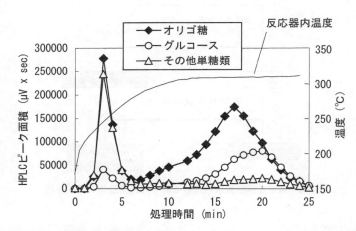

図6 スギ木粉（2g）を亜臨界水処理（310〜320℃，25MPa，62g/min）したときの処理時間経過に伴う生成糖のHPLCピーク面積変化

水を62g/minの水供給量で処理したときに最も高い糖収率が得られた（約56%）。そのときの処理時間経過に伴う生成糖のHPLCピーク面積の変化を図6に示す。処理開始直後，200℃くらいから1回目の大きなピークが現れているが，主にグルコース以外の単糖類とオリゴ糖が生成していることから，ヘミセルロースが分解して糖が生成していると推測される。次に温度が300℃に達した頃，2回目のピークが現れた。主にグルコースとオリゴ糖が生成していることから，300℃前後からのピークはセルロース由来の糖によるものと推測される。このように，半流通式装置

第2章　リグノセルロースのリファイニング技術

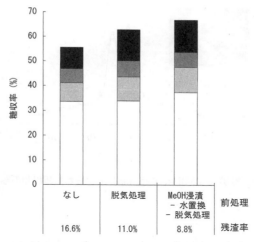

図7　前処理したスギ木粉（2g）を亜臨界水処理（310～320℃，25MPa，62g/min）したときの糖収率の比較
生成液を硫酸で完全に加水分解させ，全てを単糖化して正確な糖収率を算出している。

を用いることで，200℃付近でヘミセルロース由来の糖を，300℃付近でセルロース由来の糖をともに効率よく回収することができる。

さらに糖収率を向上させるため，スギ木粉と水が十分に接触できるような前処理を検討した。処理前に木粉を水に浸漬させ，超音波処理を1時間行って脱気してから亜臨界水処理を行ったところ，糖収率は約63%に増加した（図7）。また，最初に木粉をメタノールに5分間浸漬させてから24時間かけて水置換し，最後に超音波処理での脱気を施す，という3工程で徹底的に木粉中の空気を除くことで糖収率は67%まで増加した（図7）。

水可溶性成分には加水分解生成物である糖類の他，5-ヒドロキシメチル-2-フルフラール（5-HMF）をはじめとした熱分解物も含まれている（図5）。5-HMFは医薬品や高機能材料中間体などとして，製薬・食品・機能性材料などの分野で利用されている有用物質である。また，5-HMFを原料としてポリエステルを合成する研究も進められており[6]，プラスチック代替原料としての利用が期待されている。吸着剤や膜などを用いた分離・回収法が確立できれば，糖類とともにバイオマス由来の有力な原料候補になると思われる。

2.3.2　水不溶性成分（析出物）

次に図4中の②であるが，亜臨界水反応液を回収直後にメンブランフィルタで濾過し，2日間静置すると，透明な反応液中に白色の析出物が現れる。そこで，遠心分離で白色析出物を回収し，X線回折装置で分析した結果，析出物はセルロースⅡ型であることが確認された（図8）。微結

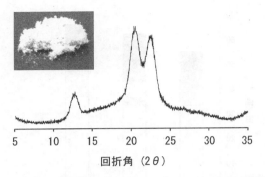

図8 亜臨界水処理（310～320℃，25MPa，62g/min）で得られた析出物の写真（左上）とX線回折図

晶セルロースを超臨界水・亜臨界水処理した場合にも，反応直後は水に溶解しているが，反応液を30分から2日間程度静置しておくと重合度が13～100程度のセルロースⅡ型が析出することが報告されている[3, 7]。セルロースは通常，水には溶解しないが，超臨界水・亜臨界水中ではセルロースの分子間および分子内水素結合が開裂して水に溶解できるようになり，セルロースの加水分解反応が速やかに進行する。ところが，超臨界水・亜臨界水から常温常圧に戻した水の中でもおそらく水素結合の開裂した状態がしばらく継続しており，通常では水に溶解することのない数十程度の重合度を持つ多糖も水に溶解し続けていられるものと思われる。今回の結果から，このような現象は微結晶セルロースだけでなく，スギ木粉においても起こることが明らかとなった。セルロースⅡ型の生成量は処理条件によっても異なるが，例えば図5に示した「温度：310～320℃・圧力：25MPa・水供給量：62g/min」の処理条件の場合，2.0gのスギ木粉から49.6mgのセルロースⅡ型が生成した。セルロースⅡ型が常温常圧の水に溶解している状態を利用すれば，新たな機能性セルロース材料やセルロース誘導体の開発につながる可能性もあり，また，酵素糖化も速やかに進行すると予想されることから，バイオエタノール原料としても有用であると考えられる。

2.3.3　反応器内残留物

図4中の③に示すように，処理後の反応管からは黒色残渣が回収される。残渣率は処理条件にもよるが10～20%程度であった。この黒色残渣についてFT-IRスペクトル分析を行ったところ，1512cm^{-1}および1269cm^{-1}付近に，針葉樹のミルドウッドリグニン（MWL）に特徴的に現れる吸収が見られた（図9）。1512cm^{-1}の吸収はベンゼン核の骨格振動，1269cm^{-1}の吸収はグアイアシル核の振動による吸収と考えられる[8]。さらに，その他の吸収も針葉樹型リグニンにみられるものとほとんど一致しており，黒色残渣は主としてリグニン由来物で構成されていることが確認された。スギ木材中のリグニン含有率が約30%だと仮定すると，木材中に存在するリグニンの半分程度が固体残渣として回収されていることになる。リグニンは石炭に匹敵する発熱量を持

第 2 章　リグノセルロースのリファイニング技術

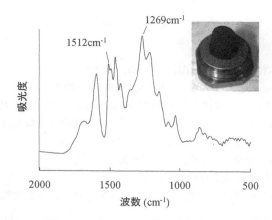

図 9　亜臨界水処理（310～320℃，25MPa，62g/min）で得られた残渣の写真（右上）と FT-IR スペクトル

ち，リグニンの燃料としての利用はパルプのクラフト蒸解でも実例があるため，現状では亜臨界水製造のための熱源として利用することが想定されるが，今後，残渣リグニンの化学構造をより詳細に調べ，高機能性材料としての利用可能性について検討する必要がある。

2.4　おわりに

木材の亜臨界水処理によって，セルロースやヘミセルロースからバイオエタノール原料となるグルコースをはじめとした単糖やオリゴ糖，処理直後は水に可溶なセルロースⅡ型の高分子多糖などが高速かつ多量に生成できる。また，プラスチック代替原料として期待されている 5-HMF も同時に生成される。一方，リグニンの半分程度は固体残渣として回収することができる。

亜臨界水処理では水を加熱するために必要な熱エネルギーが処理全体にかかるコスト・エネルギーの大部分を占めるため，使用する亜臨界水の量を減らすことがコスト・エネルギー削減に直結する。現在，当研究室では将来の事業化の可能性を検証するため，反応器の内容積が約 2000cm^3 のベンチプラントを製作し，大量処理に向けたデータ蓄積を進めているところである。ラボスケール装置と同程度の糖収率を維持しながら使用する水の量をいかに減らすことができるのかが，将来の実用化に向けた鍵となるであろう。

文　　献

1) 松永正弘ほか，木材学会誌，**50**(5)，325-332（2004）
2) M. Sasaki *et al., Ind. Eng. Chem. Res.,* **39**, 2883-2890（2000）
3) 林蓮貞ほか，第53回日本木材学会大会研究発表要旨集，**53**，480（2003）
4) 宗宮重行ほか，水熱科学ハンドブック，p.652-676，技報堂出版㈱（1997）
5) M. Matsunaga *et al., J. Supercrit. Fluids,* **44**, 364-369（2008）
6) 畑中研一ほか，高分子論文集，**62**(7)，316-320（2005）
7) K. Ehara *et al., Cellulose,* **9**, 301-311（2002）
8) 寺島典二，リグニンの化学—基礎と応用—，p.176-181，ユニ広報㈱（1979）

3 アルカリ蒸解技術のバイオエタノール製造への応用

山本幸一[*1]，真柄謙吾[*2]，池田 努[*3]

3.1 木質バイオエタノール製造の現状

　自動車としては，ガソリンや軽油のエンジン車からハイブリッド車を過渡期として電気自動車に移行することが，大きな流れにあると考えられる[1]。長期的には，バイオエタノールは石油枯渇の中での過渡的な輸送用燃料であることには間違いない。しかし，バイオエタノールを最終生産物に限定する必要は全くなく，様々な製品を木材から製造していく時代が必ず訪れるであろう。将来の方向性は，戦後，日本で木材加水分解工業にすさまじい努力が払われ，木材から結晶ブドウ糖を生産したことから読み取れよう。この事業を進めた時代的背景は，戦後の食糧不足，砂糖の輸入，農耕地の不足，低質広葉樹の広大な分布，熟練した技術者の存在などであったと言う[2]。

　現在日本では，米国前大統領ブッシュ氏の2007年1月一般教書演説に端を発した野心的なバイオエタノール戦略に触発され，2030年に600万kLの液体バイオ燃料の製造を数値目標として進んでいる。トウモロコシなどの食糧を由来としたバイオ燃料生産の問題点は既に明らかにされており，第二世代と言われるセルロース系バイオマス原料からの技術開発が求められている[3]。

　セルロース系バイオマスの代表である木質バイオマスからエタノールを製造することに関しての得失を考えると，プラスの要因としては，①間伐材・林地残材が利用できること，②食料と競合しない原料から生産できること，③ハイブリッドエンジンでも液体燃料は必要であること，④エタノールを次の産業の原料にできることが挙げられる。一方，マイナスの要因としては，①紙・パルプ化の原料と競合すること，②目的とする200～220万kLの製造を行うためには森林資源を膨大に利用することから戦中・戦後のような森林破壊の可能性をもつこと[4]，③電気自動車の性能向上により液体燃料の要求が減少すること，④ガソリンへの添加方式に見られるエタノールの直接添加とETBE（エチルターシャリーブチルエーテル）へ変換してからの添加との確執などが挙げられる。

　バイオリファイナリーの中で改めてバイオエタノール製造を考えてみる。現状では，木質バイオマス（木材チップ）を原料にして，化学的な変換法により有用物質である紙・セルロース誘導体を大規模で製造することが行われている。一方，木質バイオマスからエタノールを製造するためには何らかの方法で糖分を取り出し，更に糖分を微生物でエタノールに変換しなければならな

[*1] Koichi Yamamoto 　㈱森林総合研究所　東北支所　支所長
[*2] Kengo Magara 　㈱森林総合研究所　バイオマス化学研究領域　木材化学研究室　室長
[*3] Tsutomu Ikeda 　㈱森林総合研究所　バイオマス化学研究領域　木材化学研究室　主任研究員

い。糖分を取り出すには，主として硫酸加水分解法と酵素加水分解法が想定されるが，その得失については真柄らの総説を参照していただきたい[5]。ここでは，酵素加水分解法を行うに当たって不可欠な操作であるリグニンの処理を，アルカリ蒸解技術により行うことで話を進める。

3.2 リグニンの適切な前処理

何百年単位で生き続ける樹木の秘けつは，木部すなわち木材中のセルロースとヘミセルロースをリグニンが固め強固な樹体を形成していることにあるだろう[6]。これら，木材を構成する3大成分のうち，セルロースとヘミセルロースは多糖であるので，セルラーゼ（ヘミセルラーゼも含む）で加水分解することは可能であるが，リグニンは糖ではなく C6-C3 フェニールプロパンを構造単位とした不定形ポリマーであるので，セルラーゼで加水分解することは不可能である。

木材成分を酵素加水分解して利用する際の大きな問題は，加水分解できないリグニンが細胞壁中でセルロース繊維を取り囲むように沈着しているため，これを除かない限りセルラーゼによるセルロースの加水分解を効率的には進められないことにある[7]。広葉樹ではリグニンの化学構造や存在様式によるためか，低分子化するだけで酵素加水分解がかなり進行する場合があるが，リグニンは酵素を非常に吸着し易いことから酵素の回収率の低下や[8]，発酵残渣とリグニンの混合物を分離して利用することの困難さを招くので，リグニンは酵素添加の前にできるだけ除去しておくべきである。更に，日本においては，人工林の面積・蓄積は，針葉樹が98％を占めることから[9]，バイオマス資源量を考えればリグニンの除去を前提とすべきであろう。

3.3 リグニン除去処理としてアルカリ蒸解（ソーダ蒸解）の選択

酵素糖化の前処理として針葉樹の脱リグニンを考えると，紙パルプ工場で行われているクラフト蒸解やサルファイト蒸解が活用できる。後者は，長年にわたって排液に含まれる糖類を利用し，酵母菌やエタノールの生産を行っている実績があるものの，亜硫酸ガスを使用するため，適用が困難である。よって，現在主流のクラフト蒸解や非木材に適用されているソーダ蒸解などのソーダ系蒸解法の適用を考える。クラフト蒸解を小規模プラントで行う場合に予想される大きな課題は，クラフト臭と呼ばれる悪臭への対応と薬液・エネルギー回収であるが，これを克服することは困難である。これらの点はソーダ蒸解では，比較的容易に解決できると考えられる。実際，米国ではバイオリファイナリーを，水酸化ナトリウム（NaOH）を用いたソーダパルプ法によって進めることを考えている[10]。

ソーダ蒸解では，クラフト蒸解に比較して針葉樹の場合に脱リグニンが困難となるが，これは蒸解助剤のアントラキノン（AQ）を添加することで改善される。アルカリAQによるラボレベルでの蒸解を検討した結果を図1に示す。蒸解条件は，針葉樹では，活性アルカリ20％，加熱

第2章　リグノセルロースのリファイニング技術

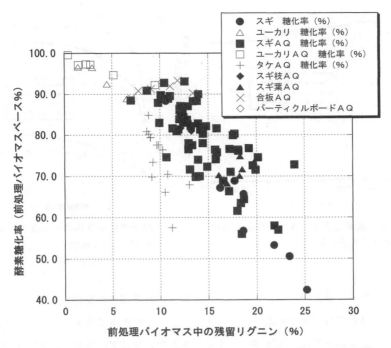

図1　アントラキノンを添加したアルカリ蒸解における残留リグニン量と酵素糖化率

温度170℃，加熱時間1.5～2.5時間，液比6，チップ量150g，AQ添加率0.1%であり，広葉樹ではそれぞれ18%，155℃，1.0～1.5時間，4，150g，0.1%である。パルプ（前処理試料）収率は，針葉樹（スギ）で45～47%，広葉樹（ユーカリ）で50～52%となった。残留リグニン量は，針葉樹で10～20%，広葉樹で1～5%となった。得られたパルプに10%（対乾燥重量）のセルラーゼ調製品（メイセラーゼ）を添加し，その糖化率を測定したところ広葉樹ではユーカリ・ブナともに，AQを添加しなくてもアルカリ法で十分に脱リグニンが可能であり，糖化率もほぼ100%となった。図1から，パルプ中の残留リグニン量を10%以下にすれば，含まれる糖分はほぼ全量を糖化できることがわかる。

原料への適応性を明らかにするために，スギ葉，スギ枝，タケ材，カラマツ構造用合板，パーティクルボードをアルカリAQ法で蒸解した。葉は，パルプ収率が約13%と低く，原料として適切ではなかったが，枝の酵素糖化率は，材との差は認められなかった。枝葉は少量であれば材と混合して処理することが可能であると判断した[11]。タケ材は広葉樹とほぼ同条件で蒸解が可能であったが，ヘミセルロースが脱離するためパルプ収率は33～38%と低かった[12]。レゾルシノール系接着剤を含むカラマツ合板では，含まれている接着剤の分，パルプ収率は低下したが，その酵素糖化率はスギ材と比較して約7ポイント高かった（合板を構成する単板はチップと比較

木質系有機資源の新展開 II

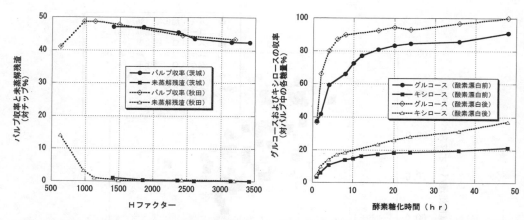

図2 アルカリ蒸解によるパルプ収率と未蒸解残渣率の産地間の相違

図3 酸素漂白がグルコース収率とキシロース収率に及ぼす影響

して薄いため, 蒸解が進んだ) ことから, レゾルシノール系接着剤を含む合板の混入および単独でのエタノール原料化は可能と判断した。一方, ユリアーホルムアルデヒド系接着剤が使用されていたパーティクルボードは, 蒸解時にホルマリンとアンモニアが発生したが, 蒸解は可能であった[13]。接着剤を含む廃材では, パルプ収率は低いものの, クラフト法およびアルカリ法によれば接着剤などの不純物がアルカリにより除去されるので, 後工程には大きな利点となる。

スギは, その産地によって心材と辺材の比率や抽出物の含有量などが変動し, パルプの蒸解性が大きく異なることがよく知られている。そこで, 茨城県産スギと秋田県産スギのアルカリ蒸解前処理適性の比較をパルプ収率と未蒸解残渣率について行った結果を図2に示した。ここでHファクター1000は蒸解時間約1時間, 1500は1.5時間, 2000は約2時間に相当する。Hファクター1500以下では満足な酵素糖化率を得られないことが明らかとなっているので, 1500以上のHファクター (簡単には, 脱リグニンの反応速度×温度×時間) で比較したが, パルプ収率と未蒸解残渣率に産地の差はほとんど認められなかった。Klasonリグニン量と酵素糖化率についても産地間の差異は認められず, パルプ中の残留リグニン量を10%程度まで削減することができれば, パルプに含まれる糖分のほぼ全量を酵素糖化することが可能であった。

3.4 漂白工程導入の効果

針葉樹スギでは蒸解温度が高く蒸解時間も長いことから使用エネルギーは広葉樹に比較してかなり多い。従って漂白工程を導入することで蒸解時間の短縮を図った。蒸解に続いて漂白工程を入れることで糖収率は有意に向上した (図3)。すなわち, アルカリ蒸解処理170℃, 1.5時間ではグルコース生成収率は85% (メイセラーゼによる酵素糖化24時間後) であったが, 同処理に

第2章　リグノセルロースのリファイニング技術

表1　クラフト法およびソーダAQ法による黒液の組成（g/L）

	クラフト法 （ユーカリ）	ソーダAQ法 （ユーカリ）	ソーダAQ法 （スギ）
水分	794.0	807.2	780.4
固形分	206.0	192.8	219.6
苛性ソーダ	4.5	16.7	13.6
炭酸ソーダ	27.5	30.3	22.5
その他のソーダ	34.4	0.0	0.0
有機物	117.1	145.8	183.5
固形分の発熱量（kJ/kg）	13578	14912	15132

漂白工程（酸素酸化90℃，1時間）を加えることでグルコース生成収率は93%（同24時間後）に向上した。なお，アルカリ酸素による脱リグニン処理条件は，酸素圧力が6.5 kg/cm^2，NaOHの添加量が対パルプあたり10 wt%，処理温度が90℃，処理時間が60分であった。パルプ中のリグニン残留率は，アルカリ蒸解のみでは約15%であったが，酸素漂白によって8%程度に低下し，糖化速度の向上に大きく寄与した。ユーカリやブナなどの広葉樹では，アルカリまたはアルカリAQ蒸解のみで十分な酵素糖化率を得ることができるので，漂白の必要はない。

3.5　黒液からのエネルギーおよびアルカリの回収

前処理コストを低減するためには，黒液回収ボイラによるエネルギーおよびアルカリの回収を行うことは必須である。各種黒液の組成を表1に示す。また，JIS M 8814により黒液固形分の発熱量を測定した結果，タケの幹では3480～3520 kcal/kg，スギの材部では3780 kcal/kg，樹皮・枝を含むスギでは3260～3310 kcal/kg，スギの葉では3640～3890 kcal/kg，針葉樹構造用合板では3450～3570 kcal/kg，スギ材の酸素漂白排液では1490 kcal/kgであった。

本アルカリ法では，生産規模からボイラの小型化は必須である。現状では，英国のバイオリージョナル・ミニミル社が小型分散のパルプ化を想定し，ミニミル（100 t/day）用の間接苛性化技術を採用しての回収システムを開発しており[14]，適用可能な規模の装置であると言えよう。

3.6　糖収率向上のための諸工程

糖収率の向上を図るには，アルカリ蒸解前に水熱処理（蒸煮）によってヘミセルロースを分離するか，あるいは黒液からヘミセルロースを回収することになる。表2にチップを蒸煮しヘミセルロースを熱水で抽出した結果を示す。適切な条件であればヘミセルロース量の20%程度を回

表2 木材チップの蒸煮により熱水で抽出されるヘミセルロース量

加熱処理条件	アラビノース	ラムノース	ガラクトース	グルコース	キシロース	マンノース	合計	ヘミセルロース概算量	収率(%)
180℃, 20分	29.4	3.8	14.1	9.5	25.0	27.1	108.8	1768.1	6.2
180℃, 40分	35.6	5.8	27.1	20.3	51.9	65.4	206.1	1802.7	11.4
180℃, 60分	37.4	7.1	35.7	29.2	67.0	95.4	271.7	1742.1	15.6
190℃, 20分	38.7	5.7	25.9	25.8	65.3	78.1	239.4	1828.6	13.1
190℃, 40分	13.2	3.7	49.9	80.5	82.5	230.0	459.8	1766.3	26.0
190℃, 60分	3.2	0.9	24.7	58.5	43.9	152.0	283.2	1818.2	15.9

中性糖含有量は，無水糖換算（mg）

収することができる。アスプルンド法などで蒸煮・解繊してヘミセルロースを回収してから，アルカリ法により脱リグニンを行うことは糖収率の向上を図るためには有効であるとも言えよう。しかし，針葉樹からヘミセルロースの30％以上を回収するためには少なくとも190℃以上の加熱が必要であり，それ以下の温度では酢酸や硫酸の添加が必要となり，工程が複雑化することは避けられない。

一方，黒液からのヘミセルロース回収量は，スギで170℃，1.0時間のアルカリ処理した黒液からでは2.8％であり，170℃，2.0時間では2.1％，170℃，2.5時間では1.8％に留まったことから，スギのソーダAQ黒液からのヘミセルロース回収は期待できないと言える。よって，アルカリ系薬剤を使用する蒸解プロセスでは，ヘミセルロースは回収せずリグニンとともにボイラ燃料とすべきであろう。

3.7 アルカリ蒸解による木質バイオエタノール製造実証プラントと今後の展開

今後の展開を考えると，「国産バイオ燃料の生産拡大工程表」において木質バイオマスで賄うべきとした国産バイオエタノール200～220万kLの目標を達成するためには，大規模製造システムが必須である。しかし，原料となる国内の木質バイオマスは広く薄く存在することと，新産業を地域に創出させるという「バイオマス・ニッポン総合戦略」の観点からは，地域に存在する間伐材・林地残材・製材工場残材などの資源を地域で利用する小中規模の製造システムでなければならない。これらを受けて，林野庁が実施する「平成20年度森林資源活用型ニュービジネス創造対策事業」に，森林総合研究所が応募・採択され，木質バイオエタノール製造技術の実証化を5年計画で進めている。実証は東京大学，早稲田大学，秋田県立大学と共同で行い，秋田県，北秋田市の協力を得て進めており，2009年6月に北秋田市内に実証プラントを建設した（写真

第2章　リグノセルロースのリファイニング技術

写真1　北秋田市内の木質バイオエタノール製造実証プラント

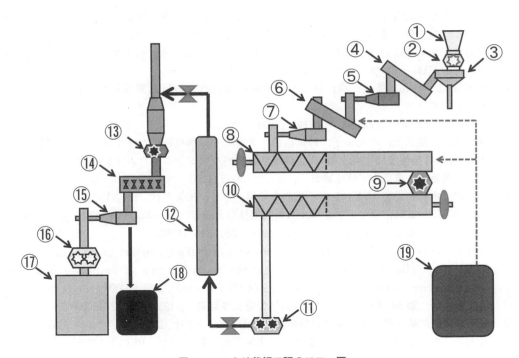

図4　アルカリ蒸解工程のフロー図

①ホッパー
②ロータリーフィーダー
③チップ洗浄機
④水切り用スクリューフィーダー
⑤低圧プラグスクリュー
⑥プレスチーマー
⑦高圧プラグスクリュー
⑧パンディア型蒸解器 No.1
⑨ロータリーバルブ
⑩パンディア型蒸解器 No.2
⑪二軸スクリューポンプ
⑫リテンションチューブ
⑬一軸シュレッダー
⑭中濃度ニーダー
⑮スクリュープレス
⑯二軸シュレッダー
⑰パルプタンク
⑱黒液タンク
⑲アルカリタンク

1)。対象樹種はスギであり，実証する技術はアルカリ前処理（図4）と酵素糖化・発酵技術であり，一日の原料チップの処理量は最大で1.5乾燥トンである。バイオエタノール生産においても，副生成物利用の最大化，廃棄物発生の最小化，製造システム全体のエネルギー効率の最大化を図ることが重要であるため[15]，実証事業の中ではリグニンや発酵残渣の利用も含めて試験・研究を進めて行く。

文　　献

1) ㈶エネルギー総合工学研究所，エネルギー環境総合戦略調査，超長期エネルギー技術ロードマップ報告書，経済産業省資源エネルギー庁委託調査，p.31（2006.3）
2) 北海道法を考える会（三浦清ほか），わが国における木材加水分解工業―北海道木材化学株式会社の記録―，エフ・コピント富士書院（1997）
3) 前田征児，エネルギー資源作物とバイオ燃料変換技術の研究開発動向，科学技術動向，No.75（2007）
4) 筒井迪夫，日本林政の系譜，地球社，p.109（1987）
5) 真柄謙吾，池田努，杉元倫子，野尻昌信，アルカリ蒸解技術のバイオエタノール製造への応用 その可能性と問題点，第43回繊維学会紙パルプシンポジウム「製紙産業と地球環境問題」要旨集，東京大学弥生講堂，p.45-59（2008.11.28）
6) 榊原彰，木材の秘密 リグニンの不思議な世界，ダイヤモンド社，p.4（1981）
7) 中野準三ほか監修，ウッドケミカルスの先端技術と展望，シーエムシー出版，p.77（1983）
8) 藤島静，夜久富美子，越島哲夫，木材学会誌，**35**，845（1989）
9) 林野庁計画課，森林資源の現況，http://www.rinya.maff.go.jp/toukei/genkyou/index.htm
10) Rajai H. Atalla, New technology reduces recalcitrance of cellulose boosting competitiveness with corn as a feedstock, *TAPPI, Paper360°*, p.28 (2009)
11) 池田努ほか，第58回日本木材学会大会研究発表要旨集，p.133，PK012（2008）
12) 池田努ほか，第3回バイオマス科学会議発表論文集，p.104（2008）
13) 池田努ほか，第58回日本木材学会大会研究発表要旨集，p.133，PK013（2008）
14) ブーラン・デザイほか，紙パルプ技術タイムス，No.12，53（2007）
15) 五十嵐泰夫，斉木隆，稲わら等バイオマスからのエタノール生産，㈳地域資源循環技術センター，p.119（2008）

4 微生物変換技術

大原誠資*

4.1 はじめに

　木質バイオマスの細胞壁構成成分の約50%がセルロース，20～25%がヘミセルロース，25～30%がリグニンで構成されている。このうち，セルロース，ヘミセルロースなどの多糖類については，紙やパルプの原料，キシロオリゴ糖のような機能性食品，キシリトールの甘味料など，様々な分野で高度な利用技術が確立されている。最近では，触媒酸化と軽微な解繊処理によるセルロースナノファイバーの製造法が世界に先駆けて開発され，先端ナノ材料への応用が期待されている[1]。また，これらの多糖類を燃料用バイオエタノールに変換する技術開発が行われ，木質バイオマスからバイオエタノールを製造する実証プラントも建設されている[2～4]。このように，木材の主成分のうち，セルロース，ヘミセルロースは充分に利用されているのに対し，リグニンはパルプ工場において燃料として回収・利用されている以外は，そのごく一部が分散剤や土壌改良剤として利用されているにすぎない。

　バイオマス・ニッポン総合戦略推進会議は平成19年2月27日，国産バイオ燃料の生産拡大に向けた課題を整理するとともに，国産バイオ燃料の生産拡大工程表を発表した。本工程表では，さとうきび糖蜜などの糖質原料や規格外小麦などのデンプン質原料に加えて，木質バイオマスからのエタノール生産を進めることの重要性が明記されており，2030年の木質バイオマスからのエタノール生産可能量を200～220万kLと試算している。200万kLのエタノールを木質バイオマスから生産する際には，約240万トンのリグニンが残渣として副生することになり，リグニンをエネルギー利用するだけでなく，高付加価値なグリーンマテリアル原料に変換する技術開発も極めて重要になる。

　近年，リグニン分解微生物のリグニン分解・代謝酵素遺伝子を操作することにより，複雑多岐な構造を有するリグニンを均一な単一物質に変換し，それを基に高分子材料を製造する試みが行われている。本節では，リグニン分解・代謝酵素遺伝子を再構成することによってリグニンを均一で安定な中間体化合物に収斂させ，それをグリーンモノマーとして活用し，バイオプラスチックを製造する研究開発への取り組みについて紹介する。

4.2 リグニンの化学構造

　木質バイオマス中のリグニンは，コニフェリルアルコール，シナピルアルコール，p-クマリルアルコールの3種類のモノリグノールがペルオキシダーゼの作用で脱水素され，生じたフェノキ

---

*　Seiji Ohara　㈵森林総合研究所　研究コーディネーター

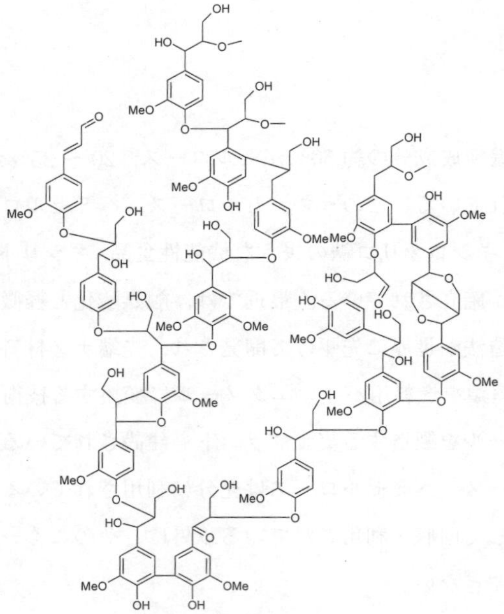

図1 リグニンの化学構造

シラジカル共鳴体が重合して生合成される芳香族高分子化合物である。フェニルプロパン構成単位が種々のエーテル結合やC-C結合で結合した不均一な高分子構造を有している。リグニンが燃料以外に有効な利用法が見出されなかった原因は，このような構造の不均一性によると言える。図1にリグニンの化学構造を示す。

リグニンをアルカリ条件下で酸化分解すると，リグニンを種々の芳香族低分子ポリフェノール化合物の混合物に変換することができる。主な酸化分解物は，バニリン (V)，バニリン酸 (VA)，シリングアルデヒド (S)，シリンガ酸 (SA)，p-ヒドロキシベンズアルデヒド (HB) およびp-ヒドロキシ安息香酸 (HBA) である（図2）。

4.3 リグニン分解微生物—*Sphingobium paucimobilis* SYK-6 株

S. paucimobilis SYK-6 株は，パルプ廃液中から 5,5'-デヒドロジバニリン酸（DDVA）の分解菌として単離されたグラム陰性細菌である。その後の研究により，同菌株は，リグニン由来の低分子ポリフェノール化合物であるバニリン酸 (VA)，バニリン (V)，シリングアルデヒド (S)，シリンガ酸 (SA) をはじめとする様々なリグニンモデル化合物を炭素源として生育できることが明らかにされた。さらに，様々なリグニンモデル化合物の分解経路が詳細に検討された結果，現在までに，SYK-6 株のリグニン低分子化芳香族化合物の分解代謝経路および各々の代謝酵素

第2章　リグノセルロースのリファイニング技術

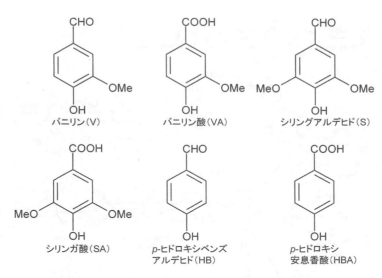

図2　リグニンのアルカリ酸化分解で得られる主な分解物

をコードする遺伝子が明らかにされている[5～12]。

　上記のように，SYK-6株は様々なリグニン低分子化芳香族化合物を分解・資化することが可能であり，またこれらの芳香族化合物は2-ピロン-4,6-ジカルボン酸（PDC，図3）という一つの物質に収斂した後，クエン酸回路によって完全分解される。複雑多岐な構造のリグニンが必ず一つの低分子化合物（PDC）を経由して分解されるという事実に着目し，この中間体化合物から高分子材料を創製することにより，石油化学工業に匹敵するグリーンプラスチック製造への応用が期待できると考えられた[13]。

　PDCは分子内に二つのカルボキシル基を有することからポリエステルなどへのポリマー化が可能であること，生分解を受け易いラクトン構造を有すること，さらに有機合成で人工的に生産することが難しい化合物であることから，新規なグリーン高分子材料の原料となることが期待される。

4.4　微生物機能を用いたPDC生産系の構築

　最初にSYK-6株のリグニン関連芳香族物質代謝経路の中で，PDCに最も近い芳香族物質であるプロトカテク酸（PCA）からのPDC生産系の構築について示す（図4）。PCAからPDCへの変換には，ligABにコードされるPCA 4,5-ジオキシゲナーゼとそれによって生ずる4-カルボキシ-2-ヒドロキシムコネート-6-セミアルデヒド（CHMS）をPDCへと変換するligCによってコードされるCHMSデヒドロゲナーゼが必要である。そこで，PCA→CHMS→PDCの

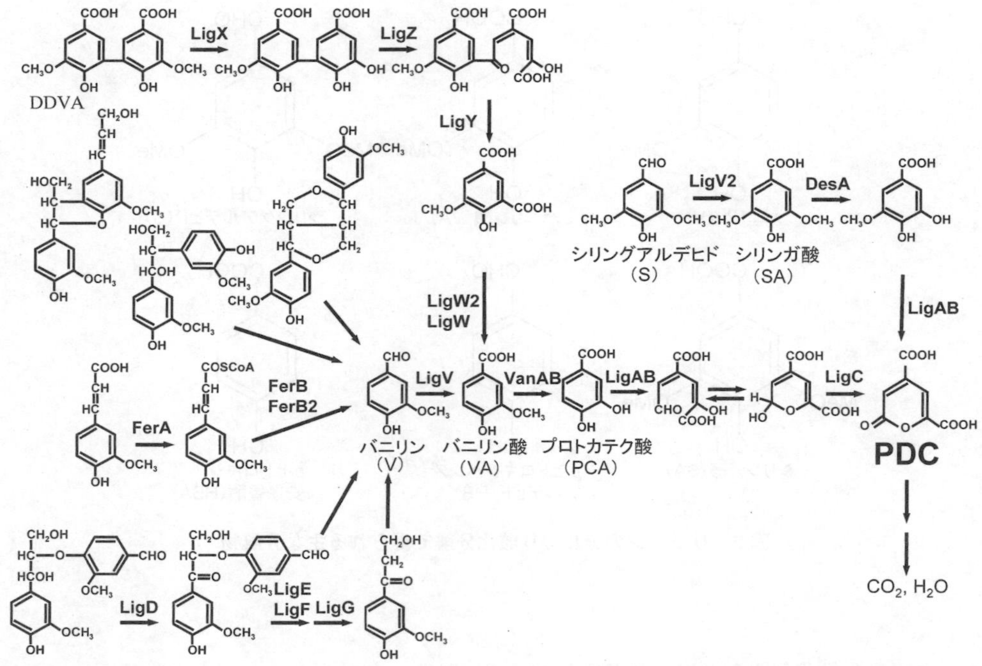

図3 *Sphingobium paucimobilis* SYK-6 株のリグニン低分子芳香族化合物分解代謝経路と代謝遺伝子

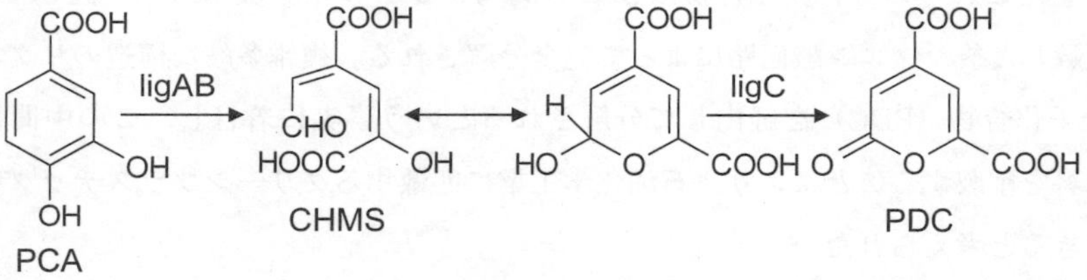

図4 プロトカテク酸（PCA）からの PDC 生産
ligAB：PCA 4,5-ジオキシゲナーゼをコードする遺伝子
ligC：CHMS デヒドロゲナーゼをコードする遺伝子

各反応ステップを触媒する酵素遺伝子を人為的に再構成し，PCA を PDC に変換するプラスミド pDVABC を作製した。これを，PCA を代謝できない *S. paucimobilis* 近縁種の変異株である *Pseudomonas putida* PpY1100 株に導入し，PDC 生産組換え体 *P. putida* PpY1100/pDVABC 株を作製した。この組換え体を対数増殖期まで培養したものに 15mM の PCA を添加して培養を続けたところ，24 時間で添加した PCA は完全に PDC に変換された。

次に，天然リグニンのアルカリ酸化分解で得られるバニリン酸（VA），シリンガ酸（SA）からの PDC 生産系の構築が検討された。*P. putida* から脱メチル反応をコードする遺伝子 vanA，

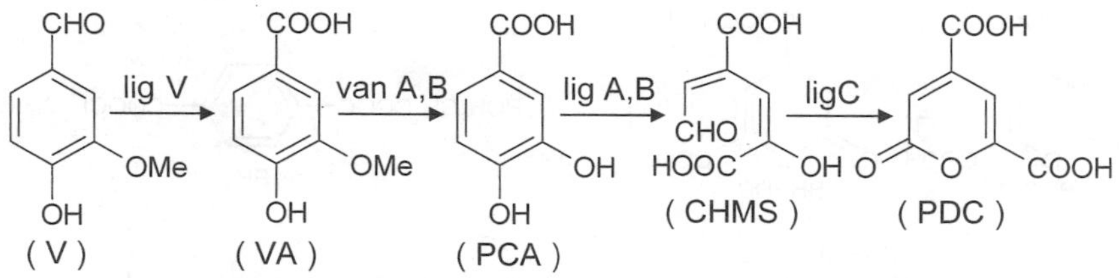

第2章　リグノセルロースのリファイニング技術

図5　代謝機能遺伝子再構成によるバニリンからのPDC生産

vanBを取得し，この遺伝子を上述のligABC遺伝子と連結することによって作製したプラスミドを P. putida PpY1100 株に導入することにより，組換え微生物を作製した。本組換え微生物を用いたバイオリアクターによるVA, SAからのPDC生産を行った結果，VAでは24時間以内に，SAでも36時間以内に，各々15g/Lの基質をほぼ完全にPDCに変換することができた。同様に，VをVAに酸化する反応をコードする遺伝子ligVと上記vanABおよびligABC遺伝子を連結して作製したベクターを用いることにより，Vからの効率的PDC生産系が構築された（図5）。

また，茶殻やバガス，オイルパーム幹などの農産廃棄物から抽出可能なガリック酸，p-ヒドロキシ安息香酸（HBA）からPDCへの変換に関連する酵素遺伝子を再構成したバイオリアクターの構築にも成功している[14～16]。

4.5　発酵液からのPDCの精製

PDCを生産した発酵液内には，PDCだけでなく菌体や培地由来の成分を含んでいる。従って，PDCをポリマー原料として利用するためには，PDCの精製が必要である。発酵槽から遠心分離によって菌体および不溶物を除去した後，発酵液にNaClを加えてPDCのNa$^+$との複塩を形成させ，さらに酸を加えてpHを3.5以下に調整することにより，PDC-Na複塩が容易に沈殿する。さらに，イオン交換，濃縮，再結晶により，現在80%以上の回収率で発酵槽からPDCを精製することが可能になっている[17]。

4.6　PDCを原料としたポリマーの生産

PDCは分子内に二つのカルボキシル基を有することから，二官能性のモノマーと重縮合することにより，ポリエステル，ポリウレタン，ポリアミドなどの高分子物質の製造が可能である[18]。本節では，PDCとビス（β-ヒドロキシエチル）テレフタレート（BHT）とのPDC-BHT共重合ポリエステルの合成について紹介する。BHTは二つのアルコール性水酸基末端を有するため，PDCの二つのカルボン酸との重縮合により，対応するポリエステルへと導くことができる。しかしながら，PDCとBHTのみの共重合では，PDCモノマー成分比が50%（$x =$

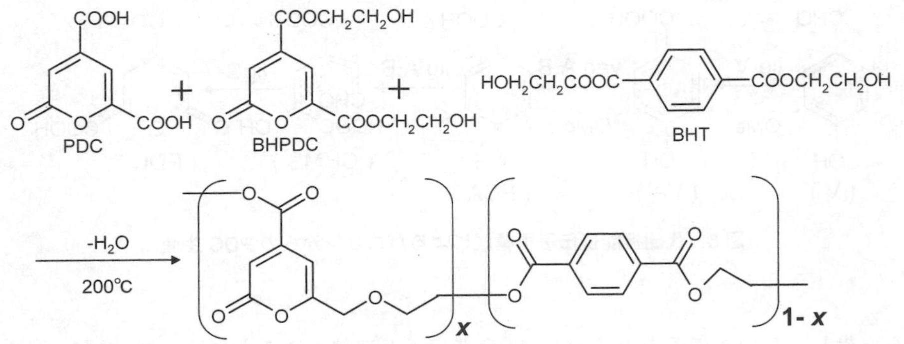

図6 PDC–BHT 共重合ポリエステルの合成

表1 PDC$_x$–BHT$_{(1-x)}$ 共重合ポリエステルにおける接着強度評価

PDC–BHT 共重合体		最大破断強度（MPa）			
PDC 含有量（%）	アルミニウム	真鍮	銅	鉄	ステンレス
10	3.9	16.7	5.5	－*	11.1
20	6.0	20.6	11.1	14.3	15.0
30	9.5	23.5	0.8	29.7	30.4
40	40.9	35.5	21.9	33.5	31.4
50	34.2	30.2	26.3	31.7	49.9
60	57.0	18.5	12.3	40.6	15.0
70	23.2	21.5	12.5	36.7	31.5
80	24.3	27.9	17.0	29.0	23.9
90	13.8	12.8	8.1	15.8	19.7
100	4.2	4.6	4.3	6.0	4.4

＊ 接着力が弱く，測定不能

0.5）程度までのポリマーしか得ることができなかった。そこで，PDC と過剰のエチレングリコールを反応させることによってビス（β-ヒドロキシエチル）PDC（BHPDC）を合成し，PDC，BHPDC，BHT を用いて PDC–BHT 共重合ポリエステルを合成したところ（図6），図6中の x が0.1～1.0の様々なポリエステルの製造が可能であった。PDC 成分比が60%（x = 0.6）の共重合ポリエステルは，260℃程度まで熱分解しない優れた熱安定性を示した。

これまでに，PDC–BHT ポリエステル共重合体が様々な金属に対して強力な接着性を示すことを明らかにしている（表1）[19]。中でも，PDC 含量が0.4～0.6のものが最大の接着性を示し，アルミニウムでは57.0MPaという非常に大きな接着力が得られた。ガラスに対する接着強度も

第2章　リグノセルロースのリファイニング技術

強く，接着面が破断される前にガラス自体が破壊されるほどの接着強度を示した。

　上記の接着剤は接着反応温度が200～250℃と高いため，現在，接着反応を低下できる接着剤を開発中である。最近の研究により，接着反応温度130℃でのステンレス同士の接着で，市販のエポキシ接着剤の3倍の強度を示す高強度接着剤の製造に成功している[20]。また，ポリ乳酸の力学的性質を改善するために，PDC，BHPDC，乳酸からなる共重合ポリエステルをブレンドしたポリ乳酸フィルムが調製されている[21]。

4.7　おわりに

　本節では，リグニンからの機能性ポリマー製造として高強度の金属用接着剤の製造例を紹介した。リグニンはその圧倒的な存在量にもかかわらず，これまで高付加価値なマテリアル利用がほとんどなされてこなかった。リグニン化学構造の不均一性がその発展を阻んでいたと言える。しかし，本節で示したように，リグニンを一旦均一な化合物に変換し，その後にポリマー化してグリーンプラスチックを製造する技術は，全く新しいリグニン高度利用技術の開発が期待できる。それには，リグニンを低コストで効率的に低分子化する技術開発が必要であり，それができれば，近い将来PDCをベースとするグリーンプラスチックが石油製品を代替する可能性が充分に期待できる。

文　　献

1)　磯貝明，機能紙研究会誌，**46**, 3-12（2008）
2)　種田大介，*Cellulose Communication*, **13**, 49-52（2006）
3)　池田努ほか，紙パ技協誌，1102-1111（2007）
4)　鈴木和夫ほか，森林総合研究所プレスリリース，6月18日（2009）
5)　E. Masai *et al., J. Bacteriol.*, **173**, 7950-7955（1991）
6)　E. Masai *et al., Biosci. Biotechnol. Biochem.*, **57**, 1655-1659（1993）
7)　E. Masai *et al., J. Bacteriol.*, **182**, 6651-6658（2000）
8)　T. Sonoki *et al., Appl. Environ. Microbiol.*, **66**, 2125-2132（2000）
9)　T. Sonoki *et al., J. Wood Sci.*, **48**, 434-439（2002）
10)　H. Hara *et al., J. Bacteriol.*, **185**, 41-50（2003）
11)　T. Abe *et al., J. Bacteriol.*, **187**, 2030-2037（2005）
12)　E. Masai *et al., Biosci. Biotechnol. Biochem.*, **71**, 1-15（2007）
13)　Y. Otsuka *et al., Appl. Microbiol. Biotechnol.*, **71**, 608-614（2006）

14) K. Nomizu *et al.*, *Biosci. Biotechnol. Biochem.*, **72**(7), 1682-1689 (2008)
15) 河村文郎ほか，日本農芸化学会講演要旨集，332 (2009)
16) 中村雅哉ほか，特願 2005-225008 (2005)
17) T. Michinobu *et al.*, *Bulletin of the Chemical Society of Japan*, **80**(12), 2436-2442 (2007)
18) T. Michinobu *et al.*, *Polymer Journal*, **40**, 68-75 (2008)
19) M. Hishida *et al.*, *Polymer Journal*, **41**(4), 297-302 (2009)
20) 長谷川雄紀ほか，*Fiber Preprints, Japan,* No.1 and 2, 443 (2008)
21) T. Michinobu *et al.*, *Polymer Journal* (in press)

第3章　リグニンの機能とその制御

1　高分子物性とその応用

青柳　充*1，舩岡正光*2

1.1　はじめに

　リグノフェノールはリグノセルロース資源中に含まれる三次元高分子である天然リグニンをフェノール溶媒和し濃酸との界面反応（相分離系変換システム）によってベンジルアリールエーテル構造などのベンジル位置を構造選択的に開裂し，同時にフェノール化して得られる1,1-Diaryl構造を有するフェノール化リグニン誘導体ポリマーである。リグノフェノールは単一の化合物ではなく総称であり，リグノセルロースの種類，疎水性機能環境媒体の選択（フェノール種），親水性機能環境媒体の選択（濃酸），合成プロセス，抽出プロセス，精製プロセスなどを組み合わせることによってテーラーメイド的に目的化合物を誘導できる。またリグノフェノールはフェノール性並びに脂肪族性水酸基を豊富に有するためアシル化，エステル化，エポキシ化，ウレタン化，フェノール樹脂化など種々の化学修飾によってさらに誘導体ポリマーを得ることが可能である。得られる誘導体は種々の化学特性と共に高分子としての特性を示す。リグノフェノールが示す種々の高分子特性とその応用の可能性を代表的なリグノフェノール（p-クレゾールタイプ，LC）に対象を絞り熱特性，溶融状態ならびに分子量分画について検討した。

1.2　リグノフェノールの熱特性

　リグノフェノールは従来の工業リグニンとは異なり明確な熱溶融性と熱流動性を示す。リグノフェノールの熱溶融性は熱機械分析（TMA）によって検討されることが多い[1〜3]（図1）。アルミパンに絶乾試料を入れ平滑な表面に対し鉛直下向きに49 mNの荷重をかけた石英ニードルで応力を加えながら窒素気流下で測定を行う。一般的なLCを用いると針葉樹では150〜180℃，広葉樹では120〜170℃程度でニードルがアルミパンの底に到達する。

　測定後の試料を観察すると平滑で光沢のあるフィルム状固体になっていることがわかる。この平滑面は光学顕微鏡や電子顕微鏡（SEM）で測定しても平滑な連続流動面であることが観察される。特に針葉樹LCではサンプルによってはこの溶融過程で発泡し表面に泡が残ることがある。

＊1　Mitsuru Aoyagi　三重大学　大学院生物資源学研究科　特任准教授
＊2　Masamitsu Funaoka　三重大学　大学院生物資源学研究科　教授

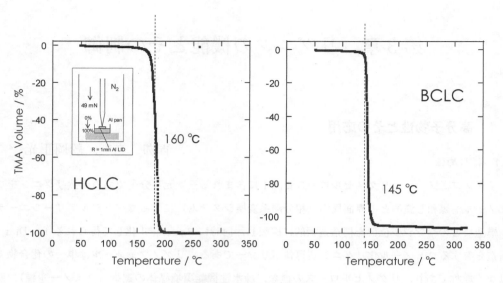

図1　針葉樹 LC，広葉樹 LC の TMA チャート

　しばしば TMA チャート上では粘度の高い溶液が気泡により持ち上がるキックバック・ピークとして観測される。この変化は熱重量分析（TGA）の5%重量減少温度以下で生じ，リグノフェノールの高分子構造自体は大きく変化していないと考えられる。TG/GC-MS を用いた検討により，この温度での重量変化に伴い発生するガスにはクレゾールなどは吸着分程度の少量であり，検出された化学種は H_2O が主成分であり，さらには HCHO（m/z = 29）が検出された[4]。これらの化学種を放出した後の試料では，これらのガスのさらなる放出は抑制された。これらの結果から，不可逆の不安定構造のリアレンジメントが生じ安定化されたと考えられる。実際，示差走査熱量計（DSC）による熱量測定の結果，ヒノキ（Hinoki cypress, *Chamaecyparis obtusa*）-LC（HCLC）では171℃に発熱ピークが観察されたが，180，200，230℃でクエンチングするとそのピークが消失し，TGA の5%重量減少も HCLC の190℃から236℃まで上昇した[4]（図2）。この発熱ピークはリグノフェノールに特有で他のリグニン試料では観察されていない[5～7]。

　このとき，GPC による分子量が HCLC の M_w = 24000 から 180℃クエンチング試料で M_w = 45800 まで上昇したが，同時に低分子領域のピークも増大し，M_w/M_n = 8.0 付近まで広がった（図3）。さらに高温の200，230℃ではぞれぞれ M_w = 4050，4400 となり4000に収束した。すなわち高分子化と低分子化が同時に進行し，その過程で H_2O と HCHO が発生し，熱安定性を得たと言える。原料である天然リグニンの生合成過程においてエンドワイズ重合によるリニア型ユニットはおよそ14量体程度になると考えられるが，その分子量と近い値であり興味深い結果である[4]。加熱試料が全てアセトンのような溶媒に易溶であることもランダム重合でなく高分子構造の解放

第3章 リグニンの機能とその制御

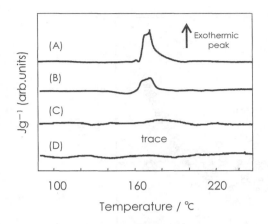

図2 クエンチングによるDSC発熱ピークの減少
(A) HCLC, (B) 180℃熱履歴HCLC, (C) 200℃, (D) 230℃
日本MRSの許可を得て転載[4]

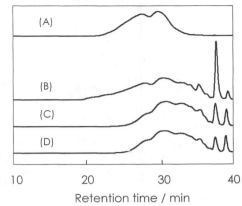

図3 クエンチングによるGPCプロファイルの変化
(A) HCLC, (B) 180℃熱履歴HCLC, (C) 200℃, (D) 230℃
日本MRSの許可を得て転載[4]

であることを支持している。

　これらの現象をHCLCの分子から考察すると以下のように考えられる。HCLCはフェノール導入率が0.8 mol/C_9，フェノール性水酸基量1.1 mol/C_9，脂肪族水酸基量が1.0 mol/C_9程度であった。すなわちリグニン主構造のC_6C_3フェニルプロパン単位(C_9)あたり0.2 molの未反応活性基，すなわちベンジル水酸基またはアリールエーテル構造が残存している。この構造1 mol/C_9が1 mol/C_9の末端水酸基とH_2Oを等モル放出して縮合反応しアリールエーテル化することによって分子量が可逆的に増大する。生じたアリールエーテルは活性が高くより高エネルギー環境下では開裂するため最終的には低分子化の変化になる。他方，主鎖として存在する$C\beta$-O-アリール構造は$C\gamma$（C_9ユニットの脂肪族末端）の水酸基の脱離に伴い一部が解放され低分子化すると考えられる。この際，末端$C\gamma$と脂肪族水酸基がHCHOとなり，スチリルアリールエーテル構造が生じる[8〜12]。実際，クエンチングした試料のUV-Vis分析（イオン化差スペクトル分析）では350〜500 nmに対応する吸収が増加した。さらにこれらの加熱試料は全て$C\alpha$位に対しオルト位の水酸基によって起こる隣接基関与効果であるフェノールスイッチング機能を示し170℃のアルカリ条件下の加熱で分子量M_w = 1600〜1100程度に収束した。従ってLCの基本的な構造を維持した状態で上記のようなリアレンジメントが生じていると考えられる。

　このようにして得られる熱履歴LCは針葉樹，広葉樹，草本類でも同様の傾向を示した。さらに同様の熱安定性は空気気流化で行われた動的粘弾性分析（DMA）でも観察された。熱履歴を与えて安定化されたリグノフェノールは循環型分子設計を保持した成型加工や溶融混練などの応

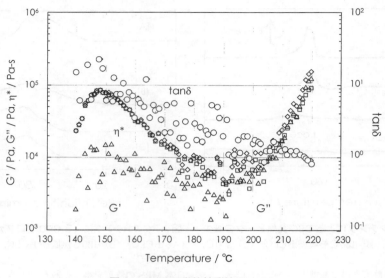

図 4 BCLC の動的粘弾性チャート
パラレルプレート使用
G' : △, G" : □, tan δ : ○, η* : ◇

用展開に有利な性質である。

1.3 リグノフェノールの溶融状態

DMA による測定によって，TMA で静的に観察される熱流動を再評価すると，水平のパラレルプレートを用いた測定で広葉樹であるブナ (Beech, *Fagus crenata*)-LC (BCLC) の弾性率が貯蔵弾性率 (G')，損失弾性率 (G") とも 1 radsec^{-1} で測定した結果，10^3 Pa 程度まで低下した。複素粘度も同程度まで低下した（図 4）。

この粘度の値は，溶融状態としては液体に分類され[13]，はちみつ程度の低粘度で溶融ポリプロピレンに近い値である。従って 1.2 項で述べた熱履歴を与えて安定化された LC を用いたインジェクション加工が十分可能であると言える。空気気流下で 10 回以上繰り返し測定では粘度が維持されたが，それ以上の繰り返しでは徐々に粘度が上昇した。加熱により熱流動が始まる温度は TMA の変位開始温度より数℃高くなる傾向が見られた。また，針葉樹 LC は一般に広葉樹より高分子で耐熱性も高いが DMA でも同様の挙動を示し，また溶融状態における粘度は広葉樹 LC より一桁程度高かった。このように熱溶融状態は通常のポリマーと同様に液体として扱える程度まで粘度が低下することから溶融混練による複合化や熱圧成型に適用可能であると言える。

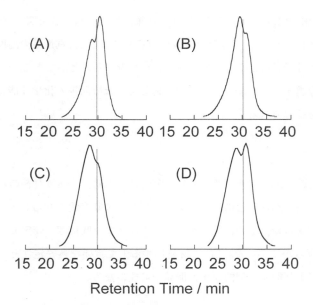

図5 溶媒による分子量分画後のGPCチャート
(A) HCLC（ジエチルエーテル），(B) シクロペンチルメチルエーテル，(C) *tert*-ブチルメチルエーテル，
(D) ジエチルエーテル／シクロペンチルエーテル，1/1（v/v）
日本MRSの許可を得て転載[14]

1.4 分子量分布と分画

　リグノフェノールは一般の合成高分子より大きい分子量分布を示し，GPCでも高い分散比（M_w/M_n）が得られる。針葉樹LCの合成において三重大学システムプラント1号機などでの大量の合成時の二段法プロセスⅡを用いると再沈殿溶媒の極性が低いケースでは分散比が3～4であり大きいときには5に達する。一般的な一段法などではより分布が狭まり1～2の範囲となる。特に針葉樹のLCではGPCのピークが二つに分裂するバイモーダル・ピークとして得られることが多い。このピークは天然リグニンが存在している植物細胞壁中におけるリグニンの生合成過程のエンドワイズ重合とバルク重合の結果得られたリニアとネットワークのそれぞれのリグニンが，それぞれの特徴を保持したリグノフェノールに変換され分離されていると考えられている。これらの成分はピークが近く分離が困難であったが，例えば分取GPCなどを用いて分子量分画が行われてきた。しかし，材料として使う上では大量に分離する必要があるため分取カラムでは限界があった。そこでリグノフェノールの溶解度の差を利用して再沈殿溶媒の種類を変えることによって分子量による分画が実現した。環状エーテルなどを用いて分子量分画を行った結果，M_nで1200程度，M_wで2000～5000程度ずつ分子量が異なる区分に分離できた[14]。

　この分画は溶媒への溶解度だけで行われるので目的の試料を大量に得ることができる。分離さ

れた各区分はFT-IRやNMR，UV-Vis分析の結果，構造にほとんど差はなかったがTMAによる熱流動開始温度に2〜7℃の差が見られた。TGAによる5%重量減少温度もほとんど同等であることから特定の分子量のLCを選択的に回収し利用することができる[14]。特に化学修飾による誘導体化の前に分画することによって目的に応じた，ほぼ同等の化学性能を持ちながら分子量分布の少ない材料を誘導できる。

1.5 おわりに

主にLCの熱的性質やクエンチングによる安定化とその効果，熱流動後の溶融液体の特性について検討を行った結果，不安定な構造をクエンチングにより変化させることでより熱的に安定な材料の確保が可能であった。また，溶融液体がPP程度まで低粘度で安定であり，さらに分子量分画できることが明らかになった。LCを材料化する上で重要な熱安定性とより均一な分画試料を得ることによってより機能選択的な用途開発が可能になる。

文献

1) 永松ゆきこほか，木質系有機資源の新展開，第2章1, p.10, シーエムシー出版 (2005)
2) D. A. I. Goring *et al., Pulp Pap. Mag. Can.*, **64**, T517 (1963)
3) S. Kubo *et al., Holzforshung*, **50**, 144 (1996)
4) M. Aoyagi *et al., Trans. Mater. Res. Soc. J.*, **32**, 1119 (2007)
5) H. Hatakeyama *et al., Cell. Chem. Technol.*, **6**, 521 (1972)
6) T. Hatakeyama *et al., Makromol. Chem.*, **184**, 1265 (1983)
7) A. Miyamori, *Thermochimica Acta*, **351**, 177 (2000)
8) J. Gierer *et al., Acta Chemical Scandinavica*, **18**, 1469 (1964)
9) J. Gierer *et al., Svensk Papperstidn.*, **82**, 503 (1979)
10) E. Adler *et al., Acta Chem. Scand.*, **18**, 1313 (1964)
11) G. Gellerstedt *et al., Svensk Papperstidn.*, **9**, 61 (1984)
12) J. Gierer *et al., Acta Chem. Scand.*, **16**, 1713 (1962)
13) N. P. Cheremisinoff *et al.,* "HANDBOOK of APPLIED POLYMER PROCESSING TECHNOLOGY", Marvel Dekker (1996)
14) M. Aoyagi *et al., Trans. Mater. Res. Soc. J.*, (2009), in press

2　逐次分子機能制御

三亀啓吾[*1]，舩岡正光[*2]

2.1　はじめに

　現在の我々の生活を支えている石油は，ガソリン，軽油，重油などのエネルギーとしての役割，そして，プラスチック，溶剤，合成繊維，接着剤などの原料としての役割を果たしている。石油代替エネルギーは，太陽エネルギー，燃料電池，地熱などにより代替できる可能性はある。一方，石油代替化学原料は，石油に含まれる脂肪族化合物と芳香族化合物の両方を持つ植物資源以外の候補は考えられない。

　近年，植物資源はサステイナブルマテリアルとして再注目され，生分解性プラスチックとして，トウモロコシやサツマイモのデンプンからのポリ乳酸の誘導やパームオイルや大豆油を用いた洗剤やバイオディーゼルなどが実用化されている。一方，植物の主要構成成分であるリグノセルロース成分は発酵によるエタノールの生産などに関する研究が多くなされている。これらは主に脂肪族化合物としての利用が中心となっている。しかし，石油代替化学原料のもう一つの重要な芳香族化合物の植物資源からの代替は進展していない。この芳香族化合物の代替原料としてなりうるのが，リグノセルロース資源に約30％含まれるリグニンと言われている。しかし，リグニンは芳香族化合物として最も豊富に存在する天然フェノール化合物であるが，そのフェノール活性は低く，遊離フェノール性水酸基は10％程度に過ぎない[1～3]。これは，リグニン前駆体のほとんどのフェノール性水酸基が，三段階のリグニン生合成過程でエーテル化されていることによる[4, 5]。

　その第一段階は，メトキシル基の形成である。リグニンモノマーはケイヒ酸経路によりフェニルアラニンやチロシンから形成される。この過程でチトクロームP-450タイプのヒドロキシラーゼにより水酸基化されp-クマル酸となり，さらにヒドロキシラーゼの作用により水酸基のオルソ位に水酸基が導入され，カフェー酸や5-ヒドロキシフェルラ酸が形成される。しかし，これらの水酸基化された化合物は，O-メチルトランスフェラーゼによりすぐにメチル化されメトキシル基となり，リグニン前駆体（コニフェニルアルコール，シナピルアルコール，p-クマリルアルコール）が形成される[6]。

　第二段階は，リグニン前駆体の酵素的脱水素重合である。このラジカルカップリングによりリグニンの単位間結合の約50％を占める$β$-アリールエーテル結合が形成される。

　第三段階は，ベンジルエーテルの形成である。ラジカルカップリングにより形成されたリグニ

[*1]　Keigo Mikame　三重大学　大学院生物資源学研究科　特任准教授
[*2]　Masamitsu Funaoka　三重大学　大学院生物資源学研究科　教授

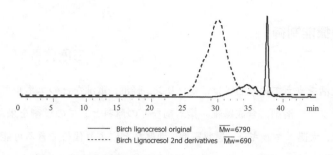

図1 アルカリ処理広葉樹リグノフェノールの分子量分布

ンサブユニットはキノンメチド構造を有しており，そのベンジル位に隣接するフェノール性水酸基が求核攻撃することによりベンジルエーテルが形成される。

したがって多くのフェノール性水酸基はメトキシル基を含めたエーテル結合によってブロックされている。言い換えれば，リグニンには，多くの潜在性フェノール性水酸基が含まれていることになる。しかし，生態系ではリグニンは土壌分解過程で微生物によりエーテル基の分解とメトキシル基の脱メチル化によりフェノール活性が復活し，土壌中で金属成分のトラップなどの役割を担っている。この生態系におけるシステムを活用することにより，リダニン潜在性フェノール性水酸基を逐次解放させることによりリグニンの芳香族化学原料としての活用が期待できる。

2.2 相分離系変換システムによるベンジルアリールエーテルの開裂

舩岡らにより開発された相分離系変換システムは，植物の主要構成成分であるセルロース，ヘミセルロース，リグニンを迅速かつ定量的に分離・機能変換することが可能である[7～10]。この相分離系変換過程において，フェノールで溶媒和されたリグニンはフェノールと酸の界面でのみ酸と接触し，反応活性なベンジル位にフェノールがグラフティングされる。この時キノンメチドへの求核付加により形成したベンジルアリールエーテルが開裂される。これにより1,1-ビスアリールプロパン構造を持つリグノフェノールへと変換され，そのフェノール性水酸基量は針葉樹リグノクレゾールで 1.2～1.3 mol/C9，広葉樹リグノクレゾールで 1.5～1.6 mol/C9 となる[5]。

2.3 アルカリ処理によるβ-アリールエーテルの開裂

リグノフェノールはアルカリ処理を行なうと容易に低分子化することが可能である[11]。図1は 1.0N 水酸化ナトリウム水溶液中で 170℃，1時間処理した広葉樹リグノクレゾールの GPC 分析の結果である。分子量 6800 の広葉樹リグノクレゾールは，アルカリ2次機能変換により分子量 700 まで低分子化している。この広葉樹リグノクレゾールアルカリ2次誘導体の GPC チャ

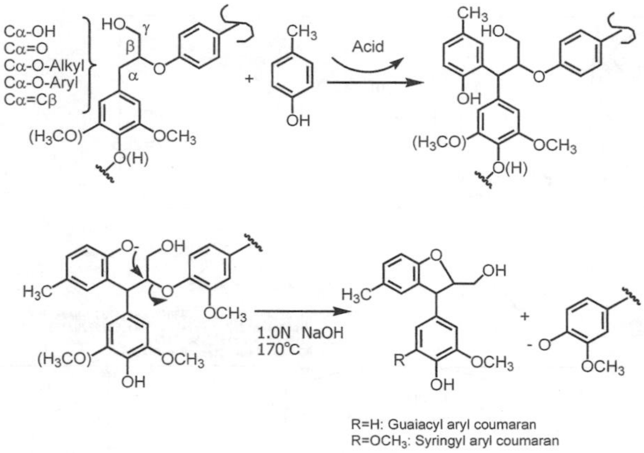

第3章　リグニンの機能とその制御

図2　相分離系変換システムとアルカリ処理によるエーテル結合の開裂

ートを見るとリテンションタイム37分に分子量約300の大きなピークが見られる。このピークに含まれる主要成分を分取GPCにより分取した後，TLCにより繰返し精製し，LC/MS，^{1}H-NMR，^{13}C-NMRにて主要生成物を分析した結果，この化合物は図2のようなリグノクレゾールの導入クレゾールからの隣接基関与反応により生成した5員環構造2量体グアイアシルアリールクマランとシリンギルアリールクマランであることが明らかにされた。針葉樹リグノクレゾールからグアイアシルアリールクマランは11.4%，広葉樹リグノクレゾールからはシリンギルアリールクマランが21.0%とグアイアシルアリールクマランが7.4%得られた。これはリグノフェノールにグラフティングされたフェノールのフェノキシドイオンが電子欠損したβ位に求核攻撃し，β-アリールエーテル結合が開裂したことによる。これによりリグニン生合成過程ラジカルカップリングにより生成したリグニン主要単位間結合であるβ-アリール結合が開裂したことになる。

2.4　ルイス酸処理によるメトキシル基の脱メチル化

芳香族メトキシル基はルイス酸触媒である三臭化ホウ素で処理することにより脱メチル化が可能である[12]。

グアイアシルアリールクマランを-78℃，窒素雰囲気下，三臭化ホウ素で処理し，その酢酸エチル抽出画分のLC/MS分析を行なった結果，図3のように，アリールクマラン2量体（m/z = 285）の他に脱メチル化物と思われるm/z = 270のピークが検出された。

続いて，脱メチル化体の構造決定を行なうため，三臭化ホウ素反応物をアセチル化した後，TLCで精製し，LC/MS，^{1}H-NMR，^{13}C-NMRで構造解析し，図4のようなメトキシル基が脱メチル化されたカテコールタイプのアリールクマランであることが確認された。これによりリグ

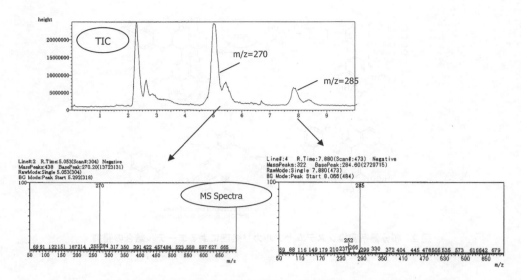

図3　グアイアシルアリールクマランの三臭化ホウ素処理後の LC/MS 分析結果

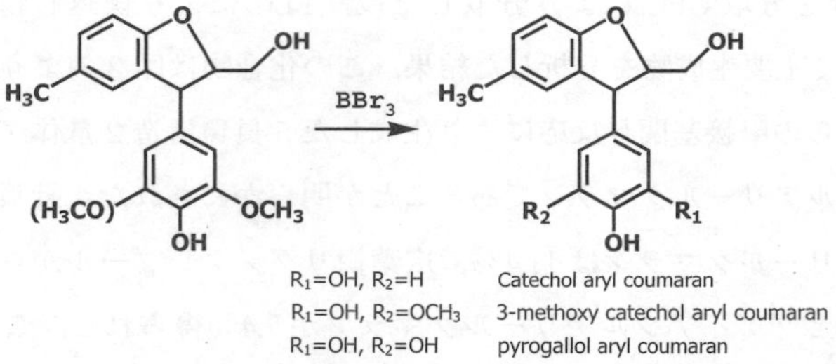

図4　グアイアシルおよびシリンギルアリールクマランの三臭化ホウ素による脱メチル化

ニン前駆体モノリグノール生合成過程で生成したメトキシル基が，三臭化ホウ素処理によりメチルエーテル結合を開裂したことになる。

　また二個のメトキシル基を有するシリンギルアリールクマランを同様に三臭化ホウ素で処理したところ，図4のような一つのメトキシル基だけが脱メチル化された3-メトキシカテコールアリールクマランと二個のメトキシル基を脱メチル化したピロガロールアリールクマランが得られ，処理条件を変えることにより脱メチル化の頻度をコントロールすることが可能であった。例えば−78℃で1時間攪拌後，徐々に室温に戻し，室温に達した後さらに1時間攪拌すると副生成物は生じるがピロガロールアリールクマランのみが生成された。また，−78℃で3時間処理したところ，3-メトキシカテコールアリールクマランのみが生成された。

第3章 リグニンの機能とその制御

2.5 核交換処理によるモノフェノール化

続いて，BF_3を用いたリグニンの側鎖一芳香核間結合を選択的かつ定量的に開裂させる手法である核交換法[13]によりリグノフェノール2次機能変換体低分子画分主要化合物グアイアシルアリールクマランのモノフェノール化を行なった。

核交換試薬は，Phenol/Xylene/BF_3-phenol complex = 19/10/2.5（v/v）の比率とし，まず，針葉樹リグノクレゾール2次機能変換体を110℃で4時間核交換処理した結果，リグノクレゾール2次機能変換体あたりの収率は catechol：1.1%，guaiacol：28.9%，p-cresol：28.9%，o-cresol：2.0%となり，モノフェノール収率は61%となった。針葉樹リグノクレゾール2次機能変換体に含まれるp-cresol量は25〜27%であることから，核交換処理によりほぼ定量的にp-cresolが回収されていることがわかる。またリグニン核由来のguaiacolもほぼ定量的に回収された。また核交換処理過程で生じるメトキシル基の脱メチル化により生成するcatecholは少なく，今回の核交換処理条件では，メトキシル基の脱メチル化はあまり生じなかった。リグノクレゾールからの2次機能変換体の収率は約90%であるので，リグノフェノールをアルカリ処理，そして，核交換処理することによりリグノフェノールから約55%のモノフェノールを回収できることとなる。

続いてグアイアシルアリールクマランを110℃で4時間核交換処理した結果，収率は，catechol：3.3%，guaiacol：27.6%，p-cresol：23.4%，o-cresol：2.1%となり，リグノクレゾールの構成フェノール核が高収率で得られた。今回はcatecholの収率は少なかったが，メトキシル基の脱メチル化は核交換処理温度に依存することから処理温度を上げることにより，catecholの収率を上げることは可能である。また，核交換処理過程でcatecholは安定であることから，今回は検討していないが，三臭化ホウ素によりメトキシル基を脱メチル化した後，核交換処理をすること，また，得られたguaiacolを三臭化ホウ素で処理することによってもcatecholを高収率で得ることは可能と考えられる。

これらの結果，リグノフェノールのアルカリ2次機能変換処理体の核交換処理により，定量的に構成フェノール核を回収することが可能であることが示された。

2.6 おわりに

図5のように低フェノール活性ではあるが潜在的フェノール活性を持つ天然リグニンを相分離系変換処理により，ベンジルエーテルの開裂およびフェノールグラフティングにより高フェノール活性であるリグノフェノールに変換，続いて，アルカリ2次機能変換によりリグニンの主要単位間結合であるβ-エーテル結合を開裂，そして，リグニン芳香核メトキシル基をルイス酸処理により脱メチル化することにより，逐次リグニン潜在的フェノール性水酸基を活性化することが

木質系有機資源の新展開 II

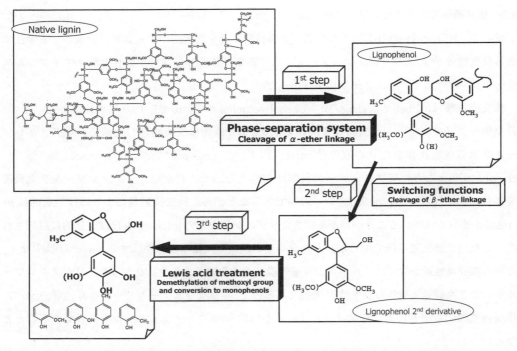

図5 リグニン潜在性フェノール性水酸基の逐次解放システム

可能である。これはリグニン生合成過程の逆経路に従っている。また，このようなリグニンエーテル結合の逐次解放は，生態系でのリグニン分解機構にも類似している。土壌中で分解されたリグニンはフミン質として生態系の中でさまざまな機能を果たしている。したがって，エーテル結合の逐次解放により得られるリグノフェノール分解物もまた芳香族化合物として高いポテンシャルを有している。

文　　献

1) Y. Z. Lai, M. Funaoka, *Holzforschung*, **47**, 333 (1993)
2) Y. Z. Lai, M. Funaoka, *J. Wood Chem. Tecnol.*, **13**, 43 (1993)
3) H. T. Chen, M. Funaoka, Y. Z. Lai, *Wood Sci. Technol.*, **31**, 433 (1997)
4) K. Freudenberg, *Science*, **148**, 595 (1965)
5) T. Higuchi, *J. Biochem*, **45**, 515 (1958)
6) T. Higuchi, *Wood Sci. Technol.*, **24**, 23 (1990)

第 3 章　リグニンの機能とその制御

7)　M. Funaoka, I. Abe, *Tappi Journal,* **72**, 145（1989）
8)　M. Funaoka, M. Matsubara, N. Seki, S. Fukatsu, *Biotechnol. Bioeng.,* **46**, 545（1995）
9)　M. Funaoka, S. Fukatsu, *Holzforschung,* **50**, 245（1996）
10)　K. Mikame, M. Funaoka, *Polymer Journal,* **38**, 694（2006）
11)　M. Funaoka, *Polymer International,* **47**, 277（1998）
12)　Y. Hu, D. Kupfer, *Drug Metab Dispos,* **30**, 1035（2002）
13)　M. Funaoka, *Bull. Mie Univ. Forest Tsu Japan,* **13**, 1（1984）

3 芳香族モノマーの誘導

野中　寛[*1]，舩岡正光[*2]

3.1 はじめに

相分離系変換システムにより植物体から分離合成されたリグノフェノールは，化学修飾やスイッチング素子を利用した二次機能変換など，精密な分子構造制御のもとに，カスケード的に利用することを念頭に設計された分子素材である。素材としての活用は，既書[1]，本書第4章を参照されたい。リグニンは，豊富に存在する唯一の再生可能芳香族系化合物であり，生態系における炭素循環時間が特に長い。ゆえにリグノフェノールの最終逐次活用として，フェノールなど，単純な芳香族化学原料へと変換することまで想定している。木材→リグノフェノール（とその誘導体）→芳香族化学原料の流れを実現することにより，現在の林業と化学工業をつなぐ，新しい木質系有機資源を利用する産業ネットワークを構築することができる。

3.2 リグニンからの芳香族モノマー誘導

製紙パルプ工業や木材糖化で副産物として得られる，いわゆる工業リグニンは，長年，樹脂，接着剤，分散剤などへの応用が検討されてきたが，優れた商品の開発には至っていない。これは，リグニンが鋭敏な高分子で，化学処理の過程で二次的な解重合などにより構造が複雑化し，精密な分子構造制御が不可能となることに大きく起因している。よって，高分子素材として利用するのではなく，分解して芳香族化学原料を得ようとする研究も盛んに行われてきた。

最も大量にリグニンが排出されているのは製紙工場であり，針葉樹のサルファイトパルプ蒸解廃液のアルカリ性酸化分解によりバニリンが工業的に生産されている。しかし，バニリンの需要は少なく，蒸解法がクラフト法へとシフトするにつれ，クラフトリグニンを対象とした芳香族化合物の工業的生産が検討されるようになった。1960年代の野口研究所，林業試験所，アメリカのCrown Zelerbach社，HRI (Hydrocarbon Research Inc.)社などにより，実用化を視野に入れて，高温高圧条件下における水素化分解が検討された。野口研究所は，Fe-S-Cu-Sn系の触媒を用いて，収率21%で単環（モノ）フェノール類を得ることに成功した[2]。Crown Zelerbach社は野口研究所法を改良して，モノフェノール類21%，ベンゼン類9%を得ている[3]。1990年代にも水素供与性溶媒や触媒の探索が続いた[4〜8]が，その後は水素化分解の研究はあまり行われなくなった。その間，研究室レベルでのルイス酸によるモノフェノール生成に関する検討例[9〜11]や，ゼオライト系触媒を用いてBTXを製造する試み[12]もあった。近年，再び「リグニンからモノ

　＊1　Hiroshi Nonaka　三重大学　大学院生物資源学研究科　准教授
　＊2　Masamitsu Funaoka　三重大学　大学院生物資源学研究科　教授

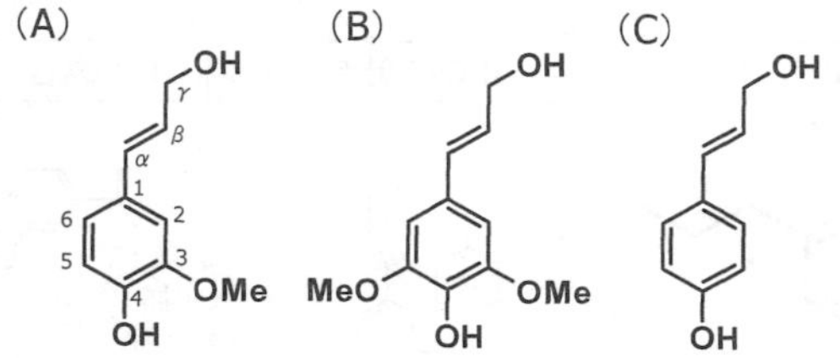

第 3 章　リグニンの機能とその制御

図 1　リグニン生合成の前駆体となるモノリグノール分子
（A）コニフェリルアルコール，（B）シナピルアルコール，（C）p-クマリルアルコール
芳香核に存在するメトキシル基の数が異なる

フェノール」をキーワードとした報告が出はじめている[13,14]。盛んな結合開裂により分解生成物が非常に多様であること，芳香環の水素化も進行すること，収率が十分でないことが共通の問題点であり，実用化には至っていない。

　結果として，製紙工場では黒液に含まれるリグニンは熱源として利用されている。また，世界中で検討されている各種バイオリファイナリープロセスでは，炭水化物（セルロース，ヘミセルロース）の加水分解による糖質取得を主目的とし，リグニンの利用としては，ガス化による合成ガス製造，または，燃焼による熱回収が想定されているにすぎない[15]。

3.3　リグノフェノールからの芳香族モノマー誘導の考え方

　リグノフェノールは，相分離系変換システムにより，植物体中のリグニンの最も活性な部位（α 位）に選択的にフェノール類を結合させて単離したリグニンである。そのため二次的な変性が抑制されており，主要な分子構造を推定可能である。芳香族化学原料への変換に関して，従来のリグニン分解との決定的な違いは，その分子構造に適したプロセスを選択可能である点である。

　リグニンはフェニルプロパン（C_6-C_3）構造を有する（A）コニフェリルアルコール，（B）シナピルアルコール，（C）p-クマリルアルコール（図 1）のラジカルカップリング，およびそれに続く反応により形成される芳香族系高分子である。各モノリグノールは，リグニンのグアイアシルユニット，シリンギルユニット，p-ヒドロキシフェニルユニットの起源である。一般的に，針葉樹リグニンは（A）のみ，広葉樹は（A）と（B），草本は（A）（B）（C）より形成される。フェニルプロパンユニット間は，β-O-4 結合，4-O-5 結合，β-1 結合，5-5 結合，β-5 結合，β-β 結合，α-O-4 結合により結合されている（図 2）。各結合の存在割合は研究者により報告が異なるものの，針葉樹では β-O-4 結合がおよそ半分を占めるとされている[16,17]。よって，リグノフェノールの主要構造は，β-O-4 結合（フェネチルフェニルエーテル構造），および，α 位へ導入されるフェノール類由来の 1,1-ビスアリール構造（ジフェニルメタン構造）であること

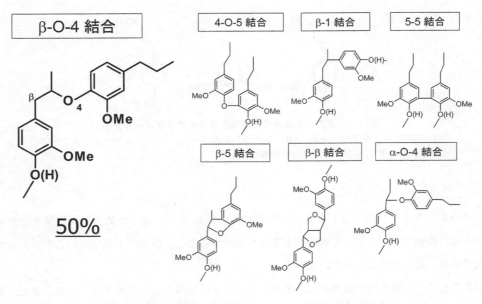

図2 リグニンのフェニルプロパンユニット間の結合様式
β-O-4 結合が約半分を占める

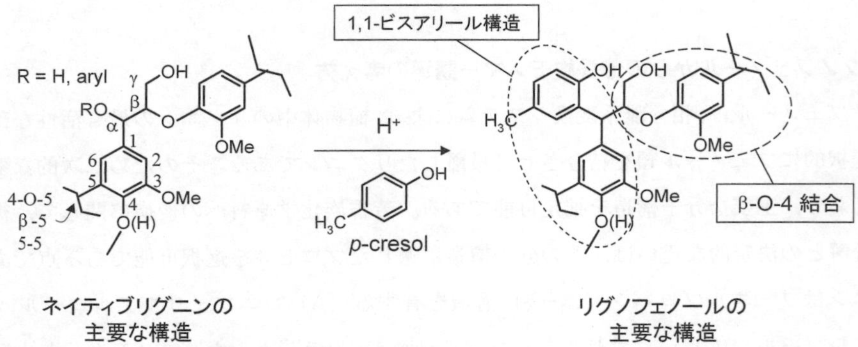

図3 相分離系変換システムによるリグノフェノールの合成
副原料のフェノール類として p-クレゾールを用いたとき

が推定される（図3）。この両者を開裂しながら，二次的な重合や芳香環開裂の進行は最低限となるような，選択的な条件設定が鍵である。水熱反応は，主要な結合である β-O-4 結合の加水分解が期待され，かつ熱分解も可能であるので，選択的分解法の一つとして有力な選択肢となる。

第3章　リグニンの機能とその制御

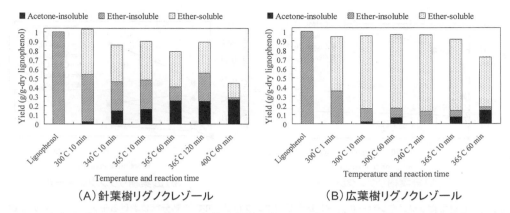

（A）針葉樹リグノクレゾール　　　　　　　　　（B）広葉樹リグノクレゾール

図4　（A）針葉樹リグノクレゾール，（B）広葉樹リグノクレゾールの水熱分解における生成物の収率
生成物は，アセトン不溶，アセトン可溶―エーテル不溶，エーテル可溶に分画

3.4　水熱分解による芳香族モノマーの誘導

3.4.1　リグノフェノールの水熱分解

　図4に，p-クレゾールを用いて針葉樹および広葉樹から合成したリグノフェノール（リグノクレゾール）の水熱分解生成物収率を示す。針葉樹リグノクレゾール（図4（A））では，温度上昇，時間増加とともに，顕著にアセトン不溶物，不明成分（＝ガス）が増大し，チャー化やガス化の進行が認められた。エーテル不溶，エーテル可溶生成物のGPC分析により，前者は，高分子化，後者は低分子化していることが確認され，加水分解による低分子化と二次的な重合が同時に進行していることが示唆された。365℃以下ではいずれの条件においても，アセトン不溶物とエーテル不溶物の和が約50%で一定であることから，一度高分子化してエーテル不溶になった化合物が，さらに高分子化が進行してチャーとなることが示唆される。一方，広葉樹リグノクレゾールの分解（図4（B））では，300℃，10分で約8割がエーテルに可溶化し，針葉樹と比較して低分子化反応が迅速である。アセトン不溶物とエーテル不溶物の和は約20%であった。広葉樹リグニンには，5位がメトキシル基で置換されたシリンギルユニットが半数存在する[18]ため，縮合構造が少なく，分子内に存在するβ-O-4結合の割合が大きい[19,20]ことで説明できる。

　図5に，主要なモノフェノール収率の時間変化を示す。生成量は時間に伴い変化するが，針葉樹リグノクレゾールでは，クレゾール＞グアイアコール（図5(A)），広葉樹リグノクレゾールでは，クレゾール＞シリンゴール＞グアイアコール（図5(B)）である。リグニンのグアイアシルユニットの約半分が，5位などを介して他のユニットと結合する縮合型ユニットである。また，広葉樹リグニンには，グアイアシルユニットとシリンギルユニットが約1：1で存在する。よって，全フェニルプロパンユニットに対するシリンギルユニット，非縮合型グアイアシルユニットの割合

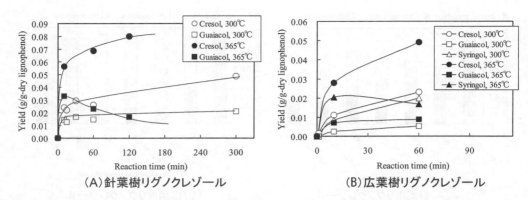

図5 (A) 針葉樹リグノクレゾール，(B) 広葉樹リグノクレゾールの水熱分解におけるモノフェノールの生成

は，概ね針葉樹で2：0：1，広葉樹では2：1：0.5と推定される。この存在比が，生成するクレゾール，グアイアコール，シリンゴールの大小関係におよそ対応すると考えられる。365℃でグアイアコールが消失し，キシレノールやカテコールの生成が増加するのは，グアイアコールのメトキシル基の脱メチル化によるものと推定される[21～23]。同様にシリンゴールのメトキシル基の脱メチル化も進行していると考えられる。

広葉樹リグノクレゾールのほうが生成するエーテル可溶物が多いにも関わらず，モノフェノール収率は針葉樹と同レベルであることから，β-O-4結合の開裂は迅速であるが，1,1-ビスアリール構造の開裂が律速であることが示唆される。Townsendら[24]は，375～550℃の温度における石炭の各種モデル化合物の超臨界水中での分解を検討し，フェネチルフェニルエーテルは熱分解，加水分解によりモノフェノール類に分解するが，ジフェニルメタンの分解はほとんど起こらないことを報告している。以上より，水熱条件下において，モノフェノール類への高効率な変換を行うためには，①1,1-ビスアリール構造の開裂に効果的な触媒の探索，②チャー化を抑制するための水素供与体の存在，③ガス化進行抑制のための比較的低温な反応条件，が重要であると考えられる。

3.4.2 アルカリ触媒の効果

Tagayaら[25]はフェノール樹脂前駆体の水熱分解にアルカリ触媒の添加が効果的であったことを報告している。そこで，1,1-ビスアリール構造を有する4,4'-メチレンジフェノールをモデル化合物として，炭酸ナトリウムを添加し，365℃，10分の水熱分解で確認を試みた。触媒無添加のとき，フェノール収率8％，クレゾール収率0.3％のところ，添加時はそれぞれ58％，9％と大幅に増加し，アルカリ触媒が極めて有効であることが示された。また，フェノールとクレゾールが等モル生成するのではなく，主としてフェノールが生成されることから，

第3章　リグニンの機能とその制御

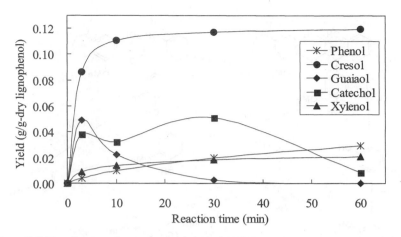

図6　針葉樹リグノクレゾールのアルカリ添加水熱分解におけるモノフェノールの生成
反応温度：365℃，添加アルカリ：0.5 wt% Na_2CO_3

$$HO(C_6H_4)\text{-}CH_2\text{-}(C_6H_4)OH + H_2O \rightarrow 2\ C_6H_5OH + HCHO\ （フェノールの理論収率94\%）$$

で表される加水分解反応が優先的に進行すると考えられる。つまり，水熱条件下では，1,1-ビスアリール構造の開裂は，熱分解より，加水分解によって進行することが示唆される。

3.4.3　リグノフェノールのアルカリ添加水熱分解

　図6に，炭酸ナトリウムを添加して，針葉樹リグノクレゾールを水熱分解した際の生成モノフェノールの時間変化を示す。反応初期においてすべてのモノフェノール生成速度が増大し，アルカリ添加がリグノフェノールからのモノフェノール回収に対して有効であることが確認された。カテコールの生成量が大きいのが特徴的である。アルカリ水熱条件下では，メトキシル基の脱メチル化が迅速で，グアイアシルユニットの脱離（図7（A））と，脱メチルによるカテコールユニットへの変換（図7（B））および脱離（図7（C））が，同時に進行していると推測される。カテコールの分解も比較的速く60分後にはほぼ消失する。無触媒の際生成しないフェノール，キシレノールは時間とともに増加するが，それぞれクレゾール（図7（D））の脱メチル化（図7（E）），クレゾールのメチル化に起因すると考えられる。クレゾール，フェノール，キシレノールの収率の和は60分で17%に達し，リグノクレゾールに導入されたクレゾール量の約60%に相当する。α位に導入されたp-クレゾールが，希アルカリ水熱条件下，スイッチング素子として機能し，五員環を形成（図7（F）），さらにはスチルベン型構造へと変化（図7（G））した場合，クレゾールをモノフェノールとして得ることができない。

　広葉樹リグノクレゾールでも，ほぼ同様の迅速なクレゾール，カテコールの生成が認められ，クレゾール収率も同様であった。一方で，無触媒の際には生成したシリンゴールは得られなかっ

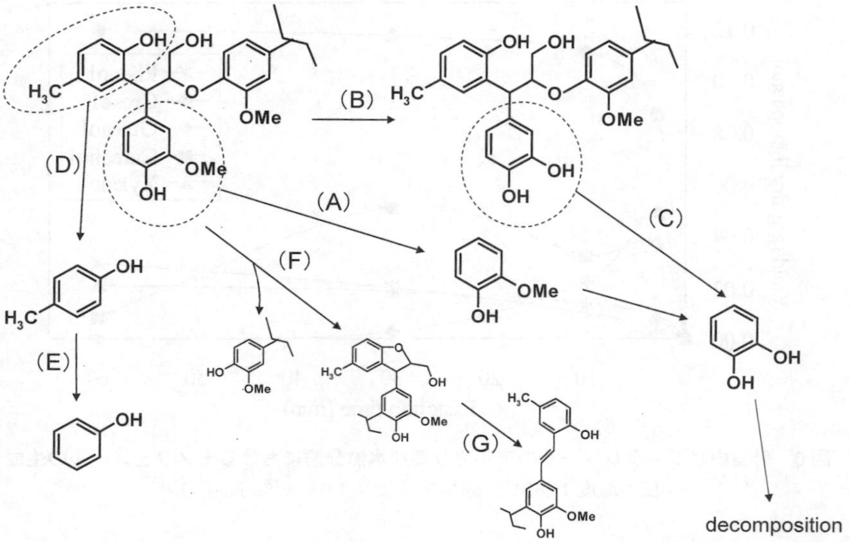

図7 アルカリ添加水熱分解におけるモノフェノール生成機構の推定

表1 リグノクレゾールのアルカリ添加水熱分解における最大モノフェノール収率

モノフェノール	針葉樹（365℃, 30 min, Na_2CO_3）, %	広葉樹（365℃, 10 min, Na_2CO_3）, %
Phenol	2.0	0.8
p-Cresol	11.7	9.0
Guaiacol	0.2	1.4
Catechol	5.1	6.2
Xylenol	1.8	0.9
Other monophenols	2.3	1.7
Total monophenols	23.1	20.0

た。アルカリ水熱条件下では，シリンゴールの分解が極めて迅速で，反応時間制御が難しい。

モノフェノールの種類は時間とともに変化し，目的とする化合物により反応時間を選ぶ必要があるが，針葉樹，広葉樹ともモノフェノールの最大収率は20%を超えた（表1）。リグノクレゾールの主要な構造を含むクレゾールリグニンの水素化分解では，鉄系触媒，450℃，水素初圧20 kg/cm^2，テトラリン添加条件下において，モノフェノール収率は約15%[26, 27]，水素初期圧100 kg/cm^{2}では収率19～25%[28]との報告があり，これらに匹敵する結果が得られたことになる。

第3章 リグニンの機能とその制御

3.5 おわりに

リグノフェノールの主要な分子構造に基づいて，水熱分解，アルカリ添加水熱分解を選択し，水素供与体なしでモノフェノール収率20%以上を達成した．さらに触媒種，触媒量，反応温度，反応時間，水素供与体の添加などの最適化を行うことにより，収率増大が期待される．ある一つの最適反応条件を追究するのみならず，主な生成物の構造を予測しながら，適したプロセスにより多段階に分解して高収率を目指すアプローチも重要であろう．

文　献

1) 舩岡正光監修，木質系有機資源の新展開，シーエムシー出版（2005）
2) 大島幹義ほか，野口研時報，**14**, 26（1965）
3) D. W. Goheen, *Advances in Chemistry Series*, **59**, 314（1966）
4) E. Dorrestijn *et al.*, *Holzforschung*, **53**, 611（1999）
5) M. Kudsy *et al.*, *Canadian J. Chem. Eng.*, **77**, 1176（1999）
6) D. Meier *et al.*, *Biomass and Bioenergy*, **7**, 99（1994）
7) A. Oasmaa *et al.*, *Energy & Fuels*, **7**, 426（1993）
8) Y. Sano *et al.*, *Mokuzai Gakkaishi*, **41**, 1146（1995）
9) F. Davoudzadeh *et al.*, *Holzforschung*, **39**, 159（1985）
10) M. M. Hepditch *et al.*, *Canadian J. Chem. Eng.*, **78**, 226（2000）
11) A. Vuori *et al.*, *Holzforschung*, **42**, 327（1988）
12) R. W. Thring *et al.*, *Fuel Processing Technol.*, **62**, 17（2000）
13) M. Kleinert *et al.*, *Chem. Eng. Technol.*, **31**, 736（2008）
14) Wahyudiono *et al.*, *Chem. Eng. Processing*, **47**, 1609（2008）
15) National Renewable Energy Laboratory, http://www.nrel.gov/biomass/biorefinery.html
16) M. Erickson *et al.*, *Acta Chem. Scand.*, **27**, 903（1973）
17) E. Adler, *Wood Sci. Technol.*, **11**, 169（1977）
18) S. Larsson *et al.*, *Acta Chem. Scand.*, **25**, 673（1971）
19) S. Larsson *et al.*, *Acta Chem. Scand.*, **25**, 647（1971）
20) H. Nimz, *Tappi*, **56**, 124（1973）
21) J. R. Lawson *et al.*, *Ind. Eng. Chem. Fundamentals*, **24**, 203（1985）
22) G. J. DiLeo *et al.*, *Energy & Fuels*, **21**, 2340（2007）
23) Wahyudiono *et al.*, *Chem. Eng. Technol.*, **30**, 1113（2007）
24) S. H. Townsend *et al.*, *Ind. Eng. Chem. Res.*, **27**, 143（1988）
25) H. Tagaya *et al.*, *Chemistry Letters*, **27**(9), 937（1998）
26) Y. Sano *et al.*, *Mokuzai Gakkaishi*, **32**, 713（1986）

27) H. Takeyama *et al.*, *Mokuzai Gakkaishi*, **33**, 212 (1987)
28) M. Koyama *et al.*, *Mokuzai Gakkaishi*, **36**, 883 (1990)

4　還元による機能開発

三苫好治[*1]，舩岡正光[*2]

4.1　はじめに

　リグニン誘導体に関する還元反応を広義に捉えれば，炭素―炭素あるいは炭素―ヘテロ原子間の単結合が水素と反応して開裂する「水素化分解」のプロセスと，不飽和結合部位への「水素付加」のプロセスの競合した反応系と見なせる。例えば，リグニン誘導体の水素化分解が主反応であるとき，二次的縮合反応や重合反応を伴うこともなく，高収率の単量体，二量体，三量体，及びオリゴマーを生成可能である。そのため，水素化分解はリグニン誘導体の構成ユニットの性質及び結合様式を解明するための強力なツールとなった経緯がある。さらに近年，解析手段も飛躍的に向上[1]し，リグニン還元物の化学構造の大部分が明らかになった状況を評価すれば，還元反応の一プロセスに過ぎない水素化分解でさえ様々なステージのリグニン研究に果たした役割は大きい。一方，リグニン誘導体を商業的に有用な物質へ変換する技術としての還元反応の役割も重要である。この場合，水素化分解が主反応となればフェノール誘導体が得られ，水素付加も並行すれば芳香環が水素化された環還元体も得られる。しかしながら，現状ではいずれのケースも工業的規模で実用化されてはいない。これは，リグニン誘導体が無定形のポリフェノールで組成が一様でないことと，リグニン還元系に十分に適応した触媒の開発や新規利用方法の検討がなされないまま，従来の触媒の利用法を踏襲した検討がなされているに過ぎないことが要因と思われる。

　このような状況下，石油資源の枯渇に対する危機感が一層の高まりを見せ，改めてリグニン誘導体をマテリアル利用することへの期待が高まっている。それは，石油の枯渇が目前となった今，エネルギー源として代替可能な選択肢は存在するが，マテリアル原料として石油に代わる有効な代替品がないためである。近年，資源・エネルギー問題の解決に向けてバイオエタノールの開発が急がれたが，食糧・飼料資源にリンクしたバイオエタノールの開発は食糧価格の高騰をもたらしたという苦い経験を思い出さざるを得ない。当然，食糧・飼料資源以外からの高効率なバイオエタノール生産方法の確立を急ぐ必要はあるが，リグニン誘導体に対する潜在的期待は日々増している。そこで今後は，「資源化」という観点で，効果的な水素付加法の開発が重要である。即ち，水素付加によって石油様のパラフィンの合成が可能となれば，多くの優れた石油改質法を転用して有用なマテリアルを自在に合成できるようになるであろう。一例を示せば，ガソリン留分中のC6，C7，C8のパラフィンをそれぞれ同じ炭素数の芳香族炭化水素（BTX：ベンゼン（B），トルエン（T），キシレン（X））に改質してオクタン価を高める技術が活用されており，また，石

[*1]　Yoshiharu Mitoma　県立広島大学　生命環境学部　環境科学科　准教授
[*2]　Masamitsu Funaoka　三重大学　大学院生物資源学研究科　教授

油由来の硫黄は触媒毒となっていた。リグニン誘導体から石油様のパラフィンが得られればマテリアル利用できるだけでなく，触媒毒の問題も回避でき，レアメタル触媒の省資源化へとつながるであろう。

ここでは，以上のような背景を踏まえ，石油化学の代名詞でもあるBTXラインへ誘導することを目指したリグニン誘導体の芳香環部分の最新の還元技術を紹介する。

4.2 従来のリグニン誘導体還元法

上述のように，結合の開裂様式に注目して「水素化分解」及び「水素付加」について定義したが，ここではリグニン誘導体の芳香環部分に対する水素付加に焦点を絞り，反応メカニズムを考察するために，還元剤によって次の3つに反応を大別する。即ち，水素ガスを水素源とする水素添加（略して水添），水素陰イオン（ヒドリド）を水素源とするヒドリド還元，電極や金属から発生する電子が駆動力となる電子移動還元である。但し，電子移動によって還元反応が進行する場合は水素源が別途必要であり，そのため水添が追随することとなる。また，リグニン還元では反応溶媒や還元剤とリグニン誘導体が十分に互いに接触する必要があるため，親水性である水系溶媒を利用することが多い。そのため禁水となるヒドリド還元は不向きである。事実，リグニン誘導体のヒドリド還元の報告例はない。そこで，以下に，リグニン還元で多用されている水素添加と電子移動還元について紹介する。

4.2.1 接触水素化

水素添加は，通常，触媒を必要とするので接触水素化と呼ばれ，触媒が系に溶解する均一系の反応と溶解しない不均一系の反応が知られている。接触水素化では，貴金属触媒の表面に吸着した水素ガスが原子状水素（あるいは，発生期の水素という）となることで還元力を生じる。そこで接触水素化では，原子状水素を効果的に発生させること，及び，原子状水素をリグニン誘導体の被還元部位に移行させるプロセスを効率良く行う必要がある。これらの作用促進を期待して各種触媒が利用されている。

(1) 不均一触媒を用いる接触水素化

リグニン誘導体の接触水素化のように，将来的に工業的規模でのプロセス構築を目指すとき，高価な触媒を再利用することで大幅なコスト削減につながることから，分離の容易な不均一触媒を利用することが多い。代表的な不均一触媒としては，ニッケル，銅—酸化クロム，ルテニウム，パラジウム，ロジウム，プラチナなどの金属の微粉末，もしくはそれらを活性炭，アルミナ，珪藻土などの不溶性の担体に吸着させたものが用いられる。

古くは，銅—酸化クロム触媒を用いる方法が知られている。触媒存在下，ジオキサン中にアスペン由来のリグニン誘導体を加えて220～400MPaの水素ガスを充填し，次いで250～260℃に

第3章 リグニンの機能とその制御

表1 接触水素化後のエタノール可溶性スプルース材の GC/LC 分析

Catalyst	*Abundance of chromatographable products/%						
	1	2	3	4	5	Others	Recovered lignin
Raney Ni	0.660	0.830	1.69	40.9	12.6	9.19	16.5
Ru/C	1.56	3.49	0.320	6.95	4.52	16.0	11.8
Ru/Alumina	0.670	1.72	1.05	19.8	12.2	20.7	14.6

* 1：4-エチル-シクロヘキサノール，2：4-n-プロピルシクロヘキサノール，3：3-シクロヘキシル-1-プロパノール，4：3-(4-ヒドロキシシクロヘキシル)-n-プロパノール，5：3-(4-ヒドロキシ-3-メトキシシクロヘキシル)-1-プロパノール

約1時間かけて加熱する。その後，内圧を 5MPa に調整して全反応時間を 18〜22 時間として環還元体を得た[2]。得られた環還元体は，4-n-プロピルシクロヘキサノール，3-(4-ヒドロキシシクロヘキシル)-プロパノールや 4-n-プロピルシクロヘキサン-1,2-ジオールであり，3つの環還元体を合わせた単離収率は 44% に達した。その後，銅─酸化クロム触媒を利用する方法は二量体を得る手法（条件：7.85MPa の水素ガス下，220〜240℃で1時間処理）として改良[3〜6]され，以降，芳香環部分の接触水素化には利用されることはなかった。次に，ラネーニッケル合金もリグニン誘導体の芳香環の接触水素化に利用されている。ラネーニッケル合金とはニッケルとアルミニウムの等量の合金であり，触媒として利用する直前に酸あるいはアルカリ水溶液で合金中のアルミニウムを溶解し，表面積を増したニッケルを触媒（これをラネーニッケル触媒という）として利用する。典型的な反応条件[7]としては，ラネーニッケル触媒存在下，スプルース材由来のリグニン誘導体をアルカリ水溶液中に加え，160〜220℃に加熱した後に水素ガスを 3.45MPa 充填し，1.3〜24 時間反応を行う。結果を表1にまとめた。クロマト分析によるとシクロヘキサノール誘導体などの環還元体が，最大で 56.68% 得られた。ルテニウムカーボン（Ru/C）あるいはルテニウムアルミナ（Ru/Alumina）による接触水素化では，それぞれ 16.8% あるいは 35.4% の環還元体が生成するのみであり，ラネーニッケル触媒の活性に遠く及ばない。また，ラネーニッケル触媒存在下での反応機構[8]も提唱されている。主な反応経路は，アルカリによるフェノール部から水素引き抜き反応がトリガーとなり，キノイド型に誘導され，次いで接触水素化が起こり，環還元体が得られると推定されている。

(2) 均一系触媒を用いる接触水素化

ロジウム触媒を利用した興味深い研究例がある。ベンジルアセトン，4-プロピルフェノール，あるいは 1,2-ジメトキシ-4-プロピルベンゼンなどの低分子量のリグニン誘導体モデル化合物を接触水素化した場合，これまでにない温和な条件で環還元体を得ることに成功[9]している。例

表2 各ロジウム触媒で必要とする反応時間

*Catalyst	I	II	III
	di-μ-chloro-bis(η⁴-1,5-hexadiene)-di-rhodium	di-μ-chloro-bis(η⁴-1,5-cyclooctadiene)-di-rhodium	$RhCl_3 \cdot 3H_2O$
Time	< 24h	40h	64h

* Ⅰ：di-μ-chloro-bis(η^4-1,5-hexadiene)-di-rhodium, Ⅱ：di-μ-chloro-bis(η^4-1,5-cyclooctadiene)-di-rhodium, Ⅲ：rhodium chloride・3-hydrates

えば，0.063mmol のロジウム触媒（Ⅰ）存在下，pH = 7.5 のクエン酸緩衝液とヘキサンの二相系反応溶媒中に 0.40mmol の硫酸水素テトラブチルアンモニウムと 6.3mmol のベンジルアセトンを加え，水素ガスを大気圧で常時バブリングし，25℃で所定時間還元反応をすると，対応する 4-シクロヘキシル-2-ブタノンを得た。本反応におけるロジウム触媒及び反応時間の関係を表 2 にまとめた。ここに示したように極めて温和な条件で，芳香環を対応する脂肪族炭化水素へ誘導することに成功している。芳香環へのメトキシ置換数が増すと反応速度は低下し，例えば，2,6-ジメトキシ-4-プロピルフェノールでは 70 時間でわずか 37%の環還元体しか得られない。しかし，水素ガスを 1.36MPa とすれば 6 時間で 74%の環還元体が得られた。続いて，$Rh_6(\eta^3-O)_4(OH)_{12}(DMF)_n$ 触媒を用いた同様の条件下，ミル粉砕した木質リグニン誘導体（スプルース材由来）の還元反応を 5 日間行った[10]。その ^1HNMR スペクトル（図1）を処理前後で比較すると，δ = 2.08 ～ 1.42，1.24，及び 0.86 のシグナルが水素化されたグアイアシル誘導体のヒドロキシル基及びメトキシ基であることから，部分的な還元が生じたと容易に結論付けられる。しかし，芳香環部分のプロトンシグナルは依然強く認められた。

4.2.2 電子移動還元

溶液中，金属元素は適した溶媒を選択することで電子を放出する。これが還元反応の駆動力となり，逐次的に金属や電極上で接触水素化を起こす。ここでは，金属ナトリウムを用いる Birch 還元により芳香環の部分還元に成功した例及び電極反応の例を紹介する。

（1） 金属元素による還元

Birch 還元は，有機合成反応において芳香環の部分還元方法として最も有用な手法の 1 つである。典型的な還元法によって，リグニン誘導体のモデル化合物のみならず，リグニン誘導体自体の芳香環の接触水素化にも有効であること[11]が示されている。例えばモデル化合物として，アニソール，ベラトール誘導体，あるいはジフェニルエーテル誘導体を選択し，アンモニア中，0.2mol の基質に対して 1mol の金属ナトリウムを添加して，4 時間加熱環流を行った。その結果，

第3章　リグニンの機能とその制御

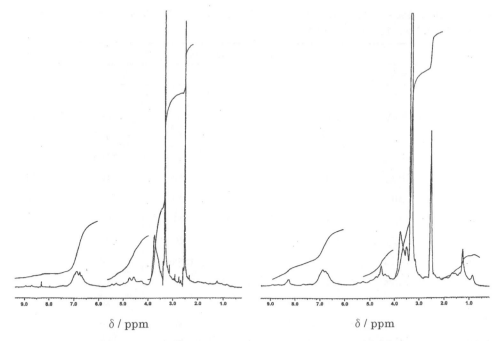

図1　ロジウム触媒を用いたリグニン誘導体の還元反応前（左図），反応後（右図）の ^{1}HNMR スペクトル

芳香環の一部に水素が付加した生成物に加えて，わずかながらフェノール誘導体も得られた。そこで同様の条件で，スプルース材由来のリグニン誘導体の接触水素化を行うと，2,5-ジヒドロ-4-プロピルアニソールが約1%程度生成することが明らかとなった。このようにBirch還元でのアルキルアリールエーテル結合の水素化分解の証拠を得たものの，芳香環部分の接触水素化については不十分な結果であった。

(2)　電気化学的手法による還元

近年，ラネーニッケル電極を電気分解時の陰極として用いたリグニン誘導体還元が報告[12]された。微粉化した45%のラネー合金と45%のニッケル粉末に10%のリン酸ランタンを混合し，この混合粉末40gを1000kg/cm^{2}で成型した。この成型体を，アルゴン雰囲気下，800℃で4時間焼成後，75℃の30% NaOH水溶液中で24時間浸漬し，アルミニウムを除去した。次いでラネーニッケル板は，少なくとも18時間，1MのNaOH溶液中にtrans-桂皮酸を加えた処理液に浸漬したものをラネーニッケル電極として使用した。30mLの1M NaOH水溶液を電解液とし，分解温度を25℃から75℃まで変化させて5mAあるいは20mAで0.75mmolの1-(4-ヒドロキシ-3-メトキシフェニル)-2-(メトキシフェノキシ)-1-エタノールの電気分解を行った。なお，陽極はグラファイトを用い，生成物の分析はHPLCを用いて行った（表3）。

表3 1M NaOH 水溶液中でのラネーニッケル電極を用いた 1-(4-ヒドロキシ-3-メトキシフェニル)-2-(メトキシフェノキシ)-1-エタノールの電気分解

[1] Products	Yield/% ([2] Q = 18 F mol^{-1})					
	T = 25℃		T = 50℃		T = 75℃	
	I = 5mA	20mA	I = 5mA	20mA	I = 5mA	20mA
	A	B	C	D	E	F
1	6.0	60	[3]nd	10	[3]nd	1.0
2	0.3	0	2.5	0.2	4.0	2.5
3	2.0	traces	7.0	2.0	13	7.0
4	43	14	37	40	24	37
5	0.7	traces	8.0	2.0	24	7.0
6	traces	0	traces	traces	2.0	1.5
7	traces	traces	1.2	0.6	3.0	2.0
8	1.3	1.6	7.0	7.0	5.0	12
9	1.0	traces	6.0	3.0	2.5	3.0
10	41	21	21	31	4.0	18

[1] 1:回収原料, 2:シクロヘキサノール, 3:フェノール, 4:グアイアコール, 5:4-エチルフェノール, 6:4-エチルグアイアコール, 7:4'-ヒドロキシアセトフェノン, 8:アセトバニロン, 9:4-(1-ヒドロキシエチル)フェノール, 10:α-メチルバニリルアルコール
[2] Q = F mol^{-1} は基質1モルあたりの電子のモル数に相当する。
[3] nd は未検出を意味する。

25℃の反応温度では,未反応の原料が6%(Entry A, 5mA)及び60%(Entry B, 20mA)回収されたが,反応温度を50℃,次いで75℃と高くするにつれ原料回収率は低下した(Entries C~F)。リグニン誘導体の環還元体であるシクロヘキサノールは,0.2~4.0%生成することが明らかとなったが,主反応とはなり得ていない。生成量の多いものとしては,14~43%のグアイアコールが得られ,α-メチルバニリルアルコールが4~41%と多くなっている。また,スポンジ状鉛を陰極として利用した報告例[13]もあるが,芳香環部分の接触水素化はほとんど進行しない。

4.3 電子移動／接触還元のハイブリッド式新規還元法

これまでに紹介したように,リグニン誘導体の芳香環部分の接触水素化を満足する効率で達成した報告例はない。我々は,電子移動還元と接触水素化を組み合わせた新たな還元法を利用することで,これまでにない温和な条件で高効率にリグニン誘導体の芳香環部分を接触水素化するこ

第 3 章　リグニンの機能とその制御

とに成功したので，ここに紹介する。

4.3.1 ハイブリッド式新規還元法

我々の開発したハイブリッド式新規還元法は，本来，ダイオキシン類などの塩素系芳香族化合物類を温和な条件で無害化するために開発された手法[14〜17)]であった。ハイブリッドとは，電子移動還元に接触水素化を組み合わせた"融合"技術を意味している。ダイオキシン類は非常に安定な化合物であり，毒性の高い化合物類として知られている。これらを無害化するには脱塩素反応により塩素を無機塩素とするか，あるいは，芳香環部分の接触水素化を行い，分子の平面性を破壊することにより達成できる。我々は，密封条件で Rh/C 触媒存在下，金属カルシウムを電子源とし，さらにメタノールなどの低級アルコールを水素源とすることで，脱塩素反応と芳香環の接触水素化を同時に効率よく進行させてダイオキシン類の高効率な無害化を達成した。本反応は，常温で金属カルシウムがメタノールに溶解する際に発生する原子状水素を利用することができるため，内圧が 0.15MPa 程度と低いにも関わらず，芳香環部分の接触水素化が進行することが特徴である。以降，本法を金属カルシウム触媒法とする。

4.3.2 金属カルシウム触媒法によるリグノフェノールの接触水素化

代表的な反応例を紹介する。ガラス製耐圧反応容器（全容 35mL）に，0.10g の木粉から抽出した粉体状のリグノフェノール（三重大学舩岡研究室の提供品），10mmol の金属カルシウム，0.10g の Rh/C 触媒（Rh：5wt％担持，前処理なし），及び 5mL のメタノールを加えて密栓をした。次に，スウィング式ローター（60rpm）を用いて，常温下，容器自体を 5 日間撹拌した。続いて，桐山式漏斗にセライト 545（珪藻土と炭酸ナトリウムの濾材）を充填し，内容物全量をその漏斗に入れ，アセトンで洗浄しながら吸引濾過により固形物と溶液に分離した。減圧下，アセトンをロータリーエバポレーターで留去し，次いで，24 時間真空乾燥（1〜2mmHg）で溶媒を取り除いた。粗収量は 0.1476g となった。なお，反応状態をスクリーニングする場合，圧力センサ及び温度センサを装着した SUS 容器に相似的に試薬を入れて確認した。このサンプル全量を NMR 測定管へ移し，その ^{1}HNMR スペクトル（測定溶媒：重アセトン）を測定し，芳香環部分のシグナルの還元状態を観察した。

その ^{1}HNMR スペクトルを図 2 に示す。図 2（左図）が反応前の原料であるリグノフェノール，（右図）は反応後の ^{1}HNMR スペクトルである。そして，表 4 に反応前後の ^{1}HNMR スペクトルから得られたシグナルの積分強度比を示す。

処理前のリグノフェノールでは図 2（左図）及び表 4 に現れているように，$\delta = 1.90 \sim 2.36$ppm 付近にアセチル隣接位のプロトン，$\delta = 2.68 \sim 3.05$ppm 付近にベンジル位のプロトン，$\delta = 3.26 \sim 3.98$ppm 付近にメトキシ位のプロトン，$\delta = 4.70 \sim 5.19$ppm 付近に桂皮アルコールのメチレンプロトン，及び $\delta = 6.40 \sim 7.58$ppm 付近に芳香族プロトンが見られた。$\delta = 6.40 \sim$

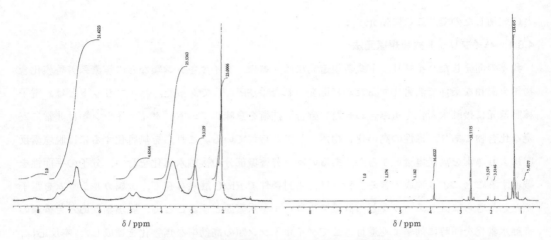

図2　金属カルシウム触媒法による反応前後の ¹HNMR スペクトル
重アセトン溶媒中の反応前のリグノクレゾール（左図）と分解物（右図）全量の 300MHz スペクトル

表4　金属カルシウム触媒法による反応前後の ¹HNMR スペクトルの帰属

反応前			反応後		
δ/ppm	帰属	積分強度比	δ/ppm	帰属	積分強度比
1.90～2.36	アセチル隣接プロトン	5.1	0.85～0.90	脂肪族プロトン	－*
2.68～3.05	ベンジルプロトン	2	1.18～1.28	脂肪族プロトンと不純物	8.30
3.26～3.98	メトキシプロトン	5.6	1.74～1.91	オレフィン隣接位プロトン	－*
4.70～5.19	桂皮アルコールのメチレンプロトン	1	2.08～2.14	アセチル隣接プロトン	－*
6.40～7.58	芳香族プロトン	6.8	2.60～2.95	カルボニル隣接位プロトン	2.33
			3.80～4.00	ヒドロキシ基の隣接プロトン	1.00
			4.59	エステル隣接位プロトン	－*
			5.23	オレフィンプロトン	－*
			6.19	共役オレフィンプロトン	－*

*　痕跡程度

　7.58ppm 付近に現れた水素が芳香環に結合している水素であることから，リグノフェノールに芳香環が存在していることがわかる。ポリマーの特徴らしく，すべてのピークがブロードニングしている。
　一方，還元処理後のサンプルでは，図2（右図）及び表4に現れているように，原料で見られ

第3章　リグニンの機能とその制御

た比較的存在比率の高い 6.40～7.58ppm の芳香族プロトンが，反応後，完全に消失しており，抽出したすべての成分中に見当たらない。これは，本処理によって，リグノフェノールの芳香環に水素が付加し，芳香環の炭素―炭素の二重結合がほぼ全て単結合になり，脂肪族炭化水素へ還元されたことを示している。なお，芳香環部分の接触水素化に伴い，原料に現れていた $\delta = 4.70$～5.19ppm 付近の桂皮アルコールのメチレンプロトンが消失したことからも，ほぼ全ての芳香環が接触水素化されていることが予想される。

さらに，原料の ^{1}HNMR スペクトルではブロードニングしていたシグナルが，接触水素化反応によって，$\delta = 1.18$～1.28ppm 付近及び $\delta = 2.60$～2.95ppm 付近の高磁場側領域へと集約しており，かつ，ピークが非常にシャープになっている。低分子量のアニソール誘導体を本法で処理した場合にエーテル結合の切断なども可能であることから，芳香環部分の接触水素化だけではなく，さらに，リグノフェノールの構成分子間の結合，具体的にはエーテル結合に水素が付加し，結合が断たれて低分子量の水素化分解物が得られていることが確認できる。

なお，$\delta = 1.18$～1.28ppm 付近と $\delta = 3.80$～4.00ppm 付近の強いシグナルは環還元体として予想されるシクロヘキサノール誘導体のメチレン及びメチレンプロトンの可能性が高い。今後，詳細に検討していく予定である。

4.4　おわりに

リグニン誘導体の芳香環部分の高効率な接触水素化を達成するには，幾つかの共通項が存在するものと予想される。従来の研究成果と我々の成果を比較すれば，次のような共通点が存在する。

① 「水あるいはアルコール溶液」の選択
② 「アルカリ性溶液」の選択
③ 「原子状水素の濃度」を高める必要性

まず共通項①は，リグニン誘導体と溶媒が十分に親和し，さらに触媒が系内で安定に存在するのに適した溶媒を選択する必要性から，水やアルコール溶液が適しているものと思われる。次に，共通項②は，フェノール骨格を持つ芳香環の接触水素化は，ニッケル触媒で紹介したようにフェノール部をキノイド型へ誘導後に進行する機構が提案されている。これを考慮すればアルカリ性条件が好まれる。共通項③においては，原子状の水素量を増やせばよく，分子状の水素（見掛け上の水素圧）を増やす必要はない。高温反応ではヘンリーの法則より溶存水素濃度は比較的低く，高濃度の原子状水素の存在は期待できない。従来の研究成果においても，先に示した通り Rh 均一系触媒による接触水素化では，0.1MPa 程度で環還元体がわずかであるが得られている。

今後，さらに詳細にリグニン還元に影響を与える諸物性を吟味し，芳香環の接触水素化に効果的な触媒開発へ進展することが望まれる。

謝辞

金属カルシウム触媒法は，NEDO 平成 16 年度産業技術研究助成事業（ID 04A47002），平成 21 年度産業技術研究助成事業（ID 09B35003），及び㈱日本学術振興会科学研究費 基盤研究Ｂ（ID 20310046）の研究助成事業で得られた研究成果の一部です。

文　　献

1) K. M. Holtman *et al., J. Wood Chem. Technol.,* **27**, 179（2007）
2) E. E. Harris *et al., J. Am. Chem. Soc.,* **60**, 1467（1938）
3) M. Matsukura *et al., Mokuzai Gakkaishi,* **15**, 297（1969）
4) M. Matsukura *et al., Mokuzai Gakkaishi,* **19**, 131（1973）
5) M. Matsukura *et al., Mokuzai Gakkaishi,* **19**, 137（1973）
6) M. Matsukura *et al., Mokuzai Gakkaishi,* **19**, 171（1973）
7) J. M. Pepper *et al., Can. J. Chem.,* **48**, 477（1970）
8) P. E. Parker *et al., Adv. Chem. Ser.,* **59**, 249（1966）
9) T. Q. Hu *et al., J. Pulp Paper Sci.,* **23**, 153（1997）
10) T. Q. Hu *et al., J. Pulp Paper Sci.,* **25**, 312（1999）
11) P. A. Pernemalm *et al., Acta Chemica Scandinavica B,* **28**, 453（1974）
12) A. Cyr *et al., Can. J. Chem.,* **78**, 307（2000）
13) J. Zhang *et al., Can. J. Chem. Eng.,* **80**, 769（2002）
14) Y. Mitoma *et al., Environ. Sci. Technol.,* **40**, 1849（2006）
15) Y. Mitoma *et al., Environ. Chem.,* **3**, 215（2006）
16) Y. Mitoma *et al., Chemosphere,* **74**, 968（2009）
17) Y. Mitoma *et al., Environ. Sci. Technol.,* **43**, 5952（2009）

5 新規高分子変換系の開発

舩岡正光[*1], 青栁 充[*2]

5.1 はじめに

相分離系変換システムによるリグノセルロース資源の構造変換と成分分離過程では、炭水化物の加水分解と同時に、三次元ネットワーク構造を形成している天然リグニンの解重合反応が同時に生じる。天然リグニンが有する三次元ネットワーク構造のうち2〜8%を占めるベンジルアリールエーテル構造は、植物細胞壁中においてendwise重合で直鎖的に成長したリグニンユニット間を結合し三次元構造を支えていると考えられている。従って、この構造を選択的に開裂することでリグニンの三次元構造はリニア型のサブユニットに解放されるが、この反応には自己縮合を始めとする副反応が伴い一般には困難とされていた。相分離系変換システムでは反応前にリグニンをフェノール類で溶媒和しておくことによって酸の攻撃を抑制しながら、ベンジル位の開裂過程で生じるカルボカチオン中間体に溶媒・反応剤・耐酸保護剤として機能しているフェノール類が求核的にかつ構造選択的に同部位に導入されて、1,1-Diaryl型構造を形成し安定化される（図1）。このようにベンジルアリールエーテル構造はリグノセルロースの構造制御の鍵となる構造であり、リグニンの三次元構造の解放のみならず得られるリグニン系誘導体の特性を左右する極めて重要な構造である。この分子設計を相分離系変換システムによって得られたリグノフェノールに適用することによりリグノフェノールに新しく導入したフェノール類に応じた任意の新機能を追加できると考えられる。基本構造である1,1-Diaryl型構造からレゾール型フェノール樹脂の前駆体であるハイドロキシメチル化（HM）誘導体を調製し、ベンジル水酸基を導入することによって逐次的にリグノフェノールの構造ならびに特性を制御することができる。ここではHM誘導体を介したp-クレゾールの逐次導入反応、親水性フェノールの導入ならびに疎水性フェノールの導入を行い新規リグノフェノール誘導体の精密設計と合成について述べる。

5.2 HM基を介したフェノールの逐次導入

宮坂・永松らはリグノフェノール（p-クレゾールタイプ）にHM基を導入しp-クレゾールを逐次的に導入していく分子設計を行い、天然リグニン骨格にp-クレゾールが導入されHM基を介してp-クレゾールが4分子直鎖状に連結したブラシ型分子を合成した（図1）[1, 2]。

針葉樹のベイツガ（Western Hemlock, *Tsuga Heterophyllia*）—リグノフェノール（p-クレゾールタイプ, LC1）を原料に、アルカリ下HCHOを反応させるとハイドロキシメチル化LC1（LCHM1）

[*1] Masamitsu Funaoka 三重大学 大学院生物資源学研究科 教授
[*2] Mitsuru Aoyagi 三重大学 大学院生物資源学研究科 特任准教授

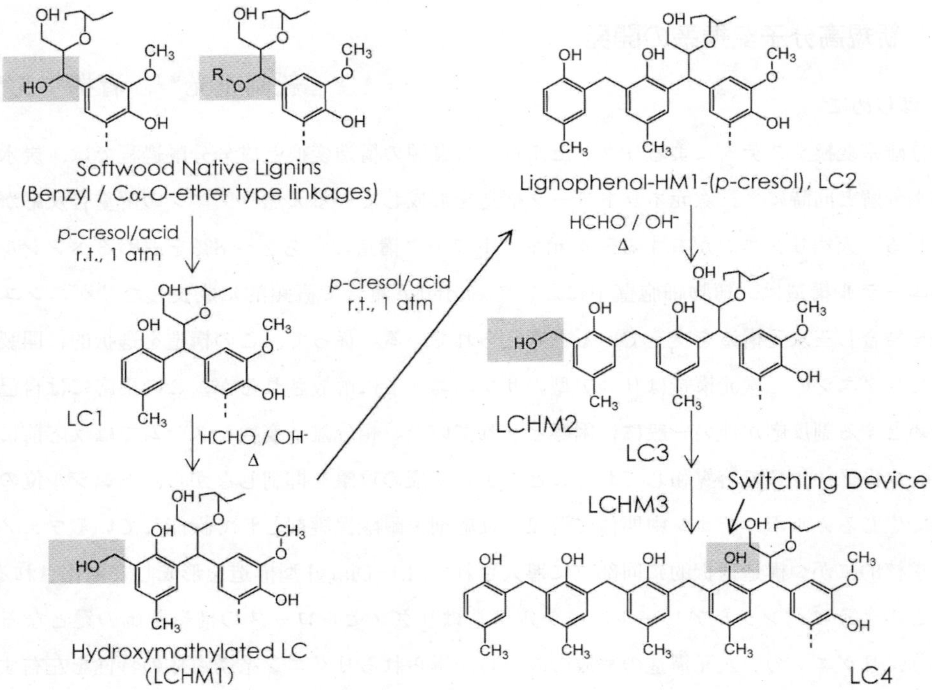

図1 天然リグニンからのリグノフェノールの合成と逐次構造制御

が98.7%の収率で得られた。LC1は^{1}H-NMRの結果，0.76 mol/C_9のp-クレゾールが導入され，分子中にフェノール性水酸基が1.11 mol/C_9，脂肪族性水酸基が0.95 mol/C_9存在し分子量がM_w = 14200（M_w/M_n = 2.8）であった。他方LCHM1はp-クレゾール導入率は0.84 mol/C_9，フェノール性水酸基が1.69 mol/C_9と増大し，ベンジル水酸基の増加に伴い脂肪族水酸基が1.63 mol/C_9まで増加した。THFに完全に溶解し，分子量はM_w = 15100（M_w/M_n = 2.8）であり，ほとんどランダム重合も生じずLC1の構造を保持していた（表1）。

LCHM1を相分離系変換システムと同様のp-クレゾール／72%硫酸の二相分離系で反応を行ったところLCHM1ベースで75%の収率で二次誘導LC（LC2）が得られた。LC2は分子量の顕著な増加も見られず，フェノール性水酸基量を保持しつつ，脂肪族水酸基量が低下していた。分子量も11000程度でありアセトンに完全に可溶で熱流動性を示す誘導体が得られた。これらの分析結果からLC1にHM基を介して二次的なp-クレゾールが結合した分子が生じていることが明らかになった。すなわち天然リグニンが有するベンジル基を利用した分子設計を精密分子制御に適用することによって，実際に誘導体が高い収率で得られた。同様にLC3，LC4を合成した結果分子量は極端に変化せずp-クレゾールが分子設計に従って順次導入されたことがわかった。

第3章　リグニンの機能とその制御

表1　逐次構造制御の結果（収率，平均分子量，フェノール導入率，水酸基量）[1, 2]

Lignophenols	Yield/%	M_w[*4]	M_w/M_n[*4]	Grafting p-cresol[*5] mol/C_9	-OH[*5] Phenolic mol/C_9	Aliphatic mol/C_9
LC1[*1]	18.9[*3]	14200	2.8	0.76	1.11	0.95
LCHM1[*2]	98.7	15100	2.8	0.84	1.69	1.63
LC2	75.1	10600	1.8	1.10	1.86	1.16
LCHM2	98.2	10300	2.5	1.02	2.09	2.60
LC3	75.7	10800	1.9	1.65	2.13	1.61
LCHM3	92.3	11400	2.3	1.49	2.24	2.61
LC4	81.9	14400	1.9	1.92	2.20	0.92

＊1　Western Hemlock-lignophenol（p-cresol type），＊2　Hydroxymethylated LC1，＊3　based on native lignin in wood meals，＊4　M_w and M_n were deterimied by GPC，＊5　caliculated based on ^{1}H-NMR

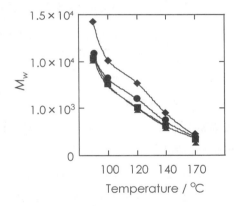

図2　アルカリ条件下でのフェノールスイッチング機能の発現
●：LC1，▲：LC2，■：LC3，◆：LC4
温度と分子量の相関。日本MRSの許可を得て転載[3]。

　興味深いことに，この逐次誘導体LC2，LC3，LC4はいずれも，最初のLC1に組み込んだ分子設計である「フェノールスイッチング」機能を明確に示した（図2）。LC1を含めた4種類の誘導体をアルカリ条件下加熱すると主鎖の解放とフェノール性水酸基の移動が生じ，170℃加熱条件では全ての誘導体の分子量がほぼ同じ値に収束した[1, 2]。リグノフェノールが1,1-Diaryl型構造の形成に伴い得られた循環設計や高分子物性を保持したままフェノール性の向上が実現できるため，機能性フェノールを導入した新規誘導体の開発が期待できる。

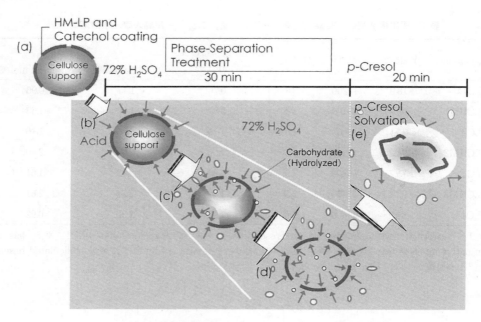

図3 消失型担持体を用いた逐次フェノール導入反応の概念図
日本MRSの許可を得て転載[3]

5.3 消失型担持体を用いた逐次フェノール導入

米倉はリグノフェノールを基点とした逐次導入によるブラシ型分子設計に続いて複数のHM基導入によるデンドリマー的な分子設計を行った[3,4]。基点とするフェノールとしてカテコールを選択しHM化したヒノキ（Hinoki cypress, *Chamaecyparis obtusa*）—リグノフェノール（p-クレゾールタイプ，HCLCHM）を基材として直接導入を試みた。固体フェノールであるカテコールをTHF中でHCLCHMと混合し，相分離系変換システムと同環境下において酸と接触させると，基質の一部が凝集して沈殿し，収率は原料比で60%程度に留まった。これは二つの理由によると考えられる。一つは親水性のカテコールが硫酸層に溶解すること，そして二つ目はフェノールの保護を失ったHCLCHMが酸と直接接触して，疎水凝集した後，酸触媒下で自己縮合することである。これらの問題点を克服するために反応性担持体を用いた合成を試みた。ここで用いる担持体は製紙木材パルプであるクラフトパルプである。この担持体は反応当初は固体として物理的に凝集を抑制し，酸性条件下で徐々に加水分解を受け消失し，順次反応表面積が増大するという反応設計を有している（図3）。これは加水分解の速度定数がフェノールグラフティングの反応速度定数より数桁低く，反応に時間差が生じることを基本として設計された[3,4]。

この「消失型担持体」はクラフトパルプを叩解して調製し，濾水率（フリーネス，F）100から700までの4種類のパルプを調製した。F100は最も緻密でBET表面積が$4.2\ m^2$であり，他

第3章　リグニンの機能とその制御

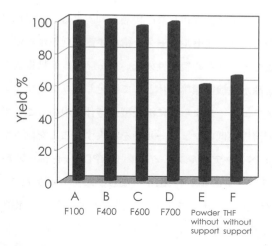

図4　HCLCHM に対するカテコール導入反応における消失型担持体の効果 [3, 4]
A：フリーネス 100，B：400，C：600，D：700，
E：粉体混合，担持体なし，F：THF 中混合，担持体なし。日本 MRS の許可を得て転載 [3]。

方 F700 ではその4分の1以下の 0.9 m² であった。この表面積の相違と二次フェノール誘導体の収率の相関を評価した。その結果，カテコールを導入したフリーネスの影響はほとんどなく平均で 98% を超える高い収率を示した（図4）。

得られた誘導体はアセトンなどの溶媒に完全可溶し，自己縮合の影響は見られなかった。分子量は F100 を用いた系が最も高く，HCLC，HCLCHM でともに M_w = 20000 であった分子量が 25000 程度まで増加し，¹H-NMR の結果高頻度でカテコールが導入されていることが確認された。他方，無担持系では高分子量区分は凝集して失われ，カテコールとの反応は十分には進行せず p-クレゾールの導入頻度が増加した [3, 4]。これらの結果から消失型担持体の効果は非常に高いが，BET 表面積程度の差では反応速度への影響が少なく調製が容易な F700 程度のパルプでも十分に担持効果を示すことが明らかになった。得られたカテコールを側鎖に持つ誘導体は基材 LC の導入 p-クレゾールによるフェノールスイッチング機能を有し，さらにカテコール核による高い親水性を示す。カテコールには HM 化の反応サイトが三つあるため，逐次的に反応させることでネットワーク型の分子拡張が期待できる [4]。また，親水性フェノールはこれまで硫酸では反応が難しく，コストが比較的高いリン酸系で行うことが多かったがこの系を利用することで生体親和性が高くフェノール性水酸基も豊富な誘導体を硫酸系において，高い収率で得る手法としても期待できる。

5.4　アルキルフェノールの導入

相分離系変換システムによるリグノセルロース中の天然リグニンの構造変換と定量誘導は反応

性の高いリグニンをフェノールで溶媒和し酸の接触を抑制することで自己縮合などの副反応を抑制する必要がある。しかし，リグノセルロースを構成する細胞壁は緻密な炭水化物／リグニンの相互網目侵入構造を形成しているため親和性の低いフェノール類は侵入が難しい。従って溶媒和できないフェノール類を疎水性機能環境媒体として設定したリグノフェノールの合成は困難である。そこで，HM リグノフェノールならびに消失型担持体を用いることでリグノフェノール骨格にリグノセルロースと相溶性の低いフェノール類を導入することを試みた。

フェノールとして 3-n-ペンタデシルフェノール（3NPDP），4-sec-ブチルフェノール（4SBP），4-(テトラメチル) ブチルフェノール（4TMBP）ならびに 4-ペンチルフェノール（4PP）の 4 種類を用いて反応を試みた。ヒノキ木粉を原料に合成を試みたところ 4SBP と 4PP 以外はフェノールが木粉外面を被覆し酸が木粉に接触できずほとんど反応が進行しなかった。初期反応が生じ，ある程度は合成が進行した 4SBP では反応過程でランダム重合が生じ結果としてアセトンで抽出されず収率が非常に低かった。唯一 4PP は木粉と十分に反応し p-クレゾールに匹敵する収率でリグノフェノールを誘導できた[5]。従って 4PP を一つの基準として上記フェノールの反応を評価した。消失型担持体に HCLCHM と上記フェノールを THF 溶液で含浸させ溶媒を留去し酸に投入し反応を行った。いずれの系でも反応中間体の緑／黄色の発色が認められた。有機層を p-クレゾールで抽出しジエチルエーテルで精製する抽出法（相分離系変換システム・二段法プロセス I）で回収したところ，原料の HCLCHM 当り 4PP で 59％，4SBP で 48％，4TMBP で 25％の収率でベージュの固体が回収された[1,5]。これらの生成物の一部はジエチルエーテルに溶解し着色を有していた。また 3NPDP はエーテルに完全に溶解し固体回収はできなかった。ヘキサンなどを用いた溶媒回収法によっては収率向上が期待できるが 3NPDP はアセトニトリルや水以外の有機溶媒には完全に可溶であり末端に導入したフェノールの特性が顕著に現れていた。4PP，4SBP，4TMBP では熱機械分析（TMA）によってほぼ同じ 180℃ 付近で明確な熱流動を確認できた（図5）[1,5]。これらのことから HM 基を基点にアルキルフェノールを導入でき，基点物質の HCLC の物性と導入したフェノールの新しい物性のハイブリッドを形成させることが可能であるといえる。特に導入されたフェノールが分子全体の物性に大きく影響を与えることが確認できた。

^{1}H-NMR の結果，それぞれのフェノールの導入が確認され，分子量が HCLC では M_w = 21600 (M_w/M_n = 3.8) なのに対し，4PP，4SBP，4TMBP ではそれぞれ M_w = 23100 (M_w/M_n = 2.1)，M_w = 19300 (M_w/M_n = 3.6)，M_w = 6000 (M_w/M_n = 1.3) であった[1,5]。4TMBP では高分子区分が HM の自己縮合により比較的低分子区分のみが抽出されて得られたため低分子量であったと考えられる。このように HM 基を介して疎水性のアルキルフェノールの導入も可能であった。

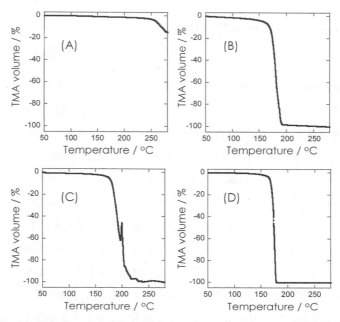

図5　消失型担持体を用いて誘導されたアルキルフェノール導入 HCLCHM の TMA チャート[1]
（A）HCLCHM，（B）HCLCHM-4SBP，（C）HCLCHM-4TMBP，（D）HCLCHM-4PP

5.5　おわりに

　リグノセルロース中の天然リグニンから相分離系変換システムによって直接リグノフェノールを得るだけでなく，最初に得られたリグノフェノールに HM 化を介して逐次的にフェノール化合物を導入することによって様々な組み合わせの物性を有するリグノフェノール誘導体が導入できる。この結果はベンジル基のような反応性官能基の導入と制御された疎水／親水界面反応，反応速度の違いを利用した時間差の表面積確保手法など新しい合成技術の展開にもつながる有益なものである。

文　　　献

1)　M. Aoyagi *et al., Trans. Mater. Res. Soc. J.,*（2009），in press
2)　宮坂知佳ほか，第55回ネットワークポリマー講演討論会要旨（2004）
3)　M. Aoyagi *et al., Trans. Mater. Res. Soc. J.,* **32**, 1111（2007）
4)　S. Yonekura, 三重大学大学院修士論文（2007）
5)　M. Aoyagi *et al.,* IUMRS-ICA2008 要旨（2008）

6 ファイバーボードの分子素材特性

三亀啓吾[*1], 舩岡正光[*2]

6.1 はじめに

　近年，地球温暖化防止対策を目的に多くの企業がクリーン開発メカニズム（CDM）としてユーカリ，アカシア，ファルカータ，ラジアータパインなどの早生樹の植林が多く行なわれ，早生樹の利用開発が進んでいる。その利用方法の一つとしてファイバーボード，特に Medium Density Fiberboard（MDF）への利用が進められている。MDFは木材チップを150～200℃で蒸煮処理した後，リファイナーで解繊し，得られたファイバーにユリア—メラミンなどの接着剤を加え，これをプレスし，ファイバーボードが作製される。このようにして得られたMDFは木材と異なり方向による差が少なく，長さ方向と幅方向における強度差は10％以下と低く，ほぼ無視できる。また，木材を繊維化した後に成型していることから，長さ方向と幅方向の伸縮がほとんど同一であり，狂いが少ない[1]。そして，現在の建築方法にとって重要である均一な材質を持つボードが大量に生産可能である。これらの特長により，近年生産が増え続けている。

　しかし，繊維化しているため木材加工製品の中で最もエレメントが小さく，接着剤を複雑に多く含んでいることから，ボードなどへのリサイクルが困難となり，使用後は製品廃棄物として排出されている。また，製造工程において，熱プレス後の成型加工で生じる端材や熱プレス表面の研磨工程における研磨くずなどの工程廃棄物は，接着剤が塗布されているため，その処理も大きな問題となっている。これらの廃棄物のリサイクルは，一部パーティクルボードの原料として再利用されているが，多くは燃焼によるサーマルリサイクルされている。

　このMDFを分子素材誘導原料としてみると，蒸煮—解繊処理を受けているため，表面積が増大し，化学処理を行なう際，反応試薬との接触頻度が大幅に向上していることから分子素材変換原料として高い価値があると見なし得ることが可能である。

　そこで，植物の主要構成成分であるセルロース，ヘミセルロース，リグニンを迅速かつ定量的に分離・機能変換することが可能である相分離系変換システム[2~4]を用いてMDFおよびMDF原料をリグノセルロース構成成分に分離し，その構造特性評価により，MDF製品廃棄物およびMDF工程廃棄物の分子素材適性を検討した。

6.2 MDFおよびMDF原料のリグニン量

　供試試料として，針葉樹MDFボード（ユリアメラミン接着剤18％，Wax = 1％），ボード表

[*1] Keigo Mikame　三重大学　大学院生物資源学研究科　特任准教授

[*2] Masamitsu Funaoka　三重大学　大学院生物資源学研究科　教授

第 3 章　リグニンの機能とその制御

表 1　MDF および MDF 原料のリグニン量

Species	Lignin contents determined by Klason method (% of wood meals)		
	Acid-insoluble lignin	Acid-soluble lignin	Total
Birch	21.08	3.22	24.30
Western hemlock	29.79	0.22	30.00
S-chip	29.98	0.29	30.27
Raw fiber	30.50	1.82	32.32
Fiber	32.72	1.31	34.02
UM-F	31.08	4.73	35.81
MDF board	32.57	2.22	34.77
Precure	32.80	2.03	34.83

面 0.5 mm を削り，接着剤を多く含むホットプレス時に熱板との接触により熱劣化を受けた層であるプレキュア層（Precure），プレキュア層を除いた MDF ボード（MDF board），MDF ボード原料である針葉樹チップ（S-chip），Wax およびユリアメラミン接着剤ブレンドファイバー（UM-F），Wax，接着剤未添加ファイバー（Fiber），粉砕処理無しファイバー（Raw fiber）を使用した。

　各試料のクラーソン法によるリグニン含有量を表 1 に示した。Fiber と UM-F，MDF board はオリジナル針葉樹材と比べ全リグニン含有量が高く，特に酸可溶性リグニン量が高い値を示した。Fiber の場合は，チップからファイバーにする蒸煮工程でリグニンの一部が部分分解し，酸可溶性リグニンとして定量されたことによる。UM-F はユリア—メラミン樹脂がリグニン定量値とオーバーラップするため高いリグニン含有量を示した。MDF board ではユリア—メラミン樹脂の熱硬化により，UM-F と比べ酸可溶性リグニン区分が減少するが，樹脂分が熱硬化により酸不溶性リグニンとして計算されるため，原料チップよりも酸不溶性リグニン量が増加した。

6.3　相分離系変換システムによるリグノフェノールへの変換

　相分離系変換システムにより各試料からリグノフェノールを誘導した。この相分離変換系では，各試料をフェノール（p-cresol）で溶媒和した後，酸処理を行なう。72%硫酸を加えるとセルロースの膨潤に伴い，一旦反応液の粘度が上昇する。その後，セルロースの加水分解に伴い粘度が低下する。80 メッシュパスサイズの木粉では，72%硫酸添加後，約 1 分で粘度が最大に達し，3 分から 5 分で粘度が急激に低下する。蒸煮処理したファイバー系試料の粉砕物（Fiber, UM-F, MDF board）では，蒸煮—解繊処理により細胞壁構造が崩壊し，細胞壁内部への酸のアクセシビリティーが高くなり，硫酸添加直後に粘度が急激に上昇した。また，粘度の低下は木粉試料と

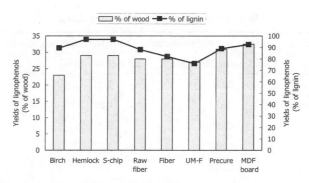

図1 相分離系変換システムにより MDF および MDF 原料から誘導されたリグノフェノールの収率

比べ，緩やかとなった。これは，蒸煮処理によりセルロース非結晶領域の一部が分解し，さらに一部が結晶化することにより結晶化度が高くなっていることによると考えられる。また，未粉砕ファイバー（Raw fiber, Precure）は，粒子サイズが大きいため粉砕ファイバーよりも粘度上昇速度は遅かったが，粘度低下は同程度であり，蒸煮―解繊処理により未粉砕でも酸とのアクセシビリティーが高いため，加水分解速度はほぼ同じになったと考えられる。相分離処理後，遠心分離すると濃緑色のフェノール層と半透明な淡黄褐色の硫酸相に分離した。接着剤含有試料では若干フェノール層が褐色を帯びたが，大きな違いは見られなかった。

図1は原料あたりおよびリグニン量あたりのリグノフェノール収率を示している。針葉樹コントロール試料である Hemlock と MDF 原料である S-chip は，原料あたりおよびリグニン量あたりのリグノフェノール収率はほぼ同じ値を示した。しかし，蒸煮処理を受けた Raw fiber および Fiber 試料では，原料あたりのリグノフェノール収率は S-chip とほぼ同じであったが，リグニン量あたりの収率は低下した。これは蒸煮工程でリグニンの一部が低分子化し，リグノフェノールの精製溶媒であるジエチルエーテル可溶区分となったことによると考えられる。また，接着剤を塗布した UM-F のリグニン量あたりの収率は低下した。これは蒸煮処理によるリグニンの低分子化と熱硬化前接着剤成分がリグニン量として計算されるが，精製溶媒であるジエチルエーテル可溶区分となり，リグノフェノールとしては算出されなかったことによる。熱プレス処理を受け接着剤が熱硬化されている Precure と MDF board では，高いリグノフェノール収率を示したが，熱硬化した接着剤成分の一部がアセトン不溶区分となるため原料 S-chip よりもリグニン量あたりの収率が少し低い値となった。特に Precure 層は接着剤量が多いと考えられるため MDF board よりも低い収率となった。

第3章 リグニンの機能とその制御

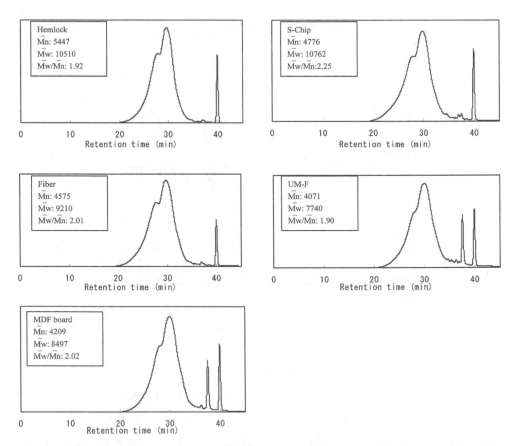

図2 相分離系変換システムにより MDF および MDF 原料から誘導されたリグノフェノールの分子量分布

6.4 リグノフェノールの性状分析
6.4.1 リグノフェノールの分子量分布

　図2は木粉試料および各種 MDF 試料から誘導したリグノフェノールの GPC 分析結果である。針葉樹コントロール試料である Hemlock, MDF 原料の S-chip および蒸煮―解繊処理を行なった Fiber から調製したリグノフェノールの分子量分布および平均分子量はほぼ同じであったが，接着剤を塗布した UM-F および MDF board から誘導したリグノフェノールは，リテンションタイム約37分にピークが見られた。今回の GPC の検出は 280 nm で行なっていることから，このピークはユリア―メラミン接着剤由来の成分と思われた。従って，MDF board より調製したリグノフェノールには，熱硬化しなかった接着剤成分で脱脂処理により除去できなかった区分または相分離処理過程で分解した接着剤成分の一部が含まれることが示唆された。しかし，リグノフェノール区分の分子量分布および平均分子量は原料チップ由来リグノフェノールとほぼ同じで

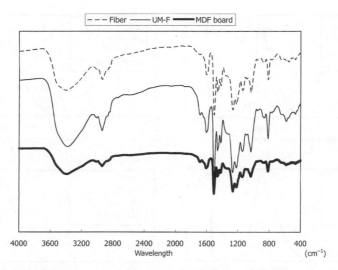

図3 相分離系変換システムによりMDFおよびMDF原料から誘導されたリグノフェノールのFT-IRスペクトル

あった。

6.4.2 FT-IRによるリグノフェノールの構造解析

図3は各種MDF試料から誘導したリグノフェノールのFT-IR分析である。蒸煮―解繊処理を行なったFiberおよびRaw fiberから調製したリグノフェノールは木粉試料由来リグノフェノールとよく似たスペクトルを示したが，木粉由来のリグノフェノールには見られない[3] 1680 cm^{-1}付近にカルボニル基由来のショルダーがわずかに見られた。これは蒸煮処理過程で，リグニンの一部分が熱変性を受けたことによると考えられる。また，接着剤を塗布したUM-FおよびMDF boardから誘導したリグノフェノールでは1680 cm^{-1}付近のカルボニル基由来のピークが大きくなり，接着剤由来のカルボニル基が多く含まれていることがわかる。これらのことからMDF由来のリグノフェノールは少量の接着剤成分が含まれるが，全体としては原料由来のリグノフェノールと大きな違いはないと言える。

6.4.3 TMAによるリグノフェノールの熱可塑特性

図4は各種MDF試料から誘導したリグノフェノールのTMA分析結果である。蒸煮―解繊処理を行なったFiber，接着剤を塗布したUM-FおよびMDFから誘導したリグノフェノールの熱軟化挙動に大きな違いは見られなかった。UM-FはGPC分析とFT-IR分析の結果から熱硬化を受けていない接着剤が少量含まれているが，165℃付近で完全に液体化しており，リグノフェノールの熱可塑特性に対する未硬化接着剤の影響はないことが示された。

第3章　リグニンの機能とその制御

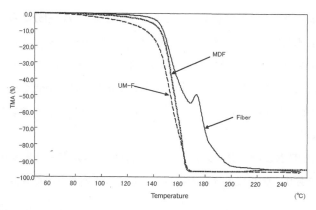

図4　相分離系変換システムによりMDFおよびMDF原料から誘導されたリグノフェノールのTMA分析

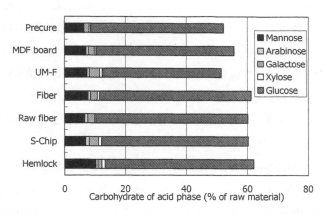

図5　相分離系変換システムによるMDFおよびMDF原料から誘導された炭水化物の組成（水相）

6.5　相分離系変換処理により分離された炭水化物の特性評価

図5に木粉試料および各種MDF試料それぞれを相分離系変換処理（60分）を行なった際の硫酸相に含まれる炭水化物の糖組成分析の結果を示した。各試料のリグニン量から針葉樹系試料では約70%の炭水化物が含まれているが，今回測定した糖収率は60%以下となり，少し低い値を示した。特にヘミセルロースの収率が，通常針葉樹では約25%含まれるが10～15%と低い値となった。これは，酸処理過程で結晶領域を持たないヘミセルロースの加水分解が反応初期に起こり，加水分解された糖がフルフラールなどに変換されたことによる。特にキシロースは，通常針葉樹には5～9%含まれるが，60分相分離系変換処理後の硫酸相中キシロース量は1%以下と少なく，Edward[5]が報告しているように，六単糖より五単糖の安定性が低いことと一致する。原料針葉樹チップ，接着剤塗布前のファイバー間での糖組成分析の結果には大きな違いは見ら

れず，解繊処理による炭水化物への影響はほとんどないと言える。相分離系変換処理した硫酸相中の原料あたりの炭水化物量が，接着剤を塗布した UM-F が 51.4%，MDF が 55.6%，Precure 層 52.2% と低い糖収率となった。熱プレス後の MDF ボードの表面となる Precure 層は，接着剤含有量が高く，Precure 層を除去した MDF ボードよりも糖収率が低くなった。しかし，この MDF の接着剤添加量が 18% であることから考えると硬化済み接着剤が含まれていても MDF ボードから高収率で糖が回収可能であると言える。

これらの結果，MDF および MDF ファイバー試料は低エネルギーで炭水化物の分離，糖化を行なうことが可能であり，脂肪族系分子素材原料としても極めて有用な資源になり得る。

6.6 おわりに

木材工業の中でファイバーボード工業のゼロエミッション化を目指し，実際に市場に出回っているファイバーボードをサンプルとし，相分離系変換システムの原料となり得るのか，分子素材原料の供給拠点となり得るのか，その価値を検討した。その結果，蒸煮処理を受けた後 Wax を添加された Fiber は，粉砕および脱脂処理を行なわなくても，分子素材誘導原料として十分に利用できるということが明らかとなった。また，接着剤添加後のサンプルから誘導されたリグノフェノールには，ユリア—メラミン樹脂由来の成分がごくわずかに含まれていたが，主な性状にはほとんど相違は見られなかった。

水可溶区分の炭水化物については，MDF のいずれのサンプル糖組成もコントロール試料と類似しており，また MDF のファイバー状のサンプルは，繊維化されているため，試薬との反応性が高まり，糖の加水分解がより効果的に進んでいた。このことにより，脂肪族系分子素材誘導原料としても価値が高いことが証明された。

ファイバーボード工業は木質成型体の製造のみならず，分子素材原料の供給拠点として，今後大きな可能性を持っていると言える。

文　献

1) 鈴木正治，徳田迪夫，作野友康，木材科学講座 8 木質資源材料，海晴社，p.166（1993）
2) M. Funaoka and I. Abe, *Tappi Journal*, **72**, 145（1989）
3) M. Funaoka, *Polymer International*, **7**, 277（1998）
4) K. Mikame and M. Funaoka, *Polymer Journal*, **38**, 694（2006）
5) J. T. Edward, *Chemistry and Industry*, **3**, 1102（1955）

7 オイルパーム系資源の特性

科野孝典[*1]，舩岡正光[*2]

7.1 はじめに

近年，石油資源の枯渇の懸念から，植物系バイオマスへの関心・期待が高まっている。日本においては，緑の産業再生プロジェクト[1]を通し数多くの取り組みがなされている。一方海外に目を向けると，クリーン開発メカニズム（CDM）の観点から，東南アジア（マレーシア，インドネシアおよびタイ）の主要産業である「パーム油産業」において生産されるパーム油のバイオディーゼル燃料化およびその農業廃棄物の燃料化などが注目されている[2]。日本の企業および研究機関も積極的に事業の提案・認証を行っている[3]。

しかし，その資源の燃料・エネルギー化に対する動きは，現在に限定されることではなく，1970年代のオイルショックに起因する。パーム油産業から得られるバイオマスエネルギーの合計値は，ディーゼル燃料3.3×10^8 Lに相当するという試算がある[4]。現在，そのシステムが稼働していない理由は，パーム油産業から得られるエネルギーがその産業を支えるエネルギーよりも過剰であることに起因すると考えられる[5]。

既存の資源活用を提案しても，新しい活路は見出せず，歴史をなぞるだけである。また，その植物資源に対する捉え方・扱い方を誤った場合，その植物が有するポテンシャルを放棄するだけでなく，新たな環境破壊を引き起こす原因になるのではないか。何もしないほうがいい場合もある。現在，植物資源を生態系の中で流れを有する素材として，慎重に捉えるセンスが人間にとって必要である。

本節において，オイルパーム（*Elaeis guineensis*）を分子素材生産体として捉え直し，誘導される脂肪族系素材（糖質）および芳香族系素材（リグニン）の特徴を紹介し，オイルパーム複合系の資源活用指針を提供する。

7.2 オイルパーム複合系から獲得可能な資源

FFB（Fresh Fruit Bunch，Fruitlet（数千個の赤い実）とEFB（Empty Fruit Bunch）からなる）を生産するオイルパーム（密度：122本/ha[6]，合計面積：4.2 million ha[7]，マレーシア）は，その生産能力の減少および人間の採取可能な樹高限界の理由から植林後25年で植え替えられる。パーム油産業のマテリアルフローを図1に示す。オイルパームの幹は，ショベルカーで砕かれプランテーションの肥料として放置される。また，オイルパームの葉（葉軸＋小葉，1本あ

[*1] Takanori Shinano 三重大学 大学院生物資源学研究科
[*2] Masamitsu Funaoka 三重大学 大学院生物資源学研究科 教授

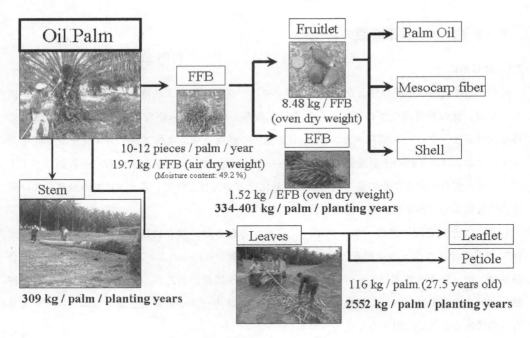

図1　パーム油産業のマテリアルフロー

たり15～44葉）は，FFB収穫の際，周辺の状況に応じて刈り取られる。収穫されたFFBは，リパーゼを死活させるため，スチーミング処理（200℃，大気圧＋2気圧，1時間）される。その後，赤い実とEFBに分離される。EFBは，エネルギー獲得のための燃料および農園の肥料として利用されている。25年間で獲得可能な資源量（絶乾）を計算すると，オイルパーム1本あたりEFB（334～401 kg），幹（309 kg）および葉（2,552 kg）であった（図1）。それらは，主にセルロース（約40％），ヘミセルロース（約30％）およびリグニン（約20％）から形成され，微量の低分子成分（抽出成分），タンパク質およびミネラル（灰分）を含む。

7.3　相分離系変換システムによるオイルパーム複合系の分子素材への変換

三重大学・舩岡研究室で開発された相分離系変換システムは，リグノセルロース資源を常温および常圧にてそのリグニンをリグノフェノールへ，炭水化物を水溶性の糖質へと変換・分離する技術であり，リグノセルロース資源の分子レベルでの全量利用を可能にした技術である。前項で解説した素材（EFB，幹（樹皮を除いた円板の内部および外部）および葉軸をそれぞれ粉砕し，脱脂処理を行った試料）に相分離系変換システム（1 Step process および 2 Step process, Phenol：p-Cresol, Acid：72% Sulfuric acid）を適用し，誘導される素材の解析を行い，オイルパームの分子素材生産体としてのポテンシャルを総体として明確化を試みた。

第3章　リグニンの機能とその制御

7.3.1　オイルパーム複合系の解放とその変換・分離の特徴

相分離系変換処理（1 Step process）において，各サンプルの反応混合液は処理開始後，鮮やかな緑色を呈した。これは，天然リグニンの構成ユニットの γ 位共役カルボニル基のフェノール化に起因する。一方，さらなるフェノール化の進展により共役系に変化が生ずると，その緑色は消失する。したがって反応過程における緑色の発色とその持続時間は，フェノール化反応の一つの指針となる。EFB，幹（内部）および葉軸における反応混合液の緑色の維持時間は，約10分であったが，幹（外部）では，約20分であった。これは，幹（外部）の密度が，EFB，幹（内部）および葉軸の密度より高く，試薬の浸透の遅れによる反応のタイムラグに起因する。それぞれの反応混合液の遠心分離後，p-Cresol 相と水相の間に生じる中間相は，1 mm 程度だった。これは，リグニンおよび炭水化物の分離が良好であったことを示す。

相分離処理時間60分において，EFB，幹（外部），幹（内部）および葉軸から誘導されるリグノフェノールの収率は，脱脂絶乾試料あたりそれぞれ14.3%，17.0%，13.4%および10.4%であった。また，それらの収率はリグニンあたり，それぞれ73.6%，83.7%，71.4%および62.6%であった。相分離処理時間の違いによる EFB リグノフェノールの収率の追跡結果から，そのリグニンと糖質の変換・分離は，処理時間約10分で達成されることが確認された[8]。

一方，水相に移行する糖質は，グルコースおよびキシロースが主要であり，その分子量分布の変動は広葉樹に類似した。これは，EFB のヘミセルロースが主にキシランで形成されていることに起因する。

7.3.2　オイルパーム複合系から誘導されるリグノフェノールの特徴

EFB および幹（外部および内部）から誘導されたリグノフェノールは，鮮やかなピンク系白色を呈した。一方，葉軸から誘導されたリグノフェノールは，暗いピンク色を呈した。また，葉軸から誘導されたリグノフェノールの FT-IR スペクトルは他種リグノフェノールには見られない 1,650 cm^{-1} 付近にショルダーを有した。さらに，そのイオン化示差スペクトルにおける 350〜400 nm 付近の吸収は，他のリグノフェノールの吸収よりも大きかった。これらの結果は，葉軸から誘導されたリグノフェノールが分子内において共役系を有すること，あるいは，共役系を保持した分子の取り込みを意味する。EFB，幹（外部），幹（内部）および葉軸から誘導されたリグノフェノールの FT-IR 解析の結果を図2に示す。各スペクトルの波形パターンは類似した。

Py-GC/MS の結果，各リグノフェノールから誘導される主要な熱分解物は，フェノール，p-Cresol，2,4-ジメチルフェノール，グアイアコールおよびシリンゴールであった。さらに，各種リグノフェノールの GPC パターンは，一つのピークトップを有した。また，その重量平均分子量は，約5,000と広葉樹型であった。EFB，幹（外部），幹（内部）および葉軸のリグノフェノールの解析結果の一部を表1に示す。これらの結果は，EFB リグノフェノールの解析結

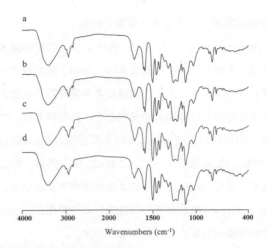

図2 オイルパーム複合系各種から誘導されたリグノフェノールのFT-IRスペクトル
a：EFBリグノフェノール，b：幹（外部）リグノフェノール，
c：幹（内部）リグノフェノール，d：葉軸リグノフェノール

表1 オイルパーム複合系各種から誘導されたリグノフェノールの性状

	Grafted cresol contents		Average molecular weights		
	wt (%)	mol/C_9	$\overline{M}_w$	$\overline{M}_n$	$\overline{M}_w/\overline{M}_n$
Oil Palm EFB lignophenol	27.6	0.77	5,000	3,200	1.56
Oil Palm Stem (outer) lignophenol	29.2	0.83	4,400	2,700	1.63
Oil Palm Stem (inner) lignophenol	29.1	0.82	4,800	3,200	1.50
Oil Palm Petiole lignophenol	25.9	0.70	5,600	3,100	1.81

果[9]と類似した。つまり，EFBリグノフェノールと同様に，幹（外部），幹（内部）および葉軸リグノフェノールのコア構造はG（グアイアシル）-S（シリンギル）タイプであり，さらにp-Hydroxybenzoic acid（p-HBA）がエステル結合にて存在すると推定される。そのモデル構造を図3に示す。

EFBリグニンのp-HBAは，緩和なアルカリ処理で容易に脱離させることができ，抽出・再結晶にて単離可能である。このp-HBAを相分離系変換システムのフェノール源として用いることで，ネットワークが発達した新規リグノフェノール（p-HBA type）を合成可能である[10]。また，p-HBAは，p-Hydroxybenzaldehydeを経由しp-Cresolに変換可能であると考えられる[11, 12]。その得られたp-Cresolをオイルパームコアリグニンの変換に用いる仕組みを構築できれば，石油資源に頼ることなく，自立的かつ持続的にG-S typeリグノフェノールをオイルパーム複合系

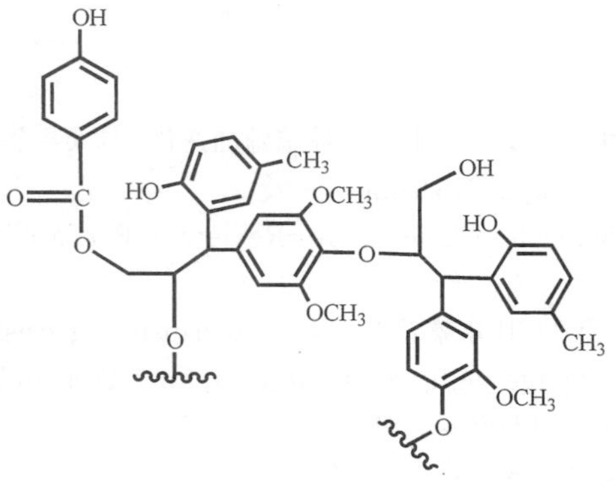

第3章 リグニンの機能とその制御

図3 オイルパームリグノフェノール（*p*-Cresol タイプ）のモデル構造

から誘導できるであろう。

また，TMA による結果，EFB，幹（外部），幹（内部）および葉軸から誘導されたリグノフェノールの熱流動点は，それぞれ151.6℃，148℃，150.6℃および159.8℃であった。これは，各種リグノフェノールが熱可塑性素材として活用可能であることを示す。

7.4 オイルパームフィールドの持続的分子農場としての価値

オイルパーム1本あたり，一生の間（25年間）に誘導できるリグノフェノール量を算出すると，EFB，幹（外部および内部）および葉軸（葉全体に対する割合を80%と仮定する）においてそれぞれ，約46～56 kg，41 kg および205 kg である。また，糖質の資源量（クラーソン処理して求めた酸不溶性区分および酸可溶性リグニン量のカウンターパートとして計算）は，EFB，幹（外部および内部）および葉軸において，それぞれ約253～303 kg，213 kg および1,611 kg である。

7.5 おわりに

以上の結果から，オイルパームは，生命を保持している間，構造的に類似した機能性芳香族および脂肪族系素材を途切れることなく生産し，提供し続けることができる有益な植物であるといえる。

文　　献

1) 林野庁，緑の産業再生プロジェクト（森林整備加速化・林業再生事業），http://www.rinya.maff.go.jp/j/forester/f_zigyo/315.html
2) K. Shaari *et al.,* Oil Palm Stem Utilization—Review of Research, *Research Pamphlet,* No.107, FRIM（1991）
3) ㈶地球環境センター，CDM/JI 事業調査，http://gec.jp/gec/gec.nsf/jp/Activities-Feasibility_Studies_on_Climate_Change_Mitigation_Projects_for_CDM_and_JI-DB-List1
4) M. Ah-Ngan *et al., PORIM Bulletin,* **14**, 10-14（1987）
5) 白井義人，CDM/JI 事業調査報告書（2001）
6) R. H. V. Corley *et al.,* The Oil Palm, Blackwell science Ltd（2003）
7) Malaysian Palm Oil Board（MPOB）Ministry of Plantation Industries and Commodities, Review of the Malaysian Oil Palm Industry 2006（2007）
8) T. Shinano *et al., Trans. Mater. Res. Soc. J.,* **33**, 1181-1184（2008）
9) T. Shinano *et al., Trans. Mater. Res. Soc. J.,* **33**, 1185-1188（2008）
10) T. Shinano *et al., Trans. Mater. Res. Soc. J.,* in press（2009）
11) M. Mirza-Aghayan *et al., Journal of Organometallic Chemistry,* **693**(24), 3567-3570（2008）
12) S. Takenaka, Jpn. Kokai Tokkyo Koho, JP 2000104190（2000）

8 タケリグノセルロースのポテンシャル

任　浩[*1]，舩岡正光[*2]

8.1 はじめに

タケなど草本植物は成長が早く，世界に広く分布しており[1]，さらにその蓄積量は膨大であり，優れた持続的リグノセルロース系分子形成体と見なしうる。しかし，現在までの利用は物理的加工に基づく植物素材の利用および抽出成分の利用など，その一部が利用されているにすぎない[2]。すなわち，分子レベルでの機能的な活用は世界的に皆無に等しい。

我々の研究ではタケ，月桃の葉，月桃の茎，コウリャンの殻，コウリャンの茎，バガスの六種類の草本植物資源を選び，それらを構成する高分子素材（セルロース，ヘミセルロース，リグニン）に注目し，新たな複合系精密分子リファイニング手法（相分離系変換システム）による分子変換特性，誘導される分子素材の機能解析を通し，その持続的ポスト石油資源としてのポテンシャルを評価した。

日本産マダケ（Phyllostachys bambusoides），モウソウチク（Phyllostachys pubescens），ハチク（Phyllostachys nigra），日本産月桃の葉（Alpinia zerumbet leaves），日本産月桃の茎（Alpinia zerumbet rhizomes），中国産コウリャンの殻（Sorghum nervosum hull），中国産コウリャンの茎（Sorghum nervosum rhizomes），ブラジル産バガス（Saccharum officinarum）を供試し，その分子応答特性を木本植物と比較した。

相分離系変換システムはリグノセルロース資源を構成するリグニンおよび炭水化物に個別の環境（機能環境媒体）を設定し，炭水化物はHydrolysisにて，他方リグニンはPhenolysisにて機能性素材へと選択的に変換する手法である。

8.2 タケの特性

タケは植物分類図にて，種子植物門，被子植物亜門，単子葉植物網，イネ目のイネ科に位置し，類縁的には広葉樹と一番近く，世界中主にアジア，アメリカ，アフリカの熱帯地域に分布し，竹林面積，蓄積量，年産量とも膨大な量で存在する。相分離系変換システム1段法[3,4]（図1）にてタケなど草本系リグノセルロース資源を分離・変換した。それぞれの脱脂試料にフェノール誘導体を加えて溶媒和した後，硫酸を加え，室温にて所定時間激しく撹拌した。反応混合物を遠心分離した後，フェノール相よりリグノフェノールを分離・精製・性状分析を行った。一方，水相に存在する炭水化物は分子量分布を測定するとともに希酸加水分解を行った後，構成糖組成分析

[*1] Hao Ren　三重大学　大学院生物資源学研究科
[*2] Masamitsu Funaoka　三重大学　大学院生物資源学研究科　教授

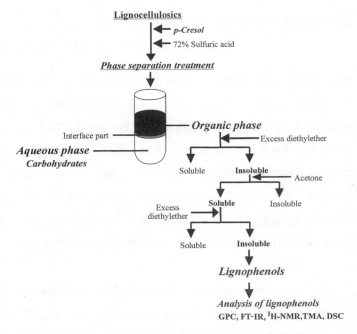

図1 相分離システムにてタケおよびその他五種類草本植物のリファイニング

を行った。タケなど草本植物試料の分子変換・分離は木材試料より迅速であり，常温常圧下での10〜20分間の処理によって，ほぼ定量的にリグノフェノールおよび水溶性糖に変換された。これはタケなど草本植物リグニン・炭水化物複合系のIPN (Interpenetrating Polymer Network) 構造がゆるいこと，リグニン構造がエーテル結合に富みフレキシブルであることに基づく。

8.3 タケリグノフェノールの特性

相分離系変換システム1段法によるタケリグノフェノールおよび炭水化物への分離変換挙動は広葉樹に類似し，リグノフェノールの収率はそれぞれ反応時間20分，10分でほぼ最大値を示し，その後ゆるやかに減少した。一方針葉樹リグノフェノールの収率は反応時間の延長とともに増加した（図2）。タケおよび広葉樹天然リグニンの速やかな変換は縮合構造を形成しないS核を骨格構造の中に含み，針葉樹リグニンよりもフレキシブルな分子構造を有するため，試薬とのアクセシビリティが高いことに基づく。GPC並びに^{1}H-NMRによる構造解析の結果，タケリグノフェノールの重量平均分子量，フェノール導入量はそれぞれ約6,000, 0.8 mol/C_9を示した[5]。

熱機械分析（TMA）においてタケリグノフェノールは木材由来のリグノフェノールより若干高い流動点を示した（図3）。これは草本植物資源から誘導されるリグノフェノールのGPCによ

第3章　リグニンの機能とその制御

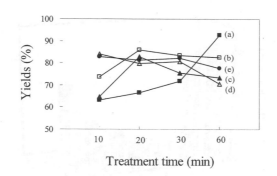

図2　クラソンリグニン当量のリグノ-p-クレゾールの収率
(a) ベイツガ，(b) ポプラ，(c) マダケ，(d) ハチク，(e) モウソウチク

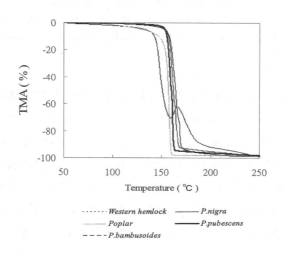

図3　タケリグノ-p-クレゾールの熱機械分析（TMA）曲線

る平均分子量の分散比が木材より低く，内部可塑剤として機能する低分子画分が乏しいことに基づく。FT-IR スペクトルにて認められた 1,730 cm^{-1} 付近の吸収は，草本植物資源特有な H 核に由来するエステル結合が相分離処理中フェノール誘導体に保護され残留することを示している。

各種リグノフェノールを元素分析した結果，各リグノフェノールの C_9 単位ユニットあたりの分子量はそれぞれタケ（294.56 g/molC$_9$），ポプラ（290.83 g/molC$_9$），ベイツガ（262.54 g/molC$_9$）であった。タケリグノフェノールは広葉樹リグノフェノールの組成に類似することが示された。これはタケリグニンの基本構成単位の H 核がエステル結合で存在するためであり，相分離変換過程において加水分解される可能性が高いため，リグノフェノールのリグニン単位は広葉樹リグノフェノールに類似すると考えられる。

木質系有機資源の新展開 II

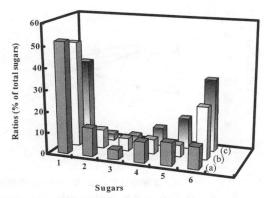

(Phase Separation Treatment Time=20 min.)

図4 相分離処理後水層炭水化物の比率
(a) ベイツガ, (b) ポプラ, (c) マダケ; (1) 多糖 ($M_w > 10000$), (2) 多糖 ($M_w > 1500$),
(3) 六量体と八量体, (4) 四量体と五量体, (5) 二量体と三量体, (6) 単量体

各リグノフェノールのDSC分析の結果，TMAの熱流動点付近に発熱ピークが観察された。これは分子が流動し，フェノールが導入されていないC-α位のα-アリルエーテル結合とα-OH基が開裂することに伴い，隣接フェノール核とエーテル結合が生じることに起因すると考えられる。すなわち，リグノフェノール分子中には活性ポイントがなお保持されていることが示された。DSCの発熱量は，天然リグニンのリグノフェノール変換レベルに対する一つのインデックスとして用いうることが示唆された。熱分解GC/MSのパターンから，p-ハイドロキシフェニル核がエステル結合を介し分子内に残留していることが示された。タケリグノフェノールの熱分解パターンは従来のタケリグニン試料より極めて単純であり，相分離変換システムにおいて，構造が不規則であるタケ天然リグニンは選択的に1,1-bis（aryl）propane unitを高頻度で保持したリニア型ポリマーへと変換されたことが示された。

また，水相に存在する炭水化物の組成をHPLCで測定した結果，木材と比較してタケ試料は相分離により定量的に構成炭水化物が水相に移行していることが示され，分子量分布測定の結果，タケ炭水化物の分子量の著しい低下が確認された（図4）。草本植物資源は細胞壁のIPN構造がゆるく，リグニン母体に縮合型構造が少ないため相分離処理における反応がより効果的に進行したと言える[6]。

さらに五種類の異なるリグノセルロース試料をタケと比較した結果，月桃の茎，コウリャンの茎とバガスはタケと同じようにリグノ-p-クレゾールおよび炭水化物へ迅速に変換された。リグノ-p-クレゾールの収率はそれぞれのクラソンリグニン[7]あたり55〜69%であり，この比較的低い収率は草本植物から誘導されたリグニン試料に低分子区分が多く，エーテル可溶区分として

第3章　リグニンの機能とその制御

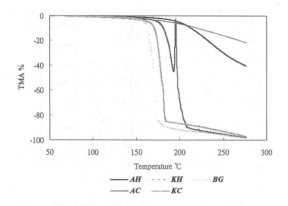

図5　草本リグノ-p-クレゾールの TMA 曲線
AH：月桃の葉，AC：月桃の茎，KH：コウリャンの殻，KC：コウリャンの茎，BG：バガス

精製過程にロスしたことに起因する。また，月桃の葉とコウリャンの殻を原料とした場合，フェノール層により回収した芳香族化合物の量はやや少なく，クラソンリグニンあたり 20～30% であった。月桃の葉にはモノテルペン類など抽出成分が大量に含まれるため[8, 9]，アルコールベンゼン抽出によって完全に抜けず，相分離処理する際に複雑な精油成分がリグニンとの縮合を起こしたり，リグニンの分子に取り込まれたりしたため厚い中間層ができ，フェノール層に溶出したものは少なくなったためである。また，コウリャンの殻には大量のフラボノイド系のアピゲニニジンとルテオリニジンが含まれており[10]，酸性条件下このような色素成分は一部酸不溶なものとして縮合したためである。

上述したように三種類のタケリグノフェノールの重量平均分子量，導入フェノール量，相転移点は大きな差異が認められず，それぞれ約 6,000，0.8 mol/C_9，155℃であった[11]。月桃の茎，コウリャンの茎，バガスから誘導されたリグノフェノールはタケと同じように良好な熱流動性を示し，相転移点は 150～170℃であった。それに対し，月桃の葉とコウリャンの殻から誘導された芳香族化合物の熱流動性は低かった（図5）。これは月桃の葉とコウリャンの殻に含まれる精油成分と色素成分は何らかの形でリグニン母体とつながり，精油成分の環状あるいは直鎖構造および色素成分の芳香核構造は立体障害を引き起こした結果として熱流動性を低下させたためである。また，TMA の結果，タケおよびこの五種類の草本植物から誘導されたリグノフェノールは木材由来のリグノフェノールより 20～40℃高い値で流動点を示した。これは，草本植物資源から誘導されたリグノフェノールの GPC による平均分子量の分散比（1.5～2）が木材より低く，内部可塑剤として機能する低分子画分が乏しいことに基づく。

三種類のタケリグノフェノールと同様に五種類の草本試料から誘導された芳香族化合物のいず

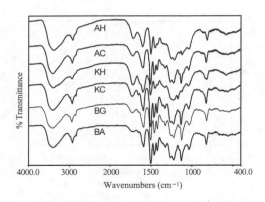

図6 リグノ-p-クレゾールのTMA曲線
AH：月桃の葉，AC：月桃の茎，KH：コウリャンの殻，KC：コウリャンの茎，BG：バガス，BA：タケ

れもFT-IRスペクトルにおいて1,730 cm^{-1}付近にはエステル結合の伸縮振動に基づく吸収が確認された。また，月桃の茎，コウリャンの茎とバガスはタケと同じようなFT-IR吸収パターンを示し（図6），月桃の葉とコウリャンの殻はそれぞれ1,000～1,100 cm^{-1}，1,100～1,300 cm^{-1}にて特有な吸収が認められた。これはそれぞれに含まれる精油と色素成分がリグニン母体とつながった結果である[12]。

五種類の草本試料から誘導されたリグノフェノール試料のUV/Visスペクトルをタケと比較した結果，中性条件で280 nm，アルカリ性条件で300 nmにリグニンの芳香核に起因する吸収が認められたとともに，いずれもイオン化差スペクトルの350～500 nmにショルダーなピークが認められた。そのうち，月桃の葉，コウリャンの殻は最も大きいショルダー・ピークを示した。これは月桃の葉とコウリャンの殻の場合，草本特有なp-hydroxyphenolicユニットを含有する以外に精油と色素成分が含まれるためであった[12]。

8.4 タケリグノフェノールの活用

これらの結果からタケなど草本植物資源はこれまでにほとんど分子素材レベルで活用されてこなかったが，その分子ポテンシャルは樹木系資源と同等であることが示され，さらにその迅速な成長と更新・細胞壁中におけるIPN構造のゆるみ・エステル結合によるコアリグニンへの有用なモノフェノールの付加などを考慮すると，持続的リグノセルロース形成体として極めて有用であると示された。

21世紀には，「環境保全」，「持続的発展」を求める人類社会に重要なことは，再生しない地下隔離炭素（化石資源）のエネルギー変換・材料化─廃棄システムを改め，化石資源のルーツである循環系炭素（植物）に基づく生態系システムに沿った資源循環型社会を構築することである。

第 3 章　リグニンの機能とその制御

植物体は微細繊維細胞の集合体として構築されており，その細胞壁では直鎖状多糖であるセルロースからなる籠状構造の隙間に 3 次元不規則高分子であるリグニンが充填され，分子レベルで絡まることにより高度に固定された完全一体型構造が形成されている。従来の技術によって分子の絡まりを解くには，構成高分子素材の分解は必須となるが，その時活性なリグニンが高度に変性し制御不可能な物質へと変換される。相分離系変換システムは，以上の問題点を克服しタケなど高度成長性を持つ草本植物リグニンを資源化することができ，生態系の巧妙な物質ネットワークで構築したバランスを保持させながら修復不可能な環境攪乱を引き起こさず循環型社会の達成が期待できる。

文　　献

1) J. M. O. Scurlock *et al.*, *Biomass and bioenergy*, **19**, 229-244 (2000)
2) R. C. Sun *et al.*, *Holzforschung*, **53**, 253-260 (1999)
3) M. Funaoka *et al.*, *Tappi J.*, **72**, 145-149 (1989)
4) M. Funaoka, *Polymer International*, **47**, 277-290 (1998)
5) H. Ren, M. Funaoka, *Trans. MRS-J.*, **34**(2), 1095 (2007)
6) H. Ren, M. Funaoka, *Trans.MRS-J.*, **33**(4), 1145 (2008)
7) C. W. Dence, in "Methods in Lignin Chemistry", S. Y. Lin and C. W. Dence, Ed., p.336-341, Berlin Heidelberg: Springer-Verlag (1992)
8) R. Soares de Moura *et al.*, *Journal of Cardiovascular Pharmacology*, **46**(3), 288-294 (2005)
9) S. Murakami *et al.*, *Journal of Natural Medicines*, **63**(2), 204-208 (2009)
10) K. Wada *et al.*, *Journal of Liquid Chromatography & Related Technologies*, **28**, 2097-2106 (2005)
11) H. Ren, M. Funaoka, *Trans.MRS-J.*, **33**(4), 1141 (2008)
12) H. Ren, M. Funaoka, *Trans.MRS-J.*, in press (2009)

第4章 循環型リグニン素材「リグノフェノール」の機能開発

1 電子伝達系の応用

青栁　充[*1], 舩岡正光[*2]

1.1 はじめに

リグノフェノールを光増感剤として用いた光電変換素子は酸化チタンナノ多孔質電極を用いた系で光起電力と光励起電子の移動が共に確認された[1～3]（図1）。リグノフェノール分子中では共役系が連続せず分散しているため基底状態では絶縁体であるが，半導体との複合体を形成し励起電子を半導体の導電体に移動させることで電流として励起エネルギーを取り出すことが可能である。

1.2 天然物系光増感剤

天然物系の光増感剤はアントシアニンなどの色素類やポリフェノール類，タンニン類が用いられてきたが[4～7]，リグノセルロースからの抽出効率が低く大量の確保に困難が残っている[8～12]。他方，リグニンから定量的に誘導されるリグノフェノールは，世界中に広く存在するリグノセルロース資源から重量比で30％程度回収することができ，さらにその誘導体も90％近くの高収率で回収できるなど資源確保の面で非常に有益である。その上でリグノフェノールを用いた光電変換素子は他の天然物系電池の性能を凌駕するものである。色素増感太陽電池の光増感剤は高性能化を目指し，吸収波長や効率の高さからルテニウムなどのレアメタルを用いた金属錯体のCT錯体を利用するケース[13, 14]が多く，追随する有機色素類[15～19]も石油に依存するものが多い。資源枯渇や資源ナショナリズムによる貴重資源の囲い込みの潮流の中，循環性が高く普遍的な資源をベースにした再生産可能なエネルギー生産は今後の社会において重要な位置づけになりうると考えられる。

ヒノキ（Hinoki Cypress, *Chamaecyparis obtusa*）―リグノフェノール（*p*-クレゾールタイプ：HCLC）を用いた光電変換素子では150 Wのキセノンランプの直接照射（135 Wcm^{-2}）によってη（光電変換効率）= 0.7％，V_{oc}（開放電圧）= 0.46 V，I_{sc}（短絡電流密度）= 3.5 mAcm^{-2}，FF（曲線因子・フィル・ファクター）= 0.56であった。さらにリグノフェノール分子中のリサ

[*1] Mitsuru Aoyagi　三重大学　大学院生物資源学研究科　特任准教授
[*2] Masamitsu Funaoka　三重大学　大学院生物資源学研究科　教授

第4章　循環型リグニン素材「リグノフェノール」の機能開発

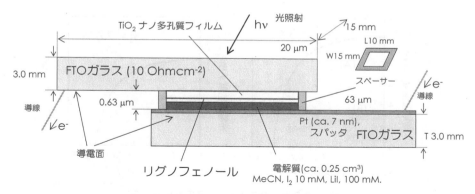

図1 リグノフェノール光化学電池の構成図
日本MRSの許可を得て転載 [23]

イクル分子設計の一つであるフェノール・スイッチング機能をアルカリ条件で発現して得られた二次誘導体-I（140℃処理, HCLC140）を光増感剤として用いるとHCLCより高性能な η = 0.8%, V_{oc} = 0.48 V, I_{sc} = 4.0 mAcm^{-2}, FF = 0.54 であった [2]。このようにより共役構造が多いリグノフェノールの誘導体がリグノフェノール自身より高性能を発現すること，また，リグノフェノール／酸化チタン相互作用の増加が性能の向上に不可欠であることが明らかになり，最適化を進め性能の向上を行った。また，その過程でフェノール種や各種誘導体を適用し，その影響の評価を行った。

1.3　ベスト・パフォーマンス

結論から述べると，キセノンランプ照射下（可視光＞400 nm, 85.0 mWcm^{-2}），先述したHCLC140を光増感剤として用い，酸化チタン電極，電解質，セルの構成を用いた光電素子で η = 3.6%, V_{oc} = 0.51 V, I_{sc} = 10.2 mAcm^{-2}, FF = 0.59 のベスト・パフォーマンスを記録した [20]（図2）。ナノ多孔質酸化チタン電極にリグノフェノールを吸着させる時間を延長し多孔質電極内部まで飽和吸着させた結果，アルカリ下170℃加熱で得られる二次誘導体-II（HCLC170）も同様に性能の向上が確認された。他方，高分子構造を維持したHCLCでは長時間の吸着による飽和吸着下においても大きな変化は見られなかったことから高分子量のリグノフェノールは電極表面付近に対する吸着のみなのに対し，誘導体はナノ多孔質電極内部への侵入が生じ，この内部への吸着が律速になっていたと考えられる。HCLC140ならびにHCLC170はそれぞれ M_w = 1100 (M_w/M_n = 2.2), M_w = 710 (M_w/M_n = 1.8) であり，HCLC (M_w = 22800, M_w/M_n = 5.0) より低分子量であった。また，酸化チタン電極に対する吸着量もHCLC，HCLC140，HCLC170でそれぞれ26.4, 50.2, 76.3 μmol/C$_9$（リグニンの基本ユニット，フェニルプロパン単位）であった [20]。事実，

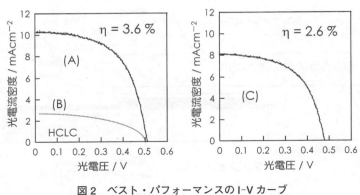

図2 ベスト・パフォーマンスのI-Vカーブ
(A) HCLC140[20], (B) HCLC, (C) HCLC170

HCLCの貧溶媒であるジエチルエーテルに溶解するHCLCの低分子区分（M_w = 1500）は二次誘導体-IIと同等の出力を記録した[21]。HCLC140はHCLC170より吸着量が少ないにもかかわらず，より出力が高かったのはHCLC140に含まれるアリルクマラン型構造の誘導体に由来すると考えられる（図3）。HCLC170に多く含まれるスチルベン型の共役分子は可視光の吸収波長範囲も広くアンテナ効果は大きいのに対し，電圧，電流共に低いことから酸化チタンへの相互作用や電子移動の効率が相対的に低いと推察できる（図2，3）。従って船型にゆがんだ構造を持つアリルクマラン型構造が酸化チタンと親和性高く相互作用していると考えられる。また，可視光下で高い性能が得られたことから室内照明での光電変換も可能であり，低出力のエネルギー変換デバイスとして期待できる。

1.4 フェノール種の影響

これまでモノフェノールタイプの針葉樹リグノフェノールが良い結果を示すことが見出されてきた。さらにフェノール種の影響を比較するためにポリフェノール類を導入したヒノキのリグノフェノールカテコールタイプ（HCLCat），レゾルシノールタイプ（HCLRes），ピロガロールタイプ（HCLPyr）を比較した。有機溶媒中のUV-Vis吸収ではHCLCatが高い吸光係数を有していたが酸化チタン電極上ではHCLRes，HCLPyrが高くなりHCLCよりアンテナ効果が大きく高い光電変換能が期待された。しかし，実際に光電変換を行うとHCLCの結果がη = 0.27%であった電極を用いて，HCLCat，HCLPyrがそれぞれ0.14，0.07%と低い値を示した。同じ酸化チタン電極でHCLC140は0.48%でありHCLCResも0.42%と比較的高い値を示した。この結果はポリフェノール体であるHCLCResが非常に高い性能を示したことから，o-キノン型構造による分子内の緩和により電荷移動阻害が生じることに由来すると考えられる[22]。このように酸化チ

第4章　循環型リグニン素材「リグノフェノール」の機能開発

タン状に吸着したリグノフェノールの構造が光電変換に大きく影響を及ぼすことがわかった。

1.5　リグノフェノール誘導体の構造の影響

　リグノフェノール誘導体としてはアセチル化物のηが低くなることは既に明らかになっており酸化チタン電極への分子の吸着が大きなファクターになっていることを示唆している。他方，ハイドロキシメチル化 HCLC（HCLC-HM）は性能が向上し，特に V_{oc}（0.52 V）が HCLC（0.48 V）より高くなったことから電極への接触頻度の向上と同時に共役系の電子軌道と酸化チタンの導電帯の重なりが大きくなることが示唆された。レゾール型フェノール樹脂前駆体である HCLC-HM をヒートセットして得られたフェノール樹脂をフェノール・スイッチング機構で解体して得られた HCLC-HM-P170 誘導体は高い出力を示した（図3）。特に高い I_{sc}（3.2 mAcm^{-2}）は HCLC（2.9 mAcm^{-2}）より高くなり電極への吸着向上と生じた共役による光電変換効率の向上であると考えられる[23]。さらに HCLC-HM-P のベンジル構造では一般にキノイド型の構造が生じやすく共役系が拡がりやすいことから，HCLC-HM を電極に吸着させそのままヒートセットした新しい電極を調製した。その結果 η = 1.1%（HCLC：0.81%）となり特に I_{sc} = 4.0 mAcm^{-2}（HCLC：3.3 mAcm^{-2}）の向上が見られた。広葉樹であるカバ（Birch, *Betula platyphylla*）リグノフェノール（*p*-クレゾールタイプ，BILC）では η = 0.33% が 0.94% に I_{sc} が 1.00 mAcm^{-2} から 2.42 mAcm^{-2} に飛躍的に増加した[24]。広葉樹はリグノフェノール骨格中にアリールメチルエーテル構造（メチル基）を針葉樹より豊富に含むことから酸化チタンへの接触頻度が低くなり一般的に針葉樹より出力が低下する傾向が見られる。従ってこの結果はフェノール樹脂骨格と電極への接近の効果がリグニン骨格の影響より大きいことを示しており，樹種などに依存しない安定な，高性能の電極調製が期待できる。

　端的にはリグノフェノールを用いたフェノール樹脂をリサイクルでき，そのリサイクル物の物理的性能がスタート物質の性能を上回ったことを示している[25]。物質循環の下流に行くほど機能が向上するプロセスは，現在の工業システムの中ではほとんど見られないが，地球上で破綻なく循環している生態系の循環型分子設計と同じロジックであり，電子伝達系の活用に関してもその特性が反映されていることが見出せる。

1.6　ポリアニリン／リグノフェノール導電材料

　ポリアニリンは近年，アニリンブラック中から発見された安価で溶媒に唯一可溶な導電性高分子として注目を集めている。一般には合成段階において強酸によるドーピングを行い絶縁体のエメラルディン塩基（EB）を導電性のエメラルディン塩（ES）にする（図4）。この EB を *N*-メチルピロリドンに溶解させ酸を除去したリグノフェノールを混ぜると，濃い青色の溶液が緑色の

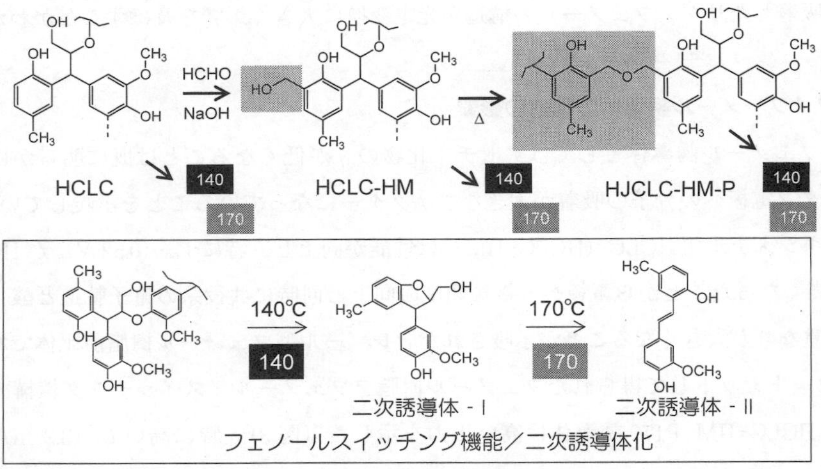

図3　リグノフェノール誘導体の構造

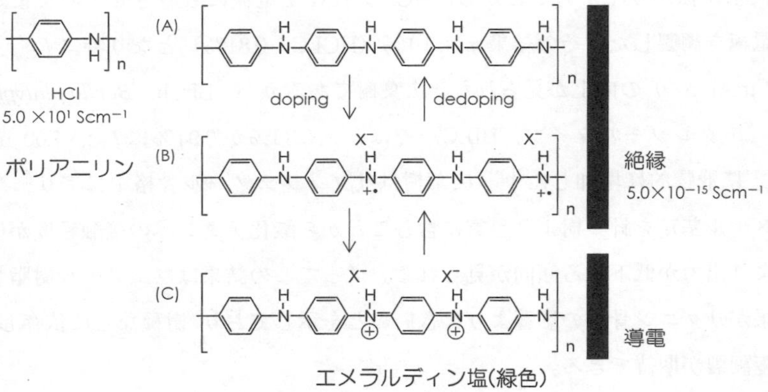

図4　ポリアニリンの構造

分散液に変化する。得られた溶液をキャストするとESに特有の緑色のフィルムが得られた。実際にUV-Vis分析で430ならびに800 nmのバイポーラロンピークが観察された。またFT-IRでも1700～2000 cm^{-1}付近にキノイド吸収が観察され，ES複合体が生じていることが明らかになった。リグノフェノールの芳香環の相互作用と酸性が向上したフェノール性水酸基のドーピング効果により導電性が生じたと考えられる。実際に導電性は10^{-12} Scm^{-1}から10^{-5} Scm^{-2}まで10^7倍向上した[26]。

第 4 章 循環型リグニン素材「リグノフェノール」の機能開発

1.7 おわりに

　リグノフェノールと半導体物質を溶媒中で混合することで水酸基や芳香環を中心とした相互作用を形成し，電荷移動のルートが確保できる。光励起状態では酸化物半導体の導電体まで電子を導入できるなど組み合わせによって電荷分離や電子移動など，これまでのリグニン利用にはない新しい機能性の用途の展開が期待できる。これらの系を最適化しリグノセルロースの誘導段階から分子設計をすることでより性能の高い複合体の調製が可能になる。

文　　献

1) M. Aoyagi et al., *J. Photochem. Photobiol. A Chem.*, **164**, 53 (2004)
2) 青柳充ほか，高分子論文集，**62**(6), 283 (2005)
3) 青柳充ほか，木質系有機資源の新展開，第 4 章 4, 4.1, p.145, シーエムシー出版 (2005)
4) S. Hao et al., *Solar Energy*, **80**, 209 (2006)
5) S. Meng et al., *Nano Lett.*, **8**(10), 3266 (2008)
6) W. M. Campbell et al., *J. Phys. Chem. C Lett.*, **111**, 11760 (2007)
7) R. Espinosa et al., *Sol. Energy. Mater. Sol. Cells*, **85**, 359 (2005)
8) A. Todaro et al., *Food Chemistry*, **114**, 434-439 (2009)
9) G. A. Garzon et al., *Food Chemistry*, **114**, 44-49 (2009)
10) Z. Huang et al., *LWT-Food. Sci. Tech.*, **42**, 819-824 (2009)
11) Y-S. Shyu et al., *Food Chemistry*, **115**, 515-521 (2009)
12) J. Lachman et al., *Food Chemistry*, **114**, 836-843 (2009)
13) B. O'Regan et al., *Nature*, **353**, 737 (1991)
14) M. K. Nazeeruddin et al., *J. Am. Chem. Soc.*, **127**, 16835 (2005)
15) K. Hara et al., *Chem. Commun.*, 569 (2001)
16) K. Hara et al., *Sol. Energy. Mater. Sol. Cells*, **77**, 89 (2003)
17) K. Sayama et al., *Chem. Commun.*, 1173 (2000)
18) W. Tai et al., *Mater. Lett.*, **57**, 1508 (2003)
19) 瀬川浩司ほか，エネルギー・資源，**29**(3), 162 (2008)
20) M. Aoyagi et al., *J. Photochem. Photobiol. A Chem.*, **181**, 114 (2006)
21) 青柳充ほか，ネットワークポリマー，**27**(1), 20 (2006)
22) M. Aoyagi et al., *Trans. Mater. Res. Soc. J.*, **31**, 891 (2006)
23) M. Aoyagi et al., *Trans. Mater. Res. Soc. J.*, **32**, 1107 (2007)
24) M. Aoyagi et al., *Trans. Mater. Res. Soc. J.*, (2009), in press
25) 梅谷奈緒ほか，第 57 回高分子学会予稿集 (2007)
26) M. Aoyagi et al., *Trans. Mater. Res. Soc. J.*, **32**, 1115 (2007)

2 酸化チタン複合系の機能

青柳　充[*1]，舩岡正光[*2]

2.1　はじめに

　リグノフェノールは有機溶媒に可溶であり，熱溶融する。従って溶液状態あるいは溶融状態において容易に他の化合物との均一混合が可能である。実際にこれまでリグノフェノール溶液にセルロースを含浸させ溶媒を留去した循環型成型体や熱溶融で調製したタルク，シリカ，金属粉との複合体が調製されてきた[1~3]。複合化することによりマトリックスが形成され材料として活用されるだけでなく，リグノフェノールと複合化することにより共役系が拡がり，従来のリグニン材料では困難であった新しい物性の発現が期待される。

2.2　複合体の形成とその特性

　4章1節で記述した酸化チタンナノ多孔質電極の調製ではリグノフェノール溶液にナノ多孔質電極を浸漬すると黄色の錯体様複合体を形成した[4,5]。このことからリグノフェノールは種々のナノ粒子と任意に複合体を形成すると考えて Fe_2O_3，Fe_3O_4，ZnO，$ZrO(IV)$，WO_2，Al_2O_3，SnO_2，Nb_2O_5，SiO_2，Nb_2O_2 などのナノ粒子をアセトン溶液に投入すると，興味深いことにナノ多孔質酸化チタンのうち，酸化チタンの結晶系の一つであるアナタース型結晶の微粒子，ST01（石原産業㈱，一次粒径約7 nm）のみに選択的な吸着性能を示した（図1）。ルチル型のナノ結晶や μ メートルオーダーのアナタース結晶，ルチル結晶ではほとんど複合体を形成しなかった。ST01と同様に酸化物半導体光触媒として知られる酸化チタンP25（㈱日本アエロジル，一次粒径約25 nm）ではルチルとアナタースが3：1の割合で混在しているがわずかに変色が見られたのみで，ST01のような鮮やかな黄色の複合体の形成は見られなかった。

　他方，酸化チタン水分散ゾルHPA-15R（触媒化成㈱）にP25を加えて調製したナノ多孔質膜にはST01と同様に黄色の複合体が形成し，リグノフェノール／酸化チタンナノ多孔質電極として機能した。これらの結果からアナタース型の結晶と水酸化チタンのような化学種が錯体様複合体形成に必要であると言える。

　生じた沈殿は総じて明るい鮮やかな黄色の着色を有しており，チタニウムイオンとフェノールの錯体様相互作用が生じていると考えられる。酸化チタン結晶とフェノールの相互作用に関してはその結合様式の議論が残っているが，酸化チタン結晶中のチタニウムイオンとのエステル様結合または酸素とのArylether様結合の混在であると考えられており，種々のフェノール性物質と

　[*1]　Mitsuru Aoyagi　三重大学　大学院生物資源学研究科　特任准教授
　[*2]　Masamitsu Funaoka　三重大学　大学院生物資源学研究科　教授

第4章　循環型リグニン素材「リグノフェノール」の機能開発

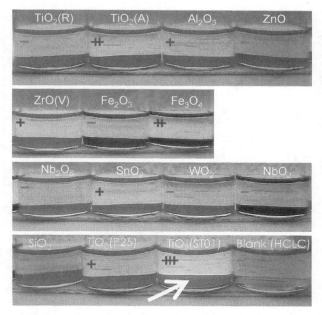

図1　リグノフェノールとナノ粒子の特異的な吸着（アセトン溶液中）

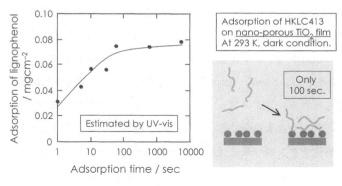

図2　リグノフェノールの酸化チタンへの飽和吸着
日本MRSの許可を得て転載 [4]

酸化チタンで観察されることが酸化チタン光触媒や色素増感太陽電池に関する論文などで報告されている [6〜13]。この吸着はごく短時間で平衡に達することから平衡が生成物側に大きく傾いていると言える（図2）。

この可視光吸収は拡散反射UV-Visスペクトル測定の結果300〜600 nmの範囲において吸収の増大が確認された [14]（図3）。フェノール種や樹種によって波長の増大傾向に差はあったがリグノフェノール／ST01複合体(1/1, w/w)では特に400〜500 nmの領域の吸収が大幅に増加した。

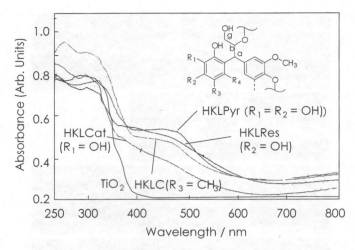

図3 リグノフェノール／酸化チタン複合体の拡散反射 UV-Vis スペクトル
日本 MRS の許可を得て転載 [14]

　代表的なリグノフェノールである p-クレゾールタイプでは導入されたクレゾール核ならびにリグニン末端のフェノール性水酸基が酸化チタンに吸着する際に構造が変化しキノイド型に変化し 1,1-bis (aryl) propane-2-O-arylether-3-ol 型の基本構造中で相互作用の結果電子雲と導電帯のオーバーラップにより共役構造が拡大したことに由来すると考えられる。また，リグノフェノール光化学電池での検討からベンジル基の脂肪族水酸基による酸化チタンとの電子軌道の重なりが考えられる [15] ことから，1,1-bis (aryl) propane 構造の末端脂肪族水酸基による吸着も同時に生じていると考えられる。リグノフェノールはアルカリ中で容易にほぼ定量的に脱離するため加水分解されるエステルや水素結合などの相互作用が優勢であると考えられる。

　アナタース型の酸化チタンは一般に光触媒作用を示す。しかし，リグノフェノール／酸化チタン複合体粉末に紫外線を照射したが重量減少は 0.4% 以下でありリグノフェノールは光触媒分解を受けていなかった。これは酸化チタンがリグノフェノールに被覆されていることに起因し，通常の環境で品質の劣化なく使用できることを意味している。また，同時にリグノフェノール側に先に光が当たることで，光化学電池 [15] に応用できたように光励起による電荷分離が可能となる。また FT-IR のスペクトルは酸化チタンよりリグノフェノールの特徴を顕著に示しており，被覆されていることを支持している。さらに熱機械分析（TMA）を行った結果，重量比 33/67, (w/w%) の粉体混合物では約 50% の熱流動を示したが溶媒中で調製した均一複合体は流動を示さなかった [4]（図4）。これらの結果から酸化チタンがリグノフェノールマトリックス中に均一分散していると考えられる。紫外線をカットすることができるナノオーダーの均一分散粒子が得られるため接着剤やポリマーの天然由来の再利用可能なフィラーとして用いることができる。実際には

第4章　循環型リグニン素材「リグノフェノール」の機能開発

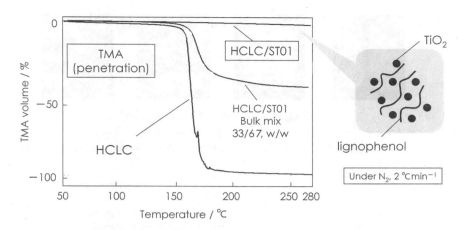

図4　リグノフェノール／酸化チタン複合体のTMAカーブ
日本MRSの許可を得て転載[4]

酢酸ビニル系やアクリル系接着剤などに分散させることができた。

2.3　複合体を用いたリグノフェノールの回収

　リグノフェノール／酸化チタン複合体の安定性を利用して様々な環境からリグノフェノールを複合体化し回収することが可能である。リグノフェノールの生産プロセスを鑑みると，リグノセルロースを原料として相分離系変換システムを通じてフェノール／酸界面反応を行った後比重差分離を行うがその後の分離フローにおいてリグノフェノールが溶解した状態が生じる。酸化チタンを用いてこれらの状態からリグノフェノールを固液分離により回収することができる。

2.3.1　酸性溶液からの回収

　三重大学に2001年に建設されたシステムプラント1号機[16]では相分離系変換システム二段法プロセスIIを主に用いる。この系では反応停止と疎水物質の分離を，水への投入による分散で行う。その過程で一部のリグノフェノールは希釈された酸に溶解する。酸化チタンが溶解しない程度のpHまで希釈された酸性糖液に酸化チタンを投入すると即座に黄色と白色が混ざった沈殿が生じ固液分離によって複合体を分離できる（図5）。同時に酸化チタン表面にプロトンが吸着し系のpHが上昇する。回収された酸化チタン複合体をアルカリ条件下に置くとリグノフェノールが遊離する。遊離後酸化チタンの吸着性能は70％程度まで低下するが，その後はその性能を保つ。この手法の適用により水の使用量が50％以下まで低減でき，同時にp-クレゾールを含むフェノール性物質やリグノフェノールの水溶区分を吸着により回収することができる。これはバッチ式のプラントプロセスの工程改善にも貢献可能である（図6）。

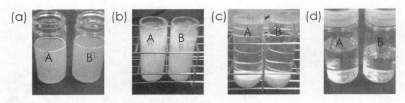

図5 酸性糖液からのリグノフェノールの回収
A：ヒノキ―リグノフェノール（p-クレゾールタイプ），B：ブナ―リグノフェノール（p-クレゾールタイプ）
(a) リグノフェノール分散酸性糖液（pH = 3），(b) 酸化チタン投入直後，(c) 遠心分離後，(d) 上澄み（pH = 7）

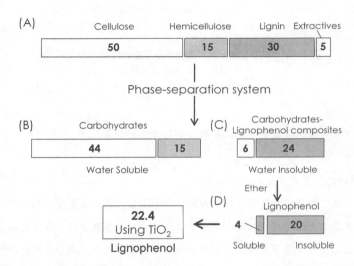

図6 三重大学システムプラント合成におけるマテリアルバランスと酸化チタン回収による収率改善
日本 MRS の許可を得て転載[4]

2.3.2 有機溶媒系からの回収

相分離系変換システムで酸から分離された区分はアセトンのような親溶媒で抽出されて炭水化物区分と分離された後に濃縮され，ジエチルエーテルのような貧溶媒に滴下されてリグノフェノールが精製される。その過程でアセトンのような親溶媒溶液中でもリグノフェノールは酸化チタンと速やかに複合体を形成する。固体吸着によるエントロピーの増大する方向であるが，複合体形成がエネルギー的に有利な現象であり平衡が大きく生成物側にシフトしていることがわかる。

また，貧溶媒に滴下した場合，一部は可溶区分として存在する。実際のシステムプラントでのヒノキ（Chamaecyparis obtusa）を用いたリグノフェノール（p-クレゾールタイプ）の合成では，リグノセルロース中に30%存在していたリグニンのうち24%がアセトンで抽出された。ここまでの6%のロスの一部は先述した酸への溶出と炭水化物と絡まったまま分離される区分である。

第 4 章　循環型リグニン素材「リグノフェノール」の機能開発

エーテルで精製を行った結果，20%がリグノフェノールエーテル不溶区分の固体として回収された。すなわち，4%がエーテル溶液として存在している。この可溶区分に酸化チタンを投入すると約3%程度回収できる。アルカリ遊離によりトータルの収率が22.5%程度まで向上する。ここで得られたエーテル可溶区分は低分子量のリグノフェノールが多く含まれ M_w = 1600（M_w/M_n = 1.8）であり，エーテル不溶区分（M_w = 14700, M_w/M_n = 4.1）よりはるかに小さい分子であった。さらにこの区分はフェノール性導入率が 0.89 mol/C_9 でありエーテル不溶区分の 0.82 mol/C_9 より高く，フェノール構造に富んだ，より高機能を有するリグノフェノール区分であると考えられ，実際に光化学電池として高い性能を示した[17]。それ以外にも高い生体親和性が予想されるなど様々な応用展開が期待される。

2.4　おわりに

　リグノフェノールとナノ構造を有する酸化チタンとの特異的で安定な錯体様沈殿はその安定性や電子軌道のオーバーラップなどリグノフェノールに新たな機能を付加し，生産や応用において新たな機能を導いた。リグノフェノールの機能を拡張させた新たなナノ材料や複合体としての今後の展開が期待できる。

文　　献

1) Y. Nagamatsu *et al., Green Chemistry*, **5**, 595（2003）
2) 永松ゆきこほか，ネットワークポリマー，**24**, 2（2003）
3) 永松ゆきこほか，木質系有機資源の新展開，第4章3.2, p.125, シーエムシー出版（2005）
4) M. Aoyagi *et al., Trans. Mater. Res. Soc. J.*, **32**, 1103（2007）
5) M. Aoyagi *et al., J. Photochem. Photobiol. A Chem.*, **164**, 53（2004）
6) J. Arana *et al., Appl. Catal. B Environ.*, **30**, 1（2001）
7) J. Arana *et al., Appl. Catal. B Environ.*, **44**, 153（2003）
8) C. S. A. Antunes *et al., J. Photochem. Photobiol. A Chem.*, **163**, 453（2004）
9) B. A. Borgias *et al., Inorg. Chem.*, **23**, 1009（1984）
10) J. He *et al., Col. Surf. A Physicochemical and Engeneering Aspects*, **142**, 49（1998）
11) S. Ikeda *et al., J. Photochem. Photobiol. A Chem.*, **160**, 61（2003）
12) J. Martin *et al., Can. J. Chem.*, **53**, 572（1975）
13) S. Parra *et al., Appl. Catal. B Environ.*, **43**, 293（2003）
14) M. Aoyagi *et al., Trans. Mater. Res. Soc. J.*, **31**, 891（2006）
15) M. Aoyagi *et al., Trans. Mater. Res. Soc. J.*, **32**, 1107（2007）

16) 舩岡正光, 木質系有機資源の新展開, 第3章3.3, p.131, シーエムシー出版 (2005)
17) 青栁充ほか, ネットワークポリマー, **27**, 20 (2006)

3 高分子新材料への誘導

3.1 はじめに

宇山　浩[*1], 舩岡正光[*2]

　従来の石油リファイナリーから脱皮して，バイオリファイナリーを構築することは地球温暖化問題のみならず，持続可能な社会を構築するために強く求められている。単なる原料変換や廃棄物利用といった視点のみならず，化石資源に依存する社会構造から生じる地球温暖化問題やエネルギーセキュリティーに関する問題を解決できる生産体系として期待されている。現在の我が国における石油使用量の中で化学品原料に約20%が使用されており，その中でプラスチックの需要が最も大きい。そのため，バイオエタノールをはじめとするバイオマスからのエネルギー製造のみならず，プラスチックについても石油リファイナリーからバイオリファイナリーへのシフトが社会的急務である[1]。

　セルロースとともに木質を構成する主要成分であるリグニンを変換して得られるリグノフェノールは機能性高分子新素材の出発物質として有望である。本節ではバイオリファイナリーに貢献できるリグノフェノールを基盤とする機能性材料の創製について，筆者らの成果を述べる。

3.2 リグノフェノール—シリカハイブリッド

　近年，有機無機ハイブリッドをはじめとする高分子複合材料が活発に研究されている。ナノテクノロジーの進歩に伴い，それらの実現に必要な材料に対する要求も極めて高度となってきているため，既存の材料を複合化して全く新しい機能，物性を有する高分子材料を開発する手法は非常に有効である。複合化技術の発展や新規フィラーの発見などによりフィラーのサイズをナノオーダーにまで減少させることが可能となってきており，このようなナノ複合化により合成された複合材料はナノコンポジットや有機無機ハイブリッドと呼ばれ，既存の複合材料には見られないような成形性，柔軟性，軽量性，耐食性といった有機材料の特徴と高剛性，高耐熱性といった無機材料の特徴を高いレベルで兼ね備えた特性を有することから盛んに研究が行われている[2,3]。有機無機ハイブリッドの合成法には有機修飾クレイを用いた層間挿入法，*in-situ* でのゾルゲル法，ナノ微粒子分散法など様々な方法があるが，*in-situ* でのゾルゲル法を用いたハイブリッド合成はマトリックス中で無機粒子を均一かつ微小に分散させることができるため，有機ポリマーの強化という点で非常に実用的である。

　有機成分と無機成分の界面制御がハイブリッドの物性・機能に重要であり，化学結合（共有

[*1] Hiroshi Uyama　大阪大学　大学院工学研究科　応用化学専攻　教授
[*2] Masamitsu Funaoka　三重大学　大学院生物資源学研究科　教授

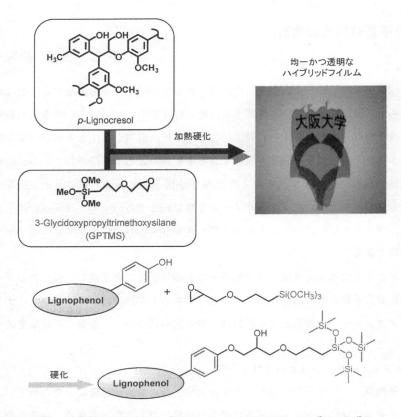

図1 共有結合を介するリグノフェノールとシリカのハイブリッド化

結合）と物理的相互作用（水素結合，π–πスタッキングなど）を利用する方法が知られている。筆者らはゾルゲル法によりリグノフェノールを基盤とする有機無機ハイブリッドを開発した。リグニンと p-クレゾールから作製した p-リグノクレゾールを用い，p-リグノクレゾールと 3-Glycidoxypropyltrimethoxysilane（GPTMS）の混合液をアプリケーターを用いてガラス板上に塗布し，加熱処理によりハイブリッド塗膜を合成した。リグノフェノールは針葉樹由来のリグニンと広葉樹由来のリグニンから合成したものを用いた。

p-リグノクレゾールと GPTMS の混合比を変えることにより，均一かつ透明なフィルムが得られた（図1）。これはリグノフェノールの水酸基と GPTMS のエポキシ基が反応することで，両成分がナノレベルで分散したハイブリッドが生成したためである。塗膜物性の評価から，このハイブリッド塗膜の鉛筆硬度は極めて高く，リグニンの原料による差はあまり見られなかった（表1）。ユニバーサル硬度による評価ではわずかに針葉樹由来のリグノフェノールからの塗膜が高い硬度値を示した。混合比の検討から，リグノフェノールを多く含むハイブリッド（Entry2）

第4章 循環型リグニン素材「リグノフェノール」の機能開発

表1 リグノフェノール―シリカハイブリッドの塗膜物性

Entry	Origin	p-Lignocresol/GPTMS [w/w]	Pencil Hardness	Universal Hardness [Nmm^{-2}]	Young's Modulus [GPa]
1	Needleleaf tree	1/3	5H	251	8.2
2	Needleleaf tree	1/2	≥ 6H	295	8.1
3	Broadleaf tree	1/2	≥ 6H	266	8.0

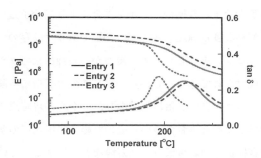

図2 リグノフェノール―シリカハイブリッドの動的粘弾性挙動

が鉛筆硬度,ユニバーサル硬度とも優れていることがわかった。

このハイブリッドは有機成分と無機成分が共有結合でつながっているため,ネットワーク構造を有している。そのため,p-リグノフェノールは極性有機溶媒に容易に溶解したが,ハイブリッドは溶解しなかった。一方,2N 水酸化ナトリウム水溶液には溶解した。これはリグノフェノールがアルカリ水溶液中で分解したためと思われ,リグノフェノール類の二次利用に向けた材料設計を示す結果である。

ハイブリッドの動的粘弾性評価では,ガラス転移温度は針葉樹由来のリグノフェノールを用いたほうが高く,硬度の結果と同じ傾向を示した(図2)。また,Entry1と2の比較から混合比の影響を調べたところ,リグノフェノールを多く含むハイブリッドがわずかに高いガラス転移温度と弾性を示した。ハイブリッドのFT-IR分析から,ハイブリッド化前後でGPTMSのエポキシ基が反応し,ナノコンポジットが生成したことが確認された。

3.3 リグノフェノール―ポリ(L-乳酸)コンジュゲート

プラスチックは化学工業の主幹産業であり,我々の日常生活に欠かすことのできない材料であ

る。現在のプラスチックの大部分は石油から作られており，これらのポリマーの一部については，工業レベルでのリサイクル技術が発達しているが，最終的には破棄され，焼却により二酸化炭素が発生する。地球温暖化防止に向け，材料の観点からもカーボンニュートラルのプラスチックが社会的に求められている。そこで，地球環境に優しいプラスチック材料として，天然物を中心とした再生可能資源を出発原料とする"バイオプラスチック"が注目されてきた[4,5]。バイオプラスチックは自然界の物質循環に組み込まれるものであるため，循環型社会構築に大きく寄与する未来型材料として期待されている。バイオプラスチックの代表例であるポリ乳酸はトウモロコシなどのデンプンを原料に作られる[6,7]。まず，デンプンをバイオプロセスにより乳酸に変換し，化学的に重合することによりポリ乳酸が得られる。乳酸からの直接重合が容易でないことから，乳酸の環状二量体であるラクチドに変換後，イオン重合により高分子量のポリ乳酸が製造されている。ポリ乳酸のガラス転移温度は60℃，融点は170℃であり，既存のプラスチックに近い性質を示すことから，ポリプロピレンをはじめとする幾つかの石油由来のプラスチックの代替を目指した用途開発が積極的に検討されてきた。しかし，ポリ乳酸の製造に多段階を要することなどから，価格は石油由来のプラスチックの2倍以上であり，しかも，現時点では物性・機能も石油由来のプラスチックの同等以下である場合が多い。そのため，実用化例の多くが環境対応を目指す企業の限定された用途や官による助成事業（愛知万博など）に留まっている。ポリ乳酸単独では物性に限界があるため，複合化により物性を向上させることで実用用途が拡張している。最近では携帯電話，パソコンのボディーにポリ乳酸複合材料が用いられ，知名度も上がりつつある。

　筆者らはリグノフェノールがラクチドの重合開始点となりうる一級水酸基を持つことに着目し，リグノフェノールを開始剤としたラクチドの開環重合反応により多分岐ポリ乳酸（リグノフェノール―ポリ乳酸コンジュゲート）を創製し，その物性を評価した。コンジュゲートはスズ系触媒（$SnOct_2$）を用い，リグノフェノール（LP）とL-ラクチド（LA）の混合物の加熱により合成した。

　SEC測定によりコンジュゲート化の進行を追跡したところ，リグノフェノール単独に比べ，生成物の分子量が増加していることから，コンジュゲートの生成が示唆された。また，ラクチドの仕込み比を増加させることでより分子量が増加した。しかし，オリゴマー付近に新たなピークが見られ，リグノフェノール中の不純物などを開始剤としたホモポリマーの副生が推測された。このピークを反応条件の検討から完全に消失させることが困難であったため，再沈殿による精製を検討した。良溶媒にアセトン，貧溶媒にトルエンを用いることでホモポリマーを除去でき，コンジュゲート体を単離することができた。リグノフェノール単独ではクロロホルムに溶けないが，リグノフェノール―ポリ乳酸コンジュゲートはクロロホルムに溶解した。この結果からもコンジュゲート化の進行を確認した。

第4章 循環型リグニン素材「リグノフェノール」の機能開発

表2 リグノフェノール―ポリ（L-乳酸）コンジュゲートの熱的性質

Sample (LP/LA[*1] [w/w])	M_n	T_g[*2] (℃)
1/1	8900	85
1/2	13000	70
1/3	20000	63
lignophenol	7400	118

[*1] Feed ratio [*2] Determined by DSC

　DSCによるコンジュゲートの熱的特性評価では，コンジュゲートの分子量が増大するほどガラス転移温度の低下が見られた（表2）。明確な融解ピークは確認できず，ポリ乳酸鎖部位の結晶性の消失による非晶性のコンジュゲートの生成が示唆された。また，TG/DTAにより熱分解温度を測定したところ，コンジュゲート化によりリグノフェノール単独に比べて上昇し，耐熱性が向上することがわかった。

　リグノフェノール―ポリ（L-乳酸）コンジュゲートをポリ乳酸用の可塑剤へ応用した。ポリ乳酸の透明性を活かした用途も重要であり，バイオマスプラスチックの好感度イメージから日常生活用途を中心にフィルムとしての用途が期待されているが，ポリ乳酸フィルムは硬質タイプしか製造できず，ポリエチレンフィルムのような軟質化が困難である。そのため，ポリ乳酸用可塑剤の活発な開発研究が行われてきた。可塑剤はポリマー鎖と良く相溶することが必要であるために低分子が用いられる場合が多く，ポリ乳酸用についても現状の可塑剤（開発品）は低分子化合物である。しかし，低分子可塑剤はブリードアウトによる可塑化性能の低下などの課題が指摘されている。そのため，ポリ乳酸との相溶性に優れたポリマー型の高性能可塑剤が好適と考えられるが，実用レベルのポリマー型可塑剤は開発されていない。

　コンジュゲートをポリ乳酸に添加してシートを作製し，その物性を評価した。得られたシートは透明であり，ポリ乳酸と良好な相溶性を示すことがわかった。コンジュゲートを添加することでポリ乳酸に比べ結晶化度が低下した（表3）。また，その中でもリグノフェノール（LP）とラクチド（LA）の仕込み比（LP/LA，重量比）＝1/2のコンジュゲートを添加することでポリ乳酸の結晶化度を最も低下させることがわかった。これは，1/1のコンジュゲートはリグノフェノールに分子量が近いためにリグノフェノール単独を添加したときと同様に結晶化度の低下が見られず，また，1/3のコンジュゲートはよりポリ乳酸の性質に近いため，ポリ乳酸単独と同様に結晶化度の低下が見られないためだと考えられる。ガラス転移温度，融点については，ポリ乳酸単独に比べコンジュゲートを添加してもあまり低下が見られず，ポリ乳酸と同様の耐熱性を保持することがわかった。

表3 リグノフェノール—ポリ（L-乳酸）コンジュゲートを添加したポリ（L-乳酸）の熱的性質

LP/LA[*1] [w/w]	additive ratio（wt%）	T_g（℃）	T_m（℃）	$\varDelta H_m$（J/g）	X_c[*2]（%）
1/1		59	166	30.6	32.7
1/2	5	58	167	13.7	14.6
1/3		59	166	19.9	21.3
1/1		59	165	31.4	33.5
1/2	10	58	166	6.6	6.9
1/3		59	166	18.4	19.7
（PLA）	—	59	169	45.7	48.8
lignophenol	5	60	166	31.0	33.1

*1 Feed ratio of conjugate *2 $X_c = \varDelta H_m / 93.6 \times 100$

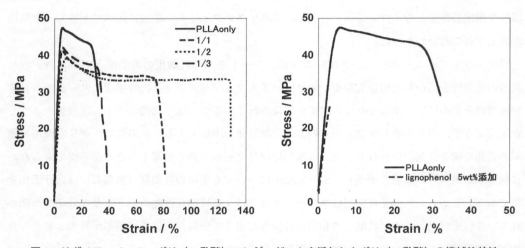

図3 リグノフェノール—ポリ（L-乳酸）コンジュゲートを添加したポリ（L-乳酸）の機械的特性

　最も結晶化度が低下した仕込み比が1/2のコンジュゲートを添加して作製したシートの引張試験では，コンジュゲートを5wt%添加することでポリ乳酸の靭性が最も向上したが，それ以上加えると逆に靭性が低下した（図3）。これは結晶性樹脂の場合，可塑剤の添加量によっては表面ににじみ出るブリードが起きやすく，添加量が多いため靭性の低下につながったと考えられる。比較のため，リグノフェノール単独，また結晶化度があまり低下しなかった仕込み比が1/1，1/3のコンジュゲートを添加したシートの機械的特性を調べた。リグノフェノール単独をポリ乳酸に添加した場合，ポリ乳酸とうまく混ざり合わず応力，靭性ともに低下した。1/1，1/3のコンジュゲートを添加した場合も，ポリ乳酸単独より靭性の向上が見られたが，仕込み比1/2のコ

第4章 循環型リグニン素材「リグノフェノール」の機能開発

ンジュゲートを添加したシートが最も靭性が向上した。

3.4 超高分子量リグノフェノール

　リグノフェノールは分子中に多くのフェノール基を含むために多官能性ポリマーと見なされ，カップリング反応による高分子量化やコンジュゲート化が可能である。そのカップリングの初期段階では低密度の分子間結合のために，可溶性を保ったままに分子量の増加が見られる。しかし，一般には反応が進行するに従いポリマー間の架橋反応が起こり，構造の制御されない不溶性ゲルが生成する。そのため，可溶性の高分子量体を得るためにはポリマーの反応性を精密制御する必要がある。筆者らはリグノフェノールの酸化カップリングにより，可溶性の高分子量リグノフェノールを合成した。触媒には有機溶媒中で優れた酸化カップリング活性を持つ鉄サレン錯体を用いた[8]。リグノフェノール，リグノ（o-，m-，p-クレゾール）の4種類について，DMF中で，触媒には酵素モデル触媒である鉄サレン錯体を用い，様々な反応条件の下で酸化カップリングを行ったところ，全てのリグノフェノールにおいて酸化カップリングが進行し，反応条件を適当に設定することで，分子量数十万の高分子量体が生成した。一方，いずれの基質についても，より高濃度条件で反応を行うと，反応の開始後直ちにゲル化が起こった。また，同一反応条件では，基質構造の違いによって反応性に差が見られ，これは反応点となるフェノールユニットのオルト，パラ位周囲の立体障害によるものと推測される。更に得られた高分子量体について，光散乱GPCによってポリマーの絶対分子量などの測定を行った結果，分子量100万以上の高分子量体の生成が明らかとなり，生成ポリマーが多分岐構造であることがわかった。

　リグノフェノールの酸化カップリングを応用して，リグノフェノールとフェノール基含有ポリアミノ酸とのクロスカップリングを行い，ポリアミノ酸—リグノフェノールハイブリッドを合成した。得られるポリマーは，天然素材に近い複合材料として，従来の合成高分子素材に見られない機能の発現が期待される。反応条件を適切に設定することで出発物質が定量的に消費され，目的とするポリアミノ酸—リグノフェノールハイブリッドが得られた。

3.5 おわりに

　本節では筆者らが開発したリグノフェノールを基盤とする機能性新素材を紹介した。近年，バイオリファイナリーに対する理解の深まりとともに，植物由来の材料に対する社会的要請は急速に高まっており，バイオプラスチックの需要の顕著な増大が期待される。今後，このような社会的要請に応えることのできる多様なバイオプラスチックの開発が求められる。原料供給の視点からは非可食資源の利用技術が重要課題であり，草木系バイオマスから誘導されるリグノフェノールには高い潜在性があり，更なる材料開発の進展を期待したい。

文　　献

1) 木村良晴，小原仁実（監修），ホワイトバイオテクノロジー；エネルギー・材料の最前線，シーエムシー出版（2008）
2) 中條 澄，ポリマー系ナノコンポジット，工業調査会（2003）
3) 岡本正巳（監修），ポリマー系ナノコンポジットの新技術と用途展開，シーエムシー出版（2004）
4) 木村良晴ほか，天然素材プラスチック，共立出版（2006）
5) サイエンス＆テクノロジー編，植物由来プラスチックの高機能化とリサイクル技術（2007）
6) 辻 秀人，ポリ乳酸，米田出版（2008）
7) 技術情報協会編，最新ポリ乳酸の改質・高機能化と成形加工技術（2007）
8) 宇山 浩，バイオインダストリー，**22**(7), 61（2005）

4 新規機能性高分子の設計

小西玄一[*1]，舩岡正光[*2]

4.1 はじめに

リグノセルロース資源に含まれるリグニンはセルロースに次ぐ資源量を誇りながら，その分離が難しく，また不溶性のゲル（一種の硬化物）であるため高付加価値の用途に利用されることはなかった。JST戦略的創造研究推進事業・舩岡プロジェクトで開発されたリグノフェノールは，比較的低分子量（数平均分子量で2000程度）のポリマーであり，均一系で用いることができるため，ナノマテリアルへの応用も視野に入ってくる（図1）。本節では，リグノフェノールおよびその類似化合物を出発原料として，有機合成化学の手法を用いて新しい樹脂材料や機能性高分子を設計・合成した例についていくつか紹介したい。具体的には，リグノフェノールを基盤とする反応性高分子，グラフトポリマー，ポリマーブレンドへの応用，光学材料としての可能性探求および類似ポリマーの合成と機能について検討した。研究のスコープは，高分子材料化学から生命科学を指向したものまで幅広く，バイオマスの有効利用への道を切り拓くものである。

4.2 グラフト化リグノフェノールとポリマーブレンドへの応用

高分子反応を用いてリグノフェノールに反応性を付与し，さらに様々な修飾または重合反応を

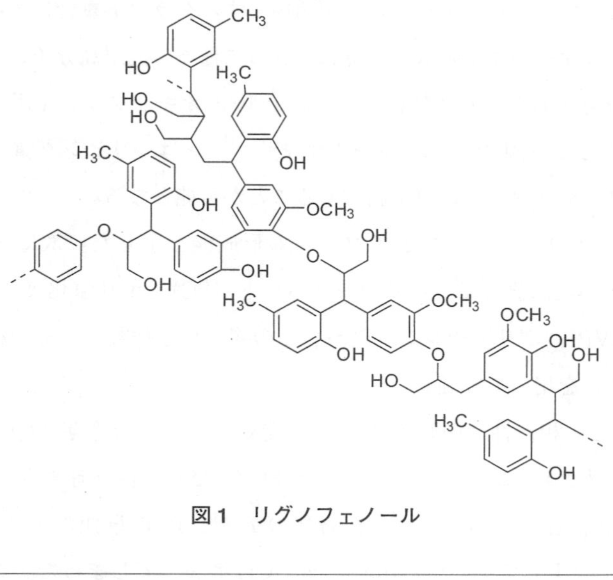

図1 リグノフェノール

[*1] Gen-ichi Konishi 東京工業大学 大学院理工学研究科 有機・高分子物質専攻 准教授
[*2] Masamitsu Funaoka 三重大学 大学院生物資源学研究科 教授

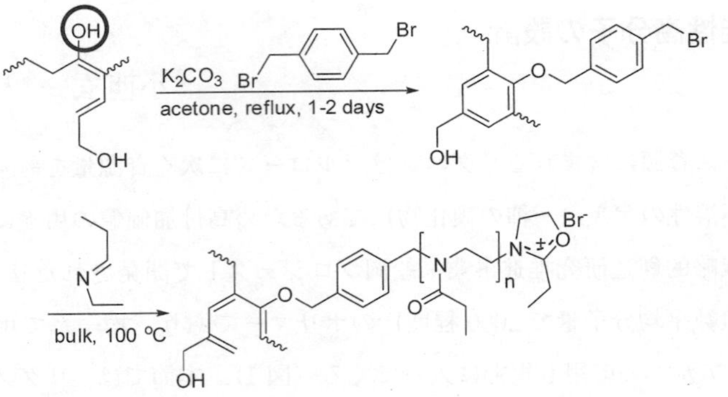

図2 グラフト重合によるリグノフェノールの機能化

行うことで,リグノフェノールの特性を活かした材料を開発することができる。リグノフェノールを高機能化するには,その足がかりとなる官能基の導入が有用である。そこで,種々の縮合反応やカチオン重合,ラジカル重合などの開始剤となりうるベンジルブロミド(ブロモメチル基)の導入を行った。反応性高分子は,リグノフェノールと過剰のキシリレンジブロミドから合成した。ブロモメチル基の導入率は元素分析によって求めたところ,1 g 当たり 1.50 mmol の Br 基(ベンジルブロミド)が含まれていることがわかった(図2)。

次に機能の付与として,ブロモメチル基を開始剤とするグラフト重合によるハイブリッドポリマーを紹介する。ポリマーのフィルム化に優れ,さらに種々の汎用高分子と優れた相溶性を示すポリオキサゾリンを導入した。具体的には,2-エチル-2-オキサゾリンを用い,グラフトポリマー LP-POZO を合成した(図2)。2-アルキルオキサゾリンは,リビング重合であるため,仕込み比によってグラフトポリマーの性質を制御することが可能となる。

得られたグラフトポリマーは,単独でフィルム形成能を示した。次に,このポリマー LP-POZO を用いて種々の汎用高分子[ポリカーボネート(PC),ポリ塩化ビニル(PVC),ポリビニルピロリドン(PVP),ポリスチレン(PSt)]との複合体を作製し,その相溶性について示差走査熱量測定(DSC)を用いて評価した。

LP-POZO と PC との相溶性に関しては DSC 測定からガラス転移点(T_g)が 138℃(PC の T_g は 150℃)付近に確認できたことから,PC と LP-POZO は相溶性を有することが示唆された。

次に,PVC との相溶性を検討したが,複合体の T_g は,PVC 単独の T_g と比較すると second scan で低温領域にシフトしているが,third scan では消失してしまった。これは LP-POZO および PVC のポリマー鎖が互いに完全に混ざり合ったためだと考えられる。PVP に関しても同様の理由から T_g が消失してしまった。ポリオキサゾリンはその構造から若干塩基性であり,かつ

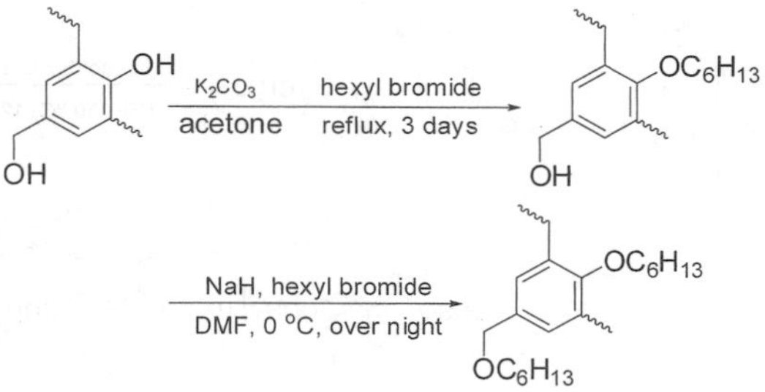

第4章　循環型リグニン素材「リグノフェノール」の機能開発

図3　フィルム形成能を有するリグノフェノールの合成

極性を有するポリマーである。そのために極性の強いPCおよびPVPとは容易に混和したものと考えられる。また，Cl基を数多く有するPVCは酸性を帯びていると考えられ，塩基性であるLP-POZOと相溶性を示したものと考えることができる。

一方，グラフトポリマーとPStの複合体に関しては，他の汎用高分子とは異なった挙動を示す。複合体のT_gは，PStのT_g（65℃）よりも低温側と高温側にT_gが確認できた。低温側はPStとポリオキサゾリンが混ざり合ったことから現れたものと考えられるが，高温側に見られたのはリグノフェノール由来の成分であると考えられる。芳香性の強いPStとリグノフェノール由来の部位で何らかの相互作用が働いた結果，このようなシフトが見られたと考えている。

4.3　修飾型リグノフェノールの光学材料としての可能性

リグノフェノールに含まれる水酸基をアルキル基で保護することでポリマー鎖間の強い相互作用（水素結合）を抑制し，成膜性の向上さらには炭素価の増加による高屈折率材料への応用展開を行った。光学材料としての評価を行うためには十分なフィルム形成能を必要とするが，メチル基程度の導入では，残念ながら強靭で透明性が高いフィルムを得ることができなかった。そこで，水酸基に種々の長さにアルキル基を導入したところ，透明なフィルムの形成には，炭素数6程度のアルキル基が適当であることがわかった。なお，炭素数を大きくした場合，フィルムの屈折率やガラス転移点の低下を伴う。そこで，光学的性質の測定は図3のスキームより得られたポリマーを用いた。

得られたフィルムは，可視領域に吸収を示さず，高い透明性を有している。屈折率を算出したところ約1.54であり，複屈折は0.0003であった。アッベ数は30～40と比較的高い値を示した。屈折率は，ノルボルネン類から得られるシクロオレフィンポリマーと同程度であり，レンズに用いるには屈折率はまだ低いが，透明フィルムとしての用途は期待できそうである。

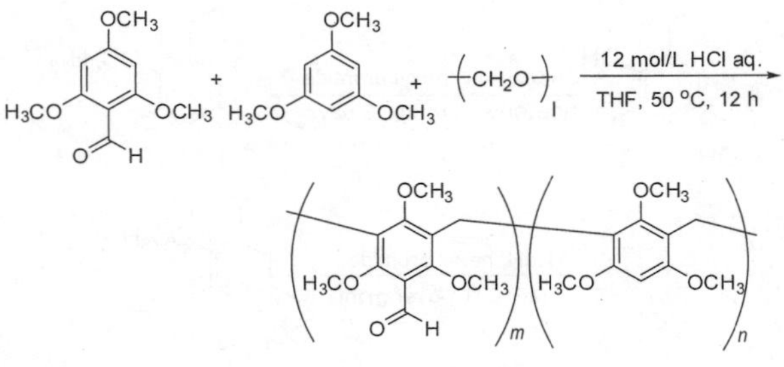

図4 反応性フェノール樹脂の合成

4.4 アルコキシベンゼンポリマーの機能化

リグノフェノールを高性能化するためのモデルとして，機能性アルコキシベンゼンポリマーの合成を行った[1,2]。一例として，反応性官能基を有するアルコキシベンゼンを主鎖に有するポリマーは，以下のように合成した。反応性の高いホルムアルデヒドを用いて，官能基を残しながら共重合体を合成するという方法である。ホルミル基（アルデヒド），アセチル基（ケトン）を有する共重合体の合成に成功している（図4）。

得られたポリマーは，数平均分子量が5000程度であり，TGAを測定したところ5%重量減少温度が370℃であった。ホルミル基を有するポリマーを用いてノボラックの硬化反応を行ったところ，速やかにノボラック樹脂と反応しその複合体を与えた。硬化物の耐熱性は，ノボラックより高く，高分子架橋剤として有用であることがわかった。リグニンで同様の架橋剤が作製できれば，強度，耐熱性，耐吸水性に優れた硬化物が得られると予想される。現在，ホルミル基やカルボキシル基をリグノフェノールに効率よく導入する合成法を検討中である。

またホルミル基を有するポリマーは，ジアミンとの反応により容易に硬化し，酸により分解する。これはリサイクル可能な硬化系の一つと言えよう（図5）。

4.5 おわりに

以上のようにリグノフェノールの水酸基を修飾して機能化することを出発点として，高性能の高分子材料の設計を行った。リグノフェノールは天然物由来であり，その構造は複雑である。^{1}H NMRを測定すると，非常にブロードなピークが観察され，その修飾反応を定量的に議論できる系とは言えない。しかし，工業的に用いる場合は，化学的な定量法で官能基の含有率を割り出せれば十分であろう。

また今回紹介したWilliamsonエーテル合成以外に，ベンゼン環に直接官能基（ホルミル基，アセチル基，カルボキシル基）を導入する方法を試みたが，高効率の導入は難しい。リグノフェ

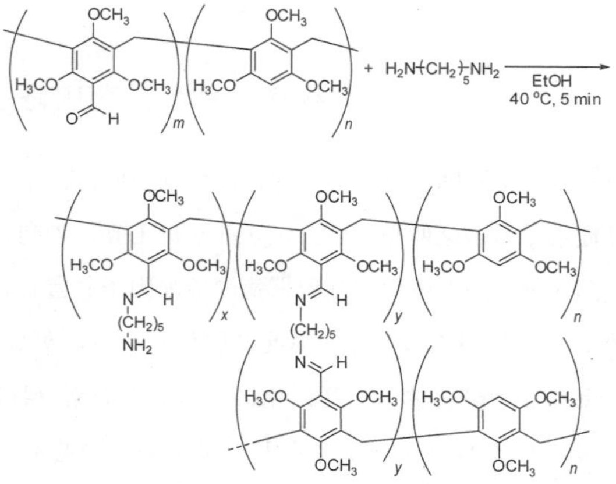

第 4 章 循環型リグニン素材「リグノフェノール」の機能開発

図 5 リサイクル可能なフェノール樹脂硬化系

ノールは，不安定な骨格や転位の可能性のある部位が多く，現段階で穏和な条件下が要求される。

リグノフェノールそのものの改善点として，現行のパイロットプラントから供給されるリグノフェノールは，数平均分子量が 2000 程度で，分散が 2～4 程度である。高分子加工の点から，フィルム材料に利用する場合は，分子量がより大きいものが適しており，逆に高分子として機能化したり，ネットワーク構造にする場合には，それ以下の方が使いやすいと思われる。

ここで紹介したリグノフェノール類の研究は，いずれもフェノール性水酸基を活かす従来の熱硬化性樹脂の研究とは異なり，水酸基を保護して疎水性の芳香族系高分子としての機能を追究するものである。筆者らは，アルコキシ基を多数有するポリマーの新しい材料化学を発展させてきたが[3]，近い将来，そのような知見がリグノフェノールを出発原料とする材料に置き換われば，石油に頼らないサスティナブルな素材として，一つの材料革命となるだろう。

文　　献

1) G. Konishi *et al., Polym. J.,* **41**, 383 (2009)
2) G. Konishi *et al., Polym. J.,* **41**, 395 (2009)
3) 小西玄一，有機合成化学協会誌，**66**, 705 (2008)

5 生体機能開発

佐藤　伸[*1]，藤田修三[*2]，舩岡正光[*3]

5.1 はじめに

メタボリックシンドロームでは腹囲をはじめ，血糖，中性脂肪，血圧が診断基準となり，そのような危険因子の低減は健康寿命の延伸やQOL（Quality of Life）の向上をはかる上で重要であり，かつ急務と言える。高血糖や高血圧は生活習慣病の危険因子と言われ，それらの長期の放置は，血管内皮機能を障害し，動脈硬化の発症や進展に関与することが知られている。たとえば，NAD（P）Hオキシダーゼなどの酸化酵素の活性化による活性酸素（特に，スーパーオキシド，O_2^-）の過剰産生[1,2]，単球・マクロファージ系などの炎症細胞の遊走・活性化の増大，さらに遊走・活性化を誘発するサイトカイン，種々の細胞接着因子などが血管内皮の機能障害を引き起こすと考えられている[3]。

リグニンは木材や植物の茎に多く含まれる成分で，不溶性食物繊維としての機能を有することが知られている。一方，リグノフェノールは，リグニンから「相分離変換システム」により得られる環境に配慮した新素材であり，フェノール性水酸基が付加した広義のポリフェノールと言える。これまで，木材用の接着剤や感光性材料，高吸水性樹脂など多方面での応用が進んでいる。一方，筆者らはこれまで *in vitro* 試験でリグノフェノールが抗酸化能を有していること[4]，過剰量の銅や亜鉛による酸化ストレスで生じるアポトーシスを抑制すること[5]を明らかにしてきた。しかし，これまでリグノフェノールの生体機能における評価，特に，動脈硬化症における生理調節機能や予防・改善に関する知見はほとんどなかった。もし，原材料の豊富なリグノフェノールを摂取することで動脈硬化症の予防や改善が可能になれば，その恩恵は計り知れないと思われる。

ここでは，筆者らが糖尿病や高血圧のモデル動物を用いて検討してきたリグノフェノールの新しい生理調節機能について紹介する。

5.2 リグノフェノールによる糖尿病モデル動物の腎障害の予防と改善

5.2.1 糖尿病モデルラットの作製

本研究は「青森県立保健大学動物実験に関する指針」に従って実施した。Wistar系ラット（雄性，6週齢）にストレプトゾトシン（STZ）を尾静脈内に単回投与（65 mg/kg体重）し，糖尿病ラットとした。一般に，STZ投与によりすい臓のランゲルハンス島のB細胞は特異的に破壊され，

[*1]　Shin Sato　青森県立保健大学　健康科学部　栄養学科　教授
[*2]　Shuzo Fujita　青森県立保健大学　健康科学部　栄養学科　教授
[*3]　Masamitsu Funaoka　三重大学　大学院生物資源学研究科　教授

第4章　循環型リグニン素材「リグノフェノール」の機能開発

血糖値低下に働くインスリンの分泌不全が生じ，血糖値は上昇することが知られている．次に，異なる濃度のリグノフェノール（0%, 0.11%, 0.33%および1.0%）を市販の動物標準飼料に添加し，糖尿病ラットに6週間投与した．対照として健常ラットに動物標準飼料を与えた．なお，スギ由来リグノフェノールを二次誘導体変換し，低分子化したもの（分子量約1,500）を実験に供した．

5.2.2 リグノフェノールによる酸化ストレスの抑制

高血糖状態では，還元糖（グルコース）とタンパク質のアミノ基とが反応して生成される終末糖化産物などにより，O_2^-の過剰産生が起こり，酸化ストレスが亢進する．そこで，酸化ストレスの指標として，DNA中のグアニン塩基が活性酸素の作用により酸化損傷を受けることで生じる8-hydroxydeoxyguanosine（8-OHdG）の24時間尿中の濃度をELISA（Enzyme-linked immunosorbent assay）法により，また腎臓の皮質や髄質中のNAD（P）Hオキシダーゼ由来のO_2^-産生量をルシゲニン（N,N'-Dimethyl-9,9'-biacridinium dinitrate）を用いた化学発光法により測定した．その結果，リグノフェノールを投与しない糖尿病ラットの血糖値は，健常ラット群に比べて有意に上昇し，400 mg/dl以上となったが，リグノフェノールを投与した糖尿病ラット群との間には差はなかった．これは，リグノフェノールはSTZ誘発糖尿病ラットの血糖値の低下には影響を与えないことを示していた．一方，24時間尿中の8-OHdG濃度は，健常ラットに比べて上昇していた．これに対して，リグノフェノール投与糖尿病ラットでは8-OHdG濃度の低下が認められた．腎臓の皮質や髄質では，NAD（P）Hオキシダーゼ由来のO_2^-産生の亢進がみられた（図1）．これに対して，1.0%リグノフェノール投与糖尿病ラットの皮質ではO_2^-産生量の有意な低下が認められた．この結果から，リグノフェノールは糖尿病の腎症において生じる酸化ストレスを軽減することが見出された．

5.2.3 リグノフェノールによる腎臓の線維化や炎症細胞浸潤の抑制

糖尿病の合併症である腎症の発症や進展では，酸化ストレスに加えて，病理組織学的に糸球体の肥大や線維化が進展し，炎症細胞であるマクロファージが糸球体や間質に浸潤する[3]．マクロファージが放出する種々の生理活性物質は，糖尿病性腎症の進展に深く関連している[3]．そこで，糸球体の線維化状態を調べるために，化学固定した腎臓の薄切組織切片に線維を染色するシリウスレッド染色を施し，糸球体の線維化面積率を測定した．その結果，リグノフェノール非投与糖尿病ラットの糸球体では，シリウスレッド染色による濃赤色を呈し，線維化面積率は健常ラットに比べて増加した．一方，1.0%リグノフェノール投与群では減少していた．この結果は，リグノフェノールが糖尿病における糸球体の線維化を軽減する働きを有することを示唆していた．

リグノフェノールのマクロファージの浸潤に及ぼす影響を調べるために，ラットのマクロファージに特異的なED1抗体を用いて腎臓の組織切片に免疫染色を施して，その陽性マクロファージを計測した．その結果，リグノフェノール非投与糖尿病ラットの皮質や髄質ではマクロファー

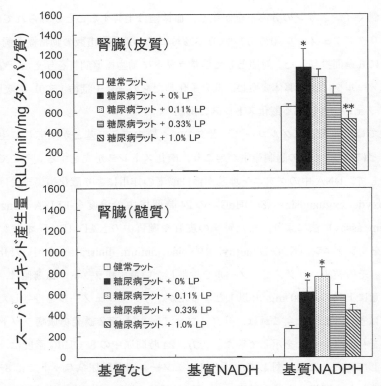

図1 腎臓の皮質および髄質のスーパーオキシド産生量に及ぼすリグノフェノール（LP）の影響
単位はタンパク質1mgあたりのrelative light units（RLU）/minで示した。腎臓の皮質（上段）と髄質（下段）は，それぞれのホモジネイト溶液を作製し，遠心分離後の上清にNAD（P）Hオキシダーゼの基質としてNADHあるいはNADPHを添加し，ルシゲニンを用いた化学発光法により測定した。値は平均値±標準誤差で示した（$n = 6〜7$）。$*p < 0.05$ vs健常ラット。$**p < 0.05$ vsリグノフェノール非投与糖尿病ラット群（0% LP）。

ジ浸潤数は健常ラットに比べて増加したが，リグノフェノール投与糖尿病ラットでは非投与糖尿病ラットに比べて減少した（図2）。加えて，マクロファージの活性化や遊走に関係するケモカインである単球走化性促進因子（monocyte chemoattractant protein-1；MCP-1）の発現を調べるために，腎臓の皮質から総RNAを抽出し，リアルタイムRT-PCR（reverse transcription polymerase chain reaction）を行い，MCP-1のmRNAを定量した。その結果，MCP-1のmRNAはリグノフェノール非投与糖尿病ラットでは健常ラットに比べておよそ1.3倍であったが，リグノフェノール1.0%投与糖尿病ラットではおよそ60%減少していた。これらの結果からリグノフェノールはMCP-1のmRNAの発現を抑制することにより，マクロファージの活性化や腎臓の糸球体や間質への浸潤を抑制していると推察された。

第4章 循環型リグニン素材「リグノフェノール」の機能開発

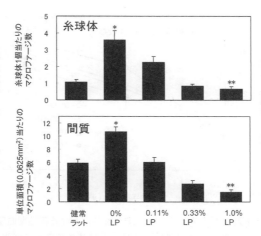

図2 糖尿病ラットの腎臓の糸球体（上段）および間質中（下段）のマクロファージ数に及ぼすリグノフェノール（**LP**）の影響
値は平均値±標準誤差で示した（$n = 6 \sim 7$）。$*p < 0.05$ vs 健常ラット。
$**p < 0.05$ vs リグノフェノール非投与糖尿病群（0% LP）。

5.3 高分子量あるいは低分子量リグノフェノールによる血圧上昇の抑制作用

5.3.1 高分子量リグノフェノールによる血圧上昇の抑制

　前述したように，リグニンは不溶性食物繊維としての機能を有する。また，食物繊維の生理機能の1つとして，血圧上昇を抑制することが知られている[6]。そこで，高分子量のリグノフェノール（分子量約21,000）は血圧上昇を抑制するかどうかを検討するために，異なる濃度のリグノフェノール（0%，0.12%，0.6%および3.0%）を市販の動物標準飼料に添加し，脳卒中易発症高血圧自然発症ラット（Stroke prone spontaneously hypertensive rat；SHRSP）に5週間投与した。

　SHRSPは，脳血管障害（脳出血，脳梗塞）を高率に併発し，収縮期血圧は10週齢以降では200 mmHgを超える。また，食塩を負荷すると血圧上昇が強められるので，試験期間中，飲料水として1%食塩水を与えた。その後，血圧上昇および体内のナトリウム（Na^+）やカリウム（K^+）代謝に与える影響を検討した。

　SHRSPにリグノフェノールを5週間投与した結果，リグノフェノール非投与群に比べて血圧が有意に低下し，リグノフェノールは血圧上昇抑制作用を有することが明らかになった（図3）。また，リグノフェノール投与は，尿中へのNa^+の排泄を促し，糞中へのK^+の損失を抑制することもわかった。このことから，リグノフェノールは，少なくとも，電解質代謝を調節して，血圧上昇を抑制する可能性が示唆された。

5.3.2 低分子量リグノフェノールによる血圧上昇の抑制

　腸管吸収に関して，一般に，脂溶性あるいは低分子量物質は吸収されやすい。リグノフェノー

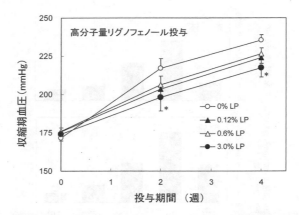

図3 高分子量リグノフェノール（LP）投与における収縮期血圧の推移
脳卒中易発症高血圧自然発症ラット（雄性）に高分子量リグノフェノール（分子量約21,000）添加食を投与し、尾部カフ法にて投与後4週まで血圧測定した。値は平均値±標準誤差で示した（$n = 4 \sim 7$）。$*p < 0.05$ vs リグノフェノール非投与群（0% LP）。

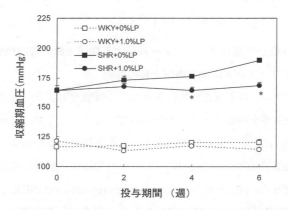

図4 低分子量リグノフェノール（LP）投与における収縮期血圧の推移
高血圧自然発症ラット（SHR）およびその対照動物であり正常血圧の Wistar Kyoto（WKY）ラット（いずれも、雄性）に低分子量リグノフェノール（分子量約1,500）添加食を投与し、尾部カフ法にて血圧測定した。値は平均値±標準誤差で示した（$n = 7$）。$*p < 0.05$ vs リグノフェノール非投与群（0% LP）。

ルはフェノール性水酸基が付加した広義のポリフェノールであるので、特に低分子のリグノフェノールは、体内に吸収され、抗酸化作用、抗炎症作用、抗血圧上昇作用など、果実や野菜、豆類などに含まれる天然のポリフェノールに類似した生理調節機能が期待される。

そこで、スギ由来リグノフェノールを二次誘導体変換し、低分子化したリグノフェノール（分子量約1,500）を高血圧自然発症ラット（Spontaneously hypertensive rat, SHR）に投与して、血圧上昇におけるリグノフェノールの効果を検討した。その結果、SHR のリグノフェノール1.0

第4章 循環型リグニン素材「リグノフェノール」の機能開発

%添加食群の収縮期血圧はリグノフェノール非投与群に比べて低下した（図4）。これらの結果から分子量にかかわらず，リグノフェノールは血圧上昇を抑制する作用を有している可能性が示された。

5.4 おわりに

以上のことから，疾患モデル動物を用いた試験において，リグノフェノールは高血糖状態における酸化ストレスや腎臓の炎症を抑制したり，血圧上昇を抑制したりすることがわかった。このことは，リグノフェノールが従来，in vitro 試験系で示されていた抗酸化作用やアポトーシス抑制作用のほかに，生体内（in vivo）において生理調節機能を有することを示している。さらに，リグノフェノールは，高血糖や高血圧で生じる動脈硬化症の予防・改善にも応用できることが期待される。

今後，リグノフェノールの研究は，工業的分野における研究開発のみならず，生命科学分野においても疾病に対する新しい生理調節機能を見出すことが，重要になると思われる。

文　献

1) J. W. Baynes, *Diabetes*, **40**, 405 (1991)
2) V. Thallas-Bonke *et al.*, *Diabetes*, **57**, 460 (2008)
3) F. Y. Chow *et al.*, *Nephrol. Dial. Transplant.*, **19**, 2987 (2004)
4) S. Fujita *et al.*, 日本食物繊維研究会誌, **7**, 13 (2003)
5) S. Sato *et al.*, *Basic Clin. Pharmacol. Toxicol.*, **99**, 353 (2006)
6) Y. P. Lee *et al.*, *Clin. Exp. Pharmacol. Physiol.*, **35**, 473 (2008)

6 高性能エポキシ樹脂材料

門多丈治[*1], 長谷川喜一[*2], 舩岡正光[*3]

6.1 はじめに

植物から得られるリグノフェノールを工業材料としてみると，石油代替資源として，特に芳香族化合物供給源としての魅力を有していること，建設資材リサイクル法（2002年施行）による廃棄木材の有効利用促進に関して有効な手段となりうること，などの特徴が挙げられる。リグノフェノール製造プラント計画の進行とともに，将来を見据えた工業的利用法の研究開発が活発化している。その中でわれわれのグループ[1]では，これまでにリグノフェノールを原料とするフォトレジスト[2]，木材用接着剤[3]，熱硬化型接着剤[4]，エポキシ樹脂[5]の開発を試み，工業材料への適用に関して有用な知見を蓄積してきた。本節ではそれらの可能性の中でも特に，フェノール樹脂代替材料としてのポテンシャルに注目し，エポキシ樹脂への適用，高性能化の研究成果について紹介する。

6.2 フェノール樹脂代替材料として

リグノフェノールは，樹木成分の約30％を占めるリグニンの3次元網目構造を解放した直線状のポリマーであり，汎用有機溶媒やアルカリ水溶液に可溶である。また，その構造中には多くのフェノール性水酸基を含んでおり，植物由来のフェノール樹脂代替材料と見なすことができる。現在，石油由来の合成フェノール樹脂の工業的用途は，汎用製品から先端材料まで非常に多岐にわたり，人間社会において欠かすことのできない材料であると同時に，将来の発展のためにも必要不可欠なものである。中でも，フェノール樹脂由来のエポキシ樹脂は電子材料を中心に多用され，高性能樹脂の一つに位置づけられている。これをリグノフェノールに置き換え，さらには，木材に由来する新規な機能が付与できれば，将来的に大変有望な材料，製品になる可能性が高い。以下，リグノフェノールを原料とするエポキシ樹脂の合成と，得られたエポキシ樹脂の各種硬化剤による硬化物の物性評価について述べる。

6.3 リグノフェノールを原料とするエポキシ樹脂の合成

フェノール化合物のエポキシ化反応は，通常，フェノール化合物のエピクロロヒドリン溶液を，120℃還流条件下でアルカリを添加して行う[6]。しかし，リグノフェノールは，高温（120℃）ア

[*1] Joji Kadota （地独）大阪市立工業研究所　加工技術研究部　研究員
[*2] Kiichi Hasegawa （地独）大阪市立工業研究所　加工技術研究部　研究主幹
[*3] Masamitsu Funaoka 三重大学　大学院生物資源学研究科　教授

第4章　循環型リグニン素材「リグノフェノール」の機能開発

式1　リグノフェノールのエポキシ化反応

表1　エポキシ化リグノフェノールの性質

Epoxidated-Lignophenol	Origin	elemental analysis (%)			E.E.W. (g/equiv.)	Mw	Mw/Mn	epoxidated (%)
		C	H	O				
EP-LP (H)	H	61.4	5.68	32.92	782	7720	3.23	39
EP-LP (B)	B	61.86	5.72	32.42	745	2600	1.60	41

ルカリ条件で解裂，再重合し複雑な系になってしまうため，上記の方法は適切でない。反応条件を最適化した結果，低温減圧還流下[7]で最も効率よくエポキシ化反応が進行した（式1）。リグノフェノールは，ブナを原料としてp-クレゾールで抽出されたリグノ-p-クレゾール（Bと略），およびヒノキを原料としてp-クレゾールで抽出されたリグノ-p-クレゾール（Hと略）を用いた。B，Hの分子量はそれぞれ，Mw = 4700（Mw/Mn = 1.91），Mw = 11400（Mw/Mn = 3.18）であった。エポキシ化反応の詳細は以下のとおりである。まず，リグノフェノール（5g）をエピクロロヒドリン（300g）に溶解させ，減圧下（100mmHg），55〜60℃で還流させる。その反応系へ20wt%水酸化ナトリウム水溶液（0.5equiv.）を滴下し，2時間反応させた後，反応混合物をろ過し，ろ液からエピクロロヒドリンを減圧留去，乾燥後，目的の茶色固体エポキシ化リグノフェノールが得られる（表1）。エポキシ当量および分子量から計算したエポキシ化率は，ブナ，ヒノキについて，それぞれ41%，39%であった。逆にいえば，約60%のフェノール性水酸基が残っていることになる。これは，フェノール性水酸基の反応性が低いためと思われる。すなわち，フェノール性水酸基から見れば，非常に嵩高い置換基を有したフェノールであり，立体的要因から求核性の低いものが大半と考えられる。また，IR，^{1}H-NMR測定からは，フェノール性水酸基のエポキシ化のみが選択的に起こっており，リグノフェノール骨格そのものに変化がな

木質系有機資源の新展開Ⅱ

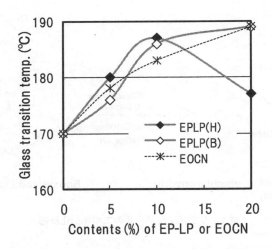

図1　エポキシ化リグノフェノール強化エポキシ樹脂（加熱硬化系）のガラス転移温度

いことが確認されている。IR では 924cm^{-1} のエポキシ環の吸収が現れると同時に水酸基の吸収（3300cm^{-1}）の減少が見られ，それ以外の領域での変化はまったく見られない。^{1}H-NMR でも，エポキシ環（2.6, 2.7, 3.2, 3.5, 3.7ppm）に由来するケミカルシフトが観測され，それ以外の領域での変化は見られなかった。樹種については，IR, NMR ともに，ヒノキ，ブナによる差は見られなかった。

6.4　エポキシ化リグノフェノール／イミダゾール触媒加熱硬化系

得られたエポキシ化リグノフェノール（EP-LP と略）は常温で固形であり，溶融粘度が高く取り扱いにくいため，ビスフェノール A 型エポキシ樹脂（EPIKOTE828 エポキシ当量 191g/eq. ジャパンエポキシレジン㈱製）と混合し，各種硬化剤による硬化物の物性を評価した。また EP-LP の対照品として，クレゾールノボラック型エポキシ樹脂（EOCN-1020-55, エポキシ当量 194g/eq. 日本化薬㈱製）を使用した。硬化剤としては，トリエチレングリコールジアミン（TEGDA），ジアミノジフェニルメタン（DDM），メチルヘキサヒドロフタル酸無水物（MHHPA），2-エチル-4-メチルイミダゾール（2E4MZ），ジシアンジアミド（DICY），2,4,6-トリス（ジメチルアミノメチル）フェノール（DMP-30）を検討した中で，2E4MZ を用いた場合に EP-LP の添加効果が最も顕著であったため，本項ではまず 2E4MZ 硬化系についての結果を紹介する。

6.4.1　耐熱性（ガラス転移温度）

硬化物の耐熱性を，動的粘弾性測定によるガラス転移温度から評価した（図1）。リグノフェノールは芳香族を多く有することと，多官能エポキシ樹脂であることから，EOCN と同様に，

第4章 循環型リグニン素材「リグノフェノール」の機能開発

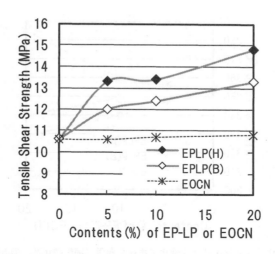

図2　エポキシ化リグノフェノール強化エポキシ樹脂（加熱硬化系）の引張りせん断強度

架橋密度の増加とガラス転移温度の上昇が予想される。得られた結果は予想通りであり，ゴム状領域の弾性率がEP-LP含量の増加に伴い向上していた。損失正接も単一ピークであったことから，リグノフェノール骨格は硬化物中に均一に組み込まれていることがわかる。これらの結果より，エポキシ樹脂のネットワーク構造にリグニンに由来するノボラック様ネットワークが均一に取り込まれた構造であることがわかる。

6.4.2 接着性（引張りせん断強度）

接着性に関しては，興味深いことにEOCNとは異なる性質を示した（図2）。点線がEOCNで，添加量が増加してもほとんど接着強度に変化は見られないのに対し，EP-LPでは添加量の増加に伴って大きく接着強度が向上していた。この結果をもとに，硬化物のネットワーク構造について考察する。まず大きく異なるのは，EP-LPにはアルコール性水酸基を多く有していることである。さらに構造的な相違点は，フェノール核をつなぐメチレン鎖が，合成ノボラックではメチレンにより架橋しているのに対し，リグノフェノールでは炭素数のより多い鎖で結合し，加えてエーテル結合を多く含んでいる点が挙げられる。そのため，EOCNでは剛直ネットワーク構造を形成し，引張り応力の緩和には不利なのに対し，EP-LPでは，結合鎖が長い分，ネットワーク構造に架橋点間距離の大きい箇所を生じさせ，応力をより吸収することが可能になると考えられる。

6.4.3 熱分解性（5%重量減少温度）

われわれは以前，リグノフェノール強化ポリウレタン接着剤の研究において，リグノフェノール骨格の導入により熱分解性が向上することを報告した[4]。これは，リグノフェノール中に結

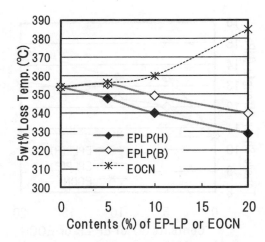

図3 エポキシ化リグノフェノール強化エポキシ樹脂（加熱硬化系）の5％重量減少温度

合切断しやすいベンジル位炭素や3級炭素が多く含まれているためと考えている。この性質によって，例えば接着剤として使用後，高温加熱処理によって被着体を剥がすことができれば，必要に応じて剥がすことのできる"解体性接着剤[8]"になる可能性がある。エポキシ樹脂系においても同様の傾向を示すものと予想される。図3を見ると，EOCNでは，添加量の増加に伴い5％重量減少温度が高くなっており，通常予想される，高T_g，高耐熱分解性の性質を示している。しかしエポキシ化リグノフェノール強化エポキシ樹脂の熱分解性はEOCNと正反対の傾向を示し，EP-LP含量の増加とともに5％重量減少温度が低下し，EP-LP（H）20％のとき最大25℃も低下した。この結果は，リグノフェノールの特徴を活かした機能性材料開発の一例と言える。

6.5 エポキシ化リグノフェノール／アミン常温硬化系

材料を工業的に使用するとなると，常温で硬化する必要がある場合が多く，特に，耐熱性のないものの接着剤や塗料，あるいは，耐熱性があっても加熱作業ができない場合がある。常温で硬化可能（すなわち使用可能）な材料の開発は，より実際の工業的適用範囲の拡大につながることから，トリエチレングリコールジアミン（TEGDAと略）を硬化剤とする常温硬化系について述べる。

6.5.1 耐熱性（ガラス転移温度）

動的粘弾性より求めた硬化物のガラス転移温度を図4にまとめた。図中，点線は，比較参照のクレゾールノボラック型エポキシ樹脂EOCNを用いたときの結果を示す。当初，EOCNを添加すると耐熱性が向上するものと考えていたが，実際にはほとんど効果が見られなかった。これに対し，EP-LPを用いるとその含量の増加に伴い耐熱性が向上することがわかった。リグノフェ

第4章　循環型リグニン素材「リグノフェノール」の機能開発

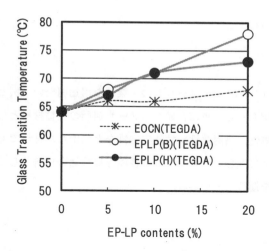

図4　エポキシ化リグノフェノール強化エポキシ樹脂（常温硬化系）のガラス転移温度

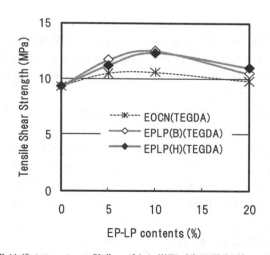

図5　エポキシ化リグノフェノール強化エポキシ樹脂（常温硬化系）の引張りせん断強度

ノールは多官能エポキシ樹脂であるだけでなく剛直な構造であることから，剛直な架橋を形成しガラス転移温度の上昇に寄与したと予想される。

6.5.2　接着性（引張りせん断強度）

接着性に関しても，EOCN とは異なる特徴的な性質を示した。接着試験の結果を図5に示す。点線が EOCN で，添加量が増加してもほとんど接着強度に変化は見られないのに対し，EP-LP では添加量 10% のときに最大値となり 44% の接着強度の向上が見られた。この傾向は 6.4.2 項の加熱硬化系においても見られ，リグノフェノール骨格中にアルコール性水酸基が多く含まれるこ

とに起因するものと思われる。

6.6 おわりに

循環型リグニン素材「リグノフェノール」の工業的な用途開発の一例として，エポキシ樹脂への展開に関する研究を紹介した。単に合成フェノール樹脂の代替材料として用いることが可能というだけでなく，高接着性，高耐熱性，寸法安定性などに優れた材料であり，今後，リグノフェノールの供給がスムーズに進むにつれ，より高性能な環境適合材料として工業材料へ積極的に取り入れられていくことを期待している。

文 献

1) 科学技術振興事業団 戦略的基礎研究 (CREST)，舩岡研究チーム課題「植物系分子素材の高度循環活用システム」（平成11年〜16年）および㈳科学技術振興機構 戦略的創造研究推進事業発展研究 (SORST)，舩岡正光研究プロジェクト「植物系分子素材の逐次精密機能制御システム」（平成16年〜平成21年）
2) 門多丈治，長谷川喜一，舩岡正光，内田年昭，北嶋幸一郎，ネットワークポリマー，**23**(3)，142（2002）
3) 門多丈治，長谷川喜一，舩岡正光，鷲見章，日本接着学会誌，**40**(3)，101（2004）
4) 門多丈治，長谷川喜一，舩岡正光，日本接着学会誌，**40**(9)，380（2004）
5) 門多丈治，長谷川喜一，舩岡正光，ネットワークポリマー，**27**(3)，118（2006）
6) H. Lee and K. Neville, "Handbook of Epoxy Resins", McGraw-Hill, New York, pp.2-3 (1960)
7) K. Hasegawa, A. Fukuda, K. Uede, *J. Polym.Sci.: Part C: Polym. Letters*, **28**, 1 (1990)
8) 佐藤千明，日本接着学会誌，**40**(11)，545（2004）

7　金属の吸着特性とその応用

井上勝利[*1]，舩岡正光[*2]

7.1　はじめに

　金，白金，パラジウムを始めとする貴金属は従来の宝飾品としての利用だけでなく，電気・電子材料や触媒などの各種の先端材料を製造する上で欠かすことのできない原材料となっている。

　近年，中国などの新興国の発展に伴い，レアメタル，貴金属を始めとする金属資源の需要の急激な増加により，金属価格が暴騰したことは記憶に新しい。人類が持続的な発展を遂げるためには限られた量の金属資源を何度も再利用していく以外に術は無く，小型家電製品などを始めとする様々な使用済み製品からの様々な金属の回収，再利用に関連した技術も元素戦略の一つとして研究開発が強く求められている。しかし使用済み製品中の金属の組成は複雑であり，しかも変動が大きいため，従来の金属の分離・回収技術では十分な対応ができない。さらにはこれらの中には鉛，カドミウム，ヒ素のような有害重金属も含まれているため，これらの分離・除去も課題であり，従来以上の高度な分離技術の出現が望まれている。筆者らはこのような差し迫った問題解決のために，木質廃棄物などのバイオマス資源より製造されるリグノフェノール化合物を利用した金属の高度分離技術の研究開発を行っている。本節においてはリグノフェノール化合物による貴金属の分離・回収・除去についての最近の研究成果を紹介する。

7.2　従来の貴金属製錬技術

　貴金属の鉱石としては，金や銀の鉱石，白金の鉱石などがあげられるが，銅やニッケルなどの非鉄金属の鉱石中にもかなりの量の貴金属が含まれている。これらの貴金属はこれら非鉄金属の電解精錬の工程中で発生するアノードスライム（陽極泥）中に濃縮されるため，この中からの分離・回収が行われてきた。王水を用いた溶解と沈殿を繰り返す古典的な方法が従来行われてきたが，1970年代に入り溶媒抽出法を取り入れた新しい分離・精製技術の開発が行われ，この技術は我が国においても普及しつつある[1, 2]。

　図1にイギリスのINCO社で開発された貴金属の分離・精製・回収プロセスのフローシートを示す。このプロセスでは原料のアノードスライムは塩素を吹き込んだ塩酸により全溶解され，その後各貴金属が分離される。この場合，塩素は水中で次亜塩素酸となり，固体の金属を酸化し，塩酸中に金属イオンとして溶解させる。塩酸中に溶解した金，白金，パラジウムは溶媒抽出法により分離・精製される。ここで使用される抽出溶媒の試薬は毒性であり，筆者らはこの段階をバ

[*1]　Katsutoshi Inoue　佐賀大学名誉教授

[*2]　Masamitsu Funaoka　三重大学　大学院生物資源学研究科　教授

木質系有機資源の新展開 II

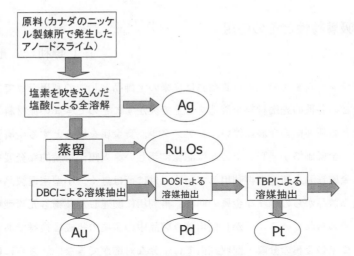

図1 INCO 社で開発された貴金属の分離・回収・精製プロセス

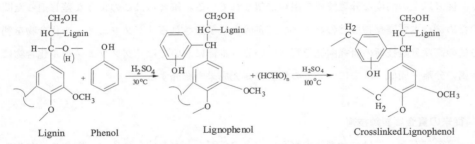

スキーム1 架橋リグノフェノールの調製反応

イオマス廃棄物より製造される環境適合型のリグノフェノールを用いた吸着法で代替することを考えた。

7.3 架橋リグノフェノールの調製と金属の吸着特性[3,4]

リグノフェノールは舩岡らの開発した相分離・変換法により調製されるが，このもの自体は多くのフェノール性およびアルコール性水酸基を有するため部分的に水溶性であり，吸着剤として使用するためには，架橋により水に不溶化する必要がある。ここではスキーム1に示すように濃硫酸中でパラホルムアルデヒドを用いた架橋を行った。

図2にこのようにして調製された架橋リグノフェノールの粒子の走査型電子顕微鏡写真を示す。図からわかるようにこの粒子は活性炭のような多孔性の物質ではない。

先に述べたように貴金属の工業的な回収は全て塩酸中より行われるので本研究においては全て

142

第4章　循環型リグニン素材「リグノフェノール」の機能開発

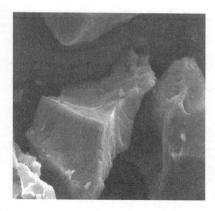

図2　架橋リグノフェノールの粒子の走査型電子顕微鏡写真

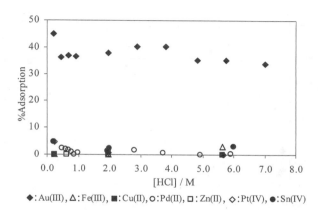

◆:Au(III), △:Fe(III), ■:Cu(II), ○:Pd(II), □:Zn(II), ◇:Pt(IV), ●:Sn(IV)

図3　架橋リグノフェノールによる塩酸水溶液からの各種の金属イオンの吸着百分率と塩酸濃度との関係

塩酸中からの回収について検討した。

図3に架橋リグノフェノールによる様々な濃度の塩酸中からの各種の金属イオンの吸着百分率（最初塩酸水溶液中に存在した金属イオンが吸着されて水溶液中より失われた割合）を示す。

図より明らかなように全ての塩酸濃度領域において金のみが吸着され，他の金属の吸着は無視できる。すなわち架橋リグノフェノールは金に対して極めて高い選択性を有する吸着剤であることが明らかである。図4に市販の活性炭を用いて同様の吸着試験を行った場合の結果を示す。金は全ての塩酸濃度領域において定量的に吸着されているが，白金やパラジウムのような他の貴金属，ならびに鉄や錫などの卑金属も吸着されている。すなわち選択性に乏しい。

図5に架橋リグノフェノールによる1Mの濃度の塩酸中からの金の吸着等温線を示す。金濃度の増加と共に金の吸着量は増加するが，あるところで一定値に達するというLangmuir型の吸着

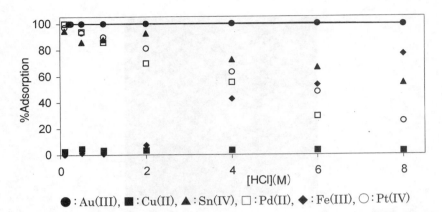

図4 市販の活性炭による塩酸水溶液からの各種の金属イオンの吸着百分率と塩酸濃度との関係

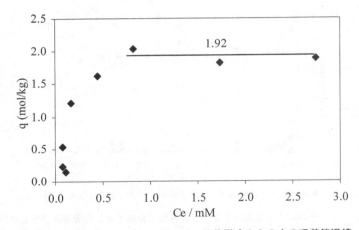

図5 架橋リグノフェノールによる1Mの塩酸中からの金の吸着等温線
縦軸：金の吸着量，横軸：吸着後に塩酸中に残存する金の濃度

を示している。この一定値から架橋リグノフェノールの金に対する飽和吸着量は1.92 mol/kgと計算された。この値は1 kgの架橋リグノフェノールに378 gもの金が吸着していることを意味する。

　金吸着後に架橋リグノフェノールのX線回折を行うと固体の金の存在を示す4本の鋭いピークの存在が確認された。さらに走査型電子顕微鏡で観察すると金の微粒子の存在が確認された。このことから金の高容量の吸着は金が架橋リグノフェノールに吸着された後，スキーム2に示すようにフェノール性水酸基により還元されて金粒子になり，これが見掛け上非常に大きな金の吸着量を生み出したと考えられる。ここで式（1）の反応で生成したキノンは水溶液中の水素イオンにより還元され，再度フェノールとなり，これらの反応が繰り返されると考えられる。

第4章 循環型リグニン素材「リグノフェノール」の機能開発

$$\text{(P)}\text{−}\langle\text{OH}\rangle + H_2O = \text{(P)}\text{−}\langle\text{O} + 2H^+ + 2e^- \quad (1)$$

$$Au^{3+} + 3e^- = Au^0 \quad (2)$$

スキーム2 フェノール性水酸基による金イオンの還元反応

図6 塩酸中に溶解している金を架橋リグノフェノールで吸着した後に見られる金粒子の凝集，浮遊現象

スキーム3 架橋リグノフェノール母体へのアミノ基の固定化反応

吸着後放置しておくと図6に示すように金粒子が塩酸の水面上に浮遊するという現象が見られた。これは吸着剤の表面上に生成した金粒子が表面から離れ，水面上に凝集し浮遊しているものと考えられる。

7.4 リグノフェノールの化学修飾と貴金属の吸着・分離 [5〜7]

架橋リグノフェノールは反応活性であり，多様な化学修飾が可能である。化学修飾の一例としてアミノ基の固定化反応の例をスキーム3に示す。

図7にジメチルアミンの官能基を導入した架橋リグノフェノール(スキーム3においてR=R'

145

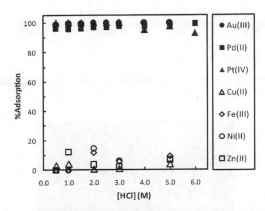

図7 ジメチルアミンの官能基を導入した架橋リグノフェノールによる様々な濃度の塩酸中からの各種の金属イオンの吸着百分率

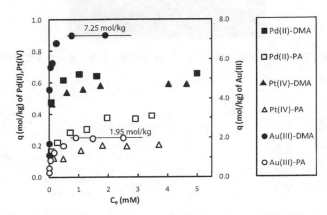

図8 1級アミノ基およびジメチルアミンの官能基を導入した架橋リグノフェノール（それぞれ PA および DMA）による金, 白金, パラジウムの吸着等温線

= CH_3) による様々な濃度の塩酸中からの各種の金属イオンの吸着を示す。化学修飾していない架橋リグノフェノールの場合と比較すると全ての塩酸濃度範囲に渡り, 金（III）イオンばかりでなく, 白金（IV）やパラジウム（II）イオンが定量的に吸着・回収されている。しかし鉄（III）, 銅（II）, 亜鉛（II）などの卑金属イオンの吸着は無視できる。すなわちジメチルアミンの官能基の導入により, 白金（IV）やパラジウム（II）などの貴金属までが定量的に吸着される。同じ官能基を有するプラスチックの弱酸性陰イオン交換樹脂は以前より製造, 販売されているが, 貴金属に対するこのような高い選択性は見られない。

図8に1級アミノ基およびジメチルアミンの官能基を導入した架橋リグノフェノール（それぞれ PA および DMA として略記）による金（III）, 白金（IV）, パラジウム（II）イオンの吸着等

第4章 循環型リグニン素材「リグノフェノール」の機能開発

温線を示す。これらにおいても図5に示した架橋リグノフェノールの場合と同様，Langmuir型の吸着等温線を示す。後者の場合はいずれの金属の吸着も大幅に向上し，特に金に対しての飽和吸着量は 7.25 mol/kg であり，架橋リグノフェノールと比較して 3.8 倍にもなる。この値は吸着剤の乾燥重量に対して約 1.4 倍もの金が吸着することを意味している。

7.5 おわりに

バイオマス新素材であるリグノフェノール化合物による貴金属の分離・回収の研究結果のいくつかを紹介した。従来使用されてきた石油由来のプラスチック製品のイオン交換樹脂や，キレート樹脂と比較して，これらには見られない特筆すべき優れた分離機能を有することが明らかとなった。様々な化学修飾により分離機能の一層の向上が図られ，使用済み小型家電製品からのレアメタルの回収など，様々な廃棄物からの金属資源の回収に威力を発揮し，これからの持続型社会の建設への貢献が期待できる。

文　献

1) 越村英雄, *MOL*, (4), 76-81 (1986)
2) 芝田隼次, 奥田晃彦, 資源と素材, **118**, 1-8 (2002)
3) D. Parajuli, K. Inoue, M. Kuriyama, M. Funaoka, K. Makino, *Chem. Lett.*, **34**, 34-35 (2005)
4) D. Parajuli, C. R. Adhikari, M. Kuriyama, H. Kawakita, K. Ohto, K. Inoue, M. Funaoka, *Ind. Eng. Chem. Res.*, **45**, 8-14 (2006)
5) D. Parajuli, H. Kawakita, K. Inoue, M. Funaoka, *Ind. Eng. Chem. Res.*, **45**, 6405-6412 (2006)
6) D. Parajuli, K. Inoue, H. Kawakita, K. Ohto, H. Harada, M. Funaoka, *Miner. Engng.*, **21**, 61-64 (2008)
7) D. Parajuli, K. Khunathai, C. R. Adhikari, K. Inoue, K. Ohto, H. Kawakita, M. Funaoka, K. Hirota, *Miner. Engng.*, **22**, 1173-1178 (2009)

8　セルラーゼの固定化

野中　寛[*1]，舩岡正光[*2]

8.1　はじめに

　地球温暖化問題の顕在化を受け，バイオマス資源の利用が促進されはじめている。昨今アメリカで，とうもろこしから本格的にバイオエタノールを生産しはじめた途端，穀物など食品類の価格が高騰し，食糧生産との競合が懸念されたことは記憶に新しい。代わって，いわゆる非食系バイオマス資源，例えば，古紙，製紙工場における廃パルプ，稲わら・コーンストーバーなどの農産系廃棄物，建築廃材，林地残材，などのセルロース系資源が注目されるようになった。これらに含まれるセルロースやヘミセルロースを，グルコースなどの構成単糖類にまで加水分解し，発酵，水素化，脱水などによりさまざまな化合物を誘導可能である。

　リグニン含有量の多い木質系有機資源に対しては，木材全成分の有効利用が可能な「相分離系変換システム」[1]が理想的なプロセスのひとつである。炭水化物からは糖を，リグニンからは芳香族系機能性ポリマーであるリグノフェノールを得ることができる。これに対し，リグニン含有量の少ないセルロース系資源（ソフトバイオマスとも呼ばれている）に対しては，炭水化物より単糖類を得ることを主目的とした加水分解プロセス，つまり硫酸などを用いた酸糖化法，もしくは，セルラーゼによる酵素糖化法の選択が通常となる。酸糖化は，温度・反応時間のみでの反応制御が難しく，糖の一部が過分解され，続く発酵過程における阻害物質となる問題がある。一方，セルロース分解酵素であるセルラーゼを用いた酵素糖化は，常温に近い緩和な条件下で，酵素反応の基質特異性に基づき，グルコースへ選択的に分解可能である。Novozyme 社や Genencor 社がセルラーゼの高機能化，大量生産を牽引し，酵素糖化は十分に現実性あるプロセスとなってきた。しかしながら，依然として酵素はエタノールなどの製品価格を左右する因子でありつづけている。今後さらにセルラーゼの需要が高まるなかで，セルラーゼの固定化，または，回収再利用技術の確立が待望される。

8.2　セルラーゼの固定化

　多くの酵素は水溶性であり，酵素活性を維持しながら水溶性の生成物と分離して回収することは難しい。そのためバイオリアクターでは，高価な酵素を連続的に，または繰り返し用いるために，適当な担体に酵素を保持させ，水に不溶な固定化酵素とする場合が多い。担体との相互作用により酵素の立体構造が制約を受けることで，熱やpH変動による変性が抑制され，概して安定性が

[*1]　Hiroshi Nonaka　三重大学　大学院生物資源学研究科　准教授
[*2]　Masamitsu Funaoka　三重大学　大学院生物資源学研究科　教授

第4章 循環型リグニン素材「リグノフェノール」の機能開発

向上することもメリットである。酵素固定化法としては，共有結合，イオン結合，物理的吸着などにより担体に固定化する担体結合法，架橋法，高分子やミセルなどに閉じ込める包括法，それらの手法を複合したものなどがある[2]。

セルロースの加水分解においても，生成物であるグルコースと酵素のセルラーゼの分離は困難であり，これまで各種固定化が試みられている。セルロース結晶領域の分解機作についてはいまなお議論が続いているものの，セルラーゼは，非晶セルロースをランダムに加水分解するエンド型グルカナーゼ［EC 3.2.1.4］，結晶セルロースの非還元末端に作用してセロビオースを生成するエキソ型グルカナーゼ［EC 3.2.1.91］，セロビオース，セロオリゴ糖の非還元末端から作用してグルコースを生成するβ-グルコシダーゼ［EC 3.2.1.21］の3種類に分類されている[3]。これらいずれか，または複数に対して検討されてきた固定化担体を表1に示す。よく用いられるのは，多孔性のセファロース，キトサン，合成樹脂，アルミナ，ガラスビーズなどである。その多くは担体を臭化シアンやグルタルアルデヒドで活性化し，共有結合により酵素を固定している。共有結合法での固定化量は担体1gあたり10～50mg程度であり[4]，安定性は向上するものの，水溶性のフリーなセルラーゼと比較して活性は大きく劣化する。いずれの固定化方法でも，基質セルロースと酵素セルラーゼの双方が固体となるため活性の低下は免れない。特に共有結合法では，酵素を固定化する反応過程で，立体構造が変化し，活性中心が一部破壊されてしまうことが多く，担体の再生も困難である。

最も簡便，かつ，活性低下が起きにくいのは，水不溶性の担体に物理的に吸着させる方法である。ただし担体との相互作用が弱いため，共有結合法に比べて脱離しやすいのが欠点である。固体材料をタンパク質の水溶液に浸漬すると，通常タンパク質は特別な官能基を導入していない限り材料の表面に非特異的に物理吸着する。タンパク質の表面にはポリペプチド鎖のアミド基に加え，アミノ酸側鎖に由来するさまざまな官能基がある。これらと担体表面に存在する官能基とのイオン間相互作用，水素結合，疎水性効果，ファンデルワールス力などの各種相互作用により吸着する[5]。タンパク質表面の官能基，荷電状態，周囲の環境のみならず，使用する担体によっても酵素の結合量は大きく変化し，酵素活性に影響を及ぼす。従って，担体の粒子径，表面積，表面状態，親水性部位の量，化学組成などを十分に検討する必要がある。概して，担体の親水性部位を増やし，表面積を大きくしたとき，担体あたりの酵素の結合量は増大し，活性の高い固定化酵素が得られることが多い[2]。既往の研究（表1）では，物理的吸着法による場合も，吸着前に担体に何らかの化学修飾をしているケースがほとんどである。よって，①化学修飾せずとも物理的吸着のみで酵素が強く固定され，②表面積が大きくて酵素担持量が大きく，③再生が可能な担体素材の開発が望ましい。

微生物起源のセルラーゼは分子量3万～10万程度[6,7]であり，球状であるとすると，その直

表1　様々な担体へのセルラーゼの固定化

年	著者	出典	担体
1977	Karube ほか	*Biotechnol. Bioeng.*, **19**, 1183	コラーゲン原繊維
1979	Linko ほか	*Biotechnol. Lett.*, **1**, 489	フェノール樹脂，多孔性シリカビーズ
1981	Marzetti ほか	*Cellulose Chem. Technol.*, **15**, 3	セファロース
1981	Sundstrom ほか	*Biotechnol. Bioeng.*, **23**, 473	多孔性アルミナ，シリカ，チタニア
1983	Mishra ほか	*Enzym. Microbiol. Technol.*, **5**, 342	PVA（ポリビニルアルコール）
1984	Fadda ほか	*Appl. Microbiol. Biotechnol.*, **19**, 306	セファロース，ガラスビーズ
1984	柏木ほか	日本食品工業学会誌, **31**, 86	セファロース
1985	Wongkhalaung ほか	*Appl. Microbiol.*, **21**, 37	デキストラン
1986	Chim-anage ほか	*Biotechnol. Bioeng.*, **28**, 1876	スペーサー付セファロース
1987	Takeuchi ほか	*Biotechnol. Bioeng.*, **29**, 160	ポリL-グルタミン酸
1987	Jain ほか	*Biotechnol. Bioeng.*, **30**, 1057	ナイロンブロック
1988	Chakrabarti ほか	*Appl. Biochem. Biotechnol.*, **19**, 189	ポリウレタンフォーム
1988	志水ほか	バイオマス変換計画研究報告, **11**, 3	シリカガラス，アルミナ，チタニア
1989	Garcia III ほか	*Biotechnol. Bioeng.*, **33**, 321	Fe_3O_4 粒子
1989	Taniguchi ほか	*Biotechnol. Bioeng.*, **34**, 1092	Eudragit L-100（製剤用高分子）
1996	上牧ほか	化学工学論文集, **22**, 801	非多孔性アルミナ粒子
1997	Teratani ほか	木材学会誌, **43**, 956	イオン交換樹脂，キトサン粒子
1997	Ge ほか	*Biotechnol. Techniques.*, **11**, 359	ポリスチレンビーズ
1998	Busto ほか	*Acta Biotechnol.*, **18**, 189	アルギン酸カルシウムビーズ
1999	Yuan ほか	*J. Membrane Sci.*, **155**, 101	アクリルアミド・アクリロニトリル共重合膜
2000	Vaillant ほか	*Process Biochem.*, **35**, 989	キチン，ナイロン
2005	Wu ほか	*J. Membrane Sci.*, **250**, 167	PVAナノファイバー
2005	Sinegani ほか	*J. Colloid Interface Sci.*, **290**, 39	モンモリロナイトなど土サンプル
2006	Mao ほか	*J. Chem Technol. Biotechnol.*, **81**, 189	キトサン（微小球状，スポンジ状）
2006	Feng ほか	*J. Appl. Polym. Sci.*, **101**, 1334	Fe_3O_4 担持キトサン
2007	Li ほか	*Biores. Technol.*, **98**, 1366	リポソーム
2007	Dinçer ほか	*J. Mol. Cat. B: Enzym.*, **45**, 10	PVAコーティングキトサンビーズ
2008	Ho ほか	*Langmuir*, **24**, 11036	PMMA（ポリメタクリル酸メチル樹脂）
2009	Tébéka ほか	*Langmuir*, **25**, 1582	シリコンウェーハー

第4章　循環型リグニン素材「リグノフェノール」の機能開発

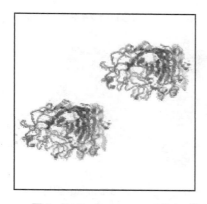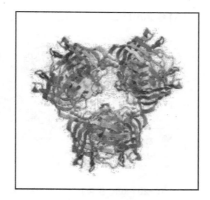

図1　*Trichoderma reesei* のβ-グルコシダーゼ（EC 3.2.1.91）[8]（左）と，
エンド型グルカナーゼ（EC 3.2.1.4）[10]（右）
PDBj[9] より引用

径は 6 nm，軸比 6 の楕円体であるとすると幅 3 nm × 20 nm 程度と推測されてきた[7]。その後，*Trichoderma reesei* のβ-グルコシダーゼの立体構造が X 線回折により明らかにされ[8]，現在公共タンパク質データベース[9] には，"Cellulase"で 159 件の精度の高い立体構造情報が登録されている（図1）。近年では微生物のゲノム解読が急速に進み，セルラーゼのアミノ酸配列や複雑な構成ユニットに関する情報も急増している。インフォマティクスによるタンパク質構造予測精度も向上しており，立体構造に関する情報はますます増加する。これからは，酵素の立体構造，分子サイズ，表面官能基に対応して設計できるような，テーラーメイド性も重要となる。

8.3　リグニンとセラーゼの親和性

リグニンとセルラーゼの親和性に関しては，固定化酵素以外のところで活発に議論されている。リグノセルロースの酵素糖化の際に，原料に含まれるリグニンが多いほど，セルロースの糖化が阻害される。セルロースへの酵素のアクセスが物理的にリグニンによって阻害されていること以外に，酵素がリグニンに吸着する[11, 12] ことにより，供給セルラーゼが有効に機能しないことが指摘されている。酵素糖化の際，セルラーゼのセルロースへのアクセシビリティを増すために蒸煮，爆砕などの前処理を行うが，手法の違いにより酵素糖化効率が異なる。脱リグニンの度合い，物理的構造の変化，セルロースの結晶領域の変化に依存することは間違いないが，各前処理を受けたリグニンが，セルラーゼに対してそれぞれ異なる吸着性をもつことも原因のひとつとして挙げられるようになった[13, 14]。界面活性剤[15] や BSA（牛血清アルブミン）[15, 16] を添加すると糖化効率が著しく向上するのは，これらが疎水性のリグニンを覆い，セルラーゼがリグニンに吸着することを防ぐためと説明されている。このようにリグニンは，セルラーゼやその他タンパク質と

151

木質系有機資源の新展開Ⅱ

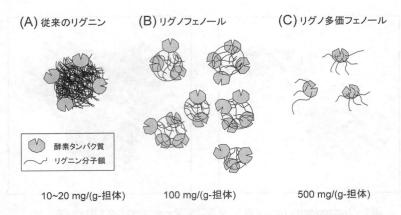

図2 （A）従来のリグニン，（B）リグノフェノール，（C）リグノ多価フェノール，を担体とするタンパク質吸着のイメージ

大きな親和性を有し，セルラーゼ固定化担体としての適性が非常に高いのである。

8.4 リグノフェノールの優れたタンパク質吸着能

リグノフェノールは，原料とするリグニンの種類（植物種），副原料のフェノール誘導体，精製溶媒の選択，各種の分子修飾反応，機能変換反応により，分子内の官能基，疎水・親水性，分子量，リニア性，凝集構造などの制御が可能である。これらの優れた特性は，クラフト蒸解の副産物であるクラフトリグニン，木材糖化のための酸加水分解で排出される加水分解リグニンなど，従来法により単離されるリグニンにはなく，リグノフェノールのみがテーラーメイド系バイオ担体としての可能性を有する。実際，モデルタンパク質としてBSAを用いて，リグノフェノールは100 mg/(g-担体) 程度，他のリグニンに比べて5～10倍の高いタンパク質吸着能を示す[17〜19]。水に不溶なリグニンは，タンパク質水溶液中において，その分子構造に基づいて単分子または複数分子で凝集体を形成し，その表面および内部にタンパク質が吸着されるはずである。よって凝集径や凝集密度に伴い，担体単位重量あたりのタンパク質吸着量は大きく変化すると考えられる。各種リグニンは樹種，単離手法により分子構造が異なり，単離時の乾燥方法によっても凝集構造が変化するため簡単な比較は難しい。しかし少なくとも，リグノフェノールは他のリグニンと比較して，副原料のフェノール誘導体が導入されている分フェノール性水酸基含有量は高く，水中での分散性に優れる（図2）。リニア型高分子ゆえ分子鎖のフレキシビリティが高く，タンパク質水溶液の浸透性がよいことに起因するとも推測される。副原料のフェノール誘導体として，多価フェノールのカテコールやピロガロールを用いると500 mg/(g-担体) 以上に達する[17〜19]。リグノカテコールやリグノピロガロールの一部は水溶性である。凝集したリグノフェ

第4章 循環型リグニン素材「リグノフェノール」の機能開発

ノールに吸着するというよりは，水に溶出したリグノフェノール分子が，フェノールやポリフェノールとタンパク質間の吸着で提案されているのと同様，タンパク質とミセル状に複合体[20, 21]を形成していると推測される（図2 (C)）。

8.5 リグノフェノールによるセルラーゼの固定化

8.5.1 リグノフェノールによるβ-グルコシダーゼの固定化

リグノフェノールへの酵素の固定化は，超音波照射などにより水中に分散させたリグノフェノールに対して，酵素溶液を加え，攪拌することにより簡便に完了する。β-グルコシダーゼの吸着量はBSAとほぼ同等であり，各種リグノフェノールに固定化されたβ-グルコシダーゼは，最高でフリーな酵素の93%の酵素活性を維持する[17]。つまり固定化後もβ-グルコシダーゼへのアクセシビリティは高く維持されている。活性はフリーな酵素とほぼ同様のpH依存性を示すが，いずれのpHでも酵素の脱離は認められなかった。pHに応じて立体構造は変化しながらも，溶脱はしない安定な固定化酵素を形成している。

8.5.2 リグノフェノールによるセルラーゼの固定化

β-グルコシダーゼだけではセルロースの加水分解はできない。エンド型，エキソ型グルカナーゼも必要であり，工業的には各酵素の配合比を最適化している。以下，セルロースからグルコースまで加水分解可能な市販セルラーゼ（*Trichoderma reesei* 由来，BSA基準タンパク質含有量約25%）の固定化[22]について紹介する。固定化方法はβ-グルコシダーゼと同様である。

図3にセルラーゼ吸着量と吸着時間の関係を示す。吸着開始10分から90分までほぼ同様の75 mg/(g-担体) 程度の吸着量を示したことから，吸着は迅速で10分以内に飽和に達する。リグノフェノールはセルラーゼに対して非常に高い親和性を有することを示している。過去の各種担体への固定化（表1）では，通常1時間〜1日の固定化時間を要するのに対し，非常に簡便である。

図4にセルラーゼ吸着量に対するpHの影響を示す。BSAの吸着と同様のpH依存性を示し，酵素の等電点付近で極大を示した。タンパク質が等電点付近において最も疎水性が向上する結果として，疎水性のリグノフェノールに吸着しやすくなる。液性が等電点を外れると，タンパク質は総体として正負いずれかに帯電し，より水和される。リグノフェノールはフェノール性水酸基を，タンパク質はカルボキシル基などの酸性官能基を有するため，アルカリ溶液中では，ともに水への分散性，溶解性が向上する。セルラーゼ—リグノフェノール複合体が形成されていても，遠心分離により回収不可能な分散状態，または，溶解状態にあることによると推測される（図5）。

図6に，セルラーゼ0.25，0.5，1 mgを吸着したと推定されるセルラーゼ—リグノフェノール複合体と，同量のフリーなセルラーゼを用いて，セルロースを加水分解した結果を示す。いずれ

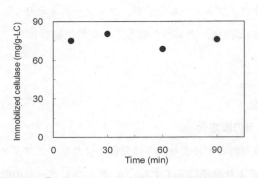

図3 リグノフェノールによる *Trichoderma reesei* 由来セルラーゼの吸着
担体：檜リグノ-p-クレゾール（Lignocresol），セルラーゼ濃度：4 mg/mL，溶液：pH5 酢酸緩衝液

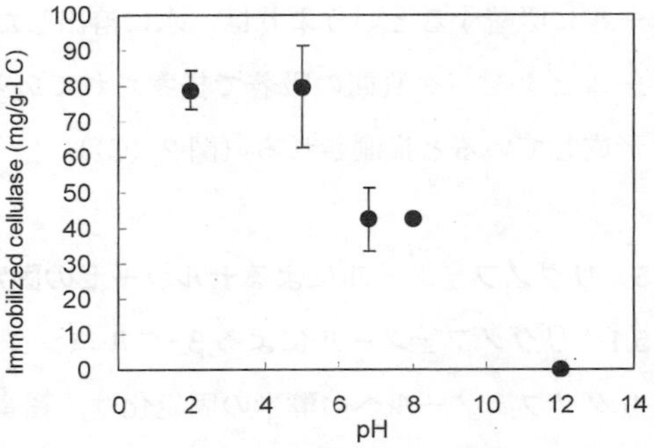

図4 リグノフェノールによる *Trichoderma reesei* 由来セルラーゼの吸着の pH 依存性
担体：檜リグノ-p-クレゾール（Lignocresol），セルラーゼ濃度：4 mg/mL，吸着時間：10 分

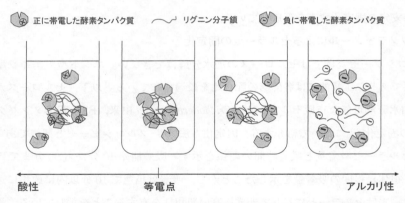

図5 リグノフェノールによるタンパク質吸着における pH 依存性

のセルラーゼ量においても，複合体では生成グルコース量が約半分となったが，固体基質であるセルロースの加水分解は可能であった。活性の低下は，酵素固定化によりセルロースとの接触が固一固となったこと，酵素活性部位がリグノフェノールにより覆われていることなどに起因すると考えられる。しかし約 50％の活性を維持したことはむしろ興味深くフリーなセルラーゼと同様の成分が非特異的に固定されたことが示唆される。

フリーな酵素は pH 変動や温度により失活する。セルラーゼを pH12 の溶液に 1 日さらしたところ 15％程度にまで失活した。これに対し，セルラーゼ―リグノフェノール複合体は，pH12 に 1 日さらしても同じ活性を維持した。つまり，酵素として致命的な構造変化は抑制されている。溶脱しにくいという事実とあわせて，セルラーゼはリグノフェノール分子鎖凝集体の内部に，あ

第4章　循環型リグニン素材「リグノフェノール」の機能開発

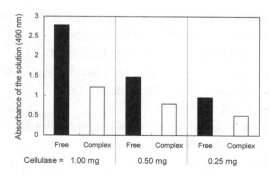

図6　フリーなセルラーゼ（Free）とリグノフェノールを担体とする固定化セルラーゼ（Complex）の酵素活性の比較
セルロースの加水分解により生じるグルコースをフェノール・硫酸法により吸光度分析した結果で表示
担体：檜リグノ-p-クレゾール，基質：α-セルロース 0.1 g，
反応条件：37 ℃，1 時間，pH5 酢酸緩衝液中

る程度包括されて固定化酵素を形成していると考えている。

8.6　おわりに

　リグニンは生態系に存在する天然高分子で，生分解性があり，生体適合性にも優れるため，セルラーゼ固定化に限らず，様々な化合物の吸着担体として期待される。リグノフェノールを担体とする固定化酵素は，酵素活性低下後，有機溶媒により担体を回収可能である。酵素活性を維持しながらリグノフェノールから脱離することができれば，酵素の回収，再利用も可能となる。

　リグノフェノールは，植物中のリグニンのベンジルアリールエーテル結合のみを開裂し，ベンジル位にフェノール誘導体を導入したリグニンであるから，植物中のリグニンの分子構造の大部分を維持したリグニンモデル化合物としてとらえることも可能である。リグノフェノール—セルラーゼ複合体に関して知見を蓄積することにより，リグニンによる酵素糖化阻害メカニズムが明らかになり，それを緩和するための技術開発につながることも期待される。

文　献

1) 舩岡正光監修，木質系有機資源の新展開，シーエムシー出版（2005）
2) 田中渥夫ほか，生物化学実験法 28 バイオリアクター実験入門，学会出版センター（1992）

3) 原口隆英ほか編, 木質新素材ハンドブック, p.283, 技報堂出版 (1996)
4) 志水一允, バイオマス変換計画研究報告, **11**, 3 (1988)
5) 猪飼篤ほか編, タンパク質の事典, p.603, 朝倉書店 (2008)
6) L. T. Fan *et al.*, "Cellulose Hydrolysis", p.51, Springer-Verlag (1987)
7) E. B. Cpiwling *et al., Biotechnol. Bioeng. Symp.*, **5**, 95 (1975)
8) C. Divne *et al., Science*, **265**, 524 (1994)
9) PDBj: Protein Data Bank Japan (http://www.pdbj.org/index.html)
10) M. Sandgren *et al., J. Mol. Biol.*, **308**, 295 (2001)
11) R. Sutcliffe *et al., Biotechnol. Bioeng. Symp.*, **17**, 749 (1986)
12) A. Berlin *et al., Appl. Biochem. Biotechnol.*, **121-124**, 163 (2005)
13) M. Zahedifar *et al., Anim. Feed. Sci. Tech.*, **95**, 83 (2002)
14) H. Palonen *et al., J. Biotechnol.*, **107**, 65 (2004)
15) Y. Zheng *et al., Appl. Biochem. Biotechnol.*, **146**, 231 (2008)
16) B. Yang *et al., Biotechnol. Bioeng.*, **94**, 611 (2006)
17) 舩岡正光, 熱硬化性樹脂, **16**, 151 (1995)
18) M. Funaoka *et al., Trans. Material Res. Soc. J.*, **20**, 163 (1996)
19) M. Funaoka, *Polymer International*, **47**, 277 (1998)
20) J. P. McManus *et al., J. Chem. Soc. Chem. Comm.*, 309 (1981)
21) Y. Chen *et al., J. Agric. Food Chem.*, **52**, 4008 (2004)
22) 野中寛, 舩岡正光, 第18回日本エネルギー学会, 札幌 (2009)

9 リグニン系機能性炭素膜の創製

喜多英敏[*1]，古賀智子[*2]，舩岡正光[*3]

9.1 はじめに

2ナノメートル以下の細孔（ミクロ孔）においてはミクロ孔充填や分子ふるいにより高い分離選択性が発現する。このようなナノ空間材料としてはこれまでに，結晶性のゼオライト[1]やゾルゲル法で合成する多孔質シリカ・アルミナ[2]のほか，一連のカーボン材料[3]などが知られている。我々はフェノール系リグニン素材の高密度炭素構造を応用した高分離機能膜プロセスを実現するために，リグニン誘導体を前駆体高分子とし，急速昇温が可能な高周波誘導加熱装置を用いて高速焼成を行い，炭素膜を作製してきた。作製した膜は分子ふるい性を示し，優れた分離性を示すことが明らかになった。

膜分離は省エネルギー，低環境負荷の分離プロセスとして注目されているが，これまで主に用いられてきた高分子膜の透過は溶解拡散過程に従い，透過に寄与する高分子膜中の自由体積に分布があり，透過係数の大きい膜は分離性が小さいトレードオフの関係があるため，より高選択高透過性の膜素材が要求されている[4]。さらに液体混合物の分離においては，高分子材料は膨潤が起こりやすく選択性が低下し，耐久性にも問題があるため実用化が困難な場合が多い。サブナノサイズの細孔を有する無機材料は，我々の報告した親水性のA型やT型ゼオライト膜[1]が表1に示すように優れた分離選択性を活かして共沸蒸留に代わる省エネルギーな無水エタノールの生

表1 水／エタノールの浸透気化分離における代表的な高分子膜とゼオライト膜の水選択透過性能

膜	供給液濃度（水[wt%]）	温度[℃]	透過流束[kg/(m²h)]	分離係数
マレイン酸架橋ポリビニルアルコール複合膜（GFT）	5	80	0.24	9500
ポリアクリル酸ポリイオンコンプレックス	5	60	1.63	3500
イオン化キトサン（SO_4^{2-}）	10	60	0.1	6000
ポリイミド（PMDA-ODA）	10	75	0.012	850
アクリルアミド／シリカ	10	50	0.3	3200
A型ゼオライト	10	75	2.2	10000
T型ゼオライト	10	75	1.25	2200

*1 Hidetoshi Kita　山口大学　大学院理工学研究科　環境共生系専攻　教授
*2 Tomoko Koga　山口大学　大学院理工学研究科　環境共生系専攻
*3 Masamitsu Funaoka　三重大学　大学院生物資源学研究科　教授

産プロセスや各種溶剤の脱水膜として実用化しているほか，今後，高分子の適用できない系でも実用化の進展が期待できる。本節では，前著[5]に紹介した気体分離性能に続いて，共沸混合物を形成し蒸留法による分離には大量のエネルギーを必要とする水／アルコール混合物の分離膜への実用化を目的に，前駆体にリグノクレゾール（LC）[6]を用いて作製した炭素膜の浸透気化分離性能について紹介する。

9.2 リグノクレゾールを前駆体とする炭素膜の製膜

炭素膜の製膜はテトラヒドロフランを溶媒としたLC溶液（濃度30～35 wt%）を引き上げ法により多孔質アルミナ支持体（細孔径約 $0.1\,\mu m$）にコートした後，乾燥後焼成して炭素膜を得た。焼成法としては高周波誘導加熱装置を用いて，窒素中あるいは真空中で昇温速度200～500℃／分，焼成温度400～800℃，保持時間10分で焼成した。2回目以降の製膜も引き上げ，コート・乾燥・焼成を行い炭素膜を作製した。

不活性雰囲気でLCを室温から800℃まで加熱した場合，100℃から300℃まではゆっくりと重量減少が起こり，300～450℃の間で急激な重量減少が起こり，450～800℃では再びゆっくりとした重量減少となる。800℃での重量減少は約65%であった。加熱時の熱分解生成物を質量分析により同定した結果は，150℃付近では H_2O，COのイオンピークが検出され，この温度域では脱水と，サンプル抽出時使用したジエチルエーテル残渣の脱離が，220℃付近では H_2O，SO_2，p-cresol，guaiacolのピークが主に検出され，ここではサンプルに残存していた抽出溶媒（H_2SO_4，p-cresol）の脱離と，分子量数百程度のLCの分解が起こったと考えられる。急激な重量減少が見られた400℃付近では H_2O，CO，CO_2 のほか，p-cresol，xylenol，guaiacol，methyl guaiacol，ethyl guaiacolなどの芳香族化合物イオンが検出された。400℃付近では分子量数千～数万のLCが分解している。450～600℃にかけて分解は徐々におさまり，600℃になると芳香族化合物の発生は見られず，H_2O，CO，CH_4 の発生が検出された。そして700℃以上では H_2O，COの発生のみが検出された[7]。熱分解とともにLC膜は多孔質化し同時に縮合反応で収縮緻密化する。

多孔質アルミナ支持体上に作製したLC未焼成膜の表面と断面のSEM写真および高周波誘導加熱により800℃，10分焼成した炭素膜の表面と断面のSEM写真を図1に示す。未焼成膜は膜表面に大きなひび割れが観察されたが，焼成後は焼成前に見られた大きな亀裂は見られず，支持体上に膜厚 $0.5～1\,\mu m$ の薄膜が製膜できた。焼成時に膜が軟化溶融してひび割れが修復されたことがわかる。

第4章　循環型リグニン素材「リグノフェノール」の機能開発

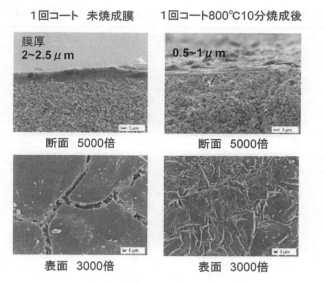

図1　LC未焼成膜と焼成膜のSEM写真

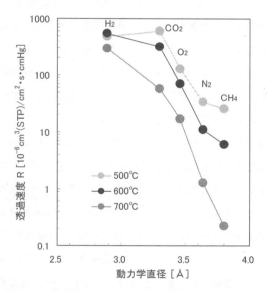

図2　LC炭素膜の純ガス気体透過物性（35℃，1atm）

9.3　リグノクレゾールを前駆体とする炭素膜の分離性

　多孔質アルミナ支持体上に製膜し，窒素中で500，600，700℃でそれぞれ10分焼成したLC炭素膜の純ガスの気体透過測定結果を図2に示す。500℃焼成膜はH_2，O_2，N_2，CH_4では気体分子径の増加に伴い気体透過速度が減少する分子ふるい挙動を示したが，CO_2の透過速度はH_2に比

表2 LC炭素膜における水／アルコール系（10/90 wt%）の浸透気化分離性能（75℃）

焼成温度[℃]	コート回数	分離系	透過液組成(水[wt%])	透過流束[kg/(m²h)]	分離係数
500	2	EtOH	57.0	0.88	12
600	2	EtOH	99.5	0.47	1800
600	1	EtOH	83.9	2.48	56
700	2	MeOH	86.6	0.24	58
700	2	EtOH	99.5	0.41	2000
700	2	IPA	99.8	0.47	4400
700	1	EtOH	98.7	1.21	700
700	1	IPA	99.6	1.41	2350
800	1	EtOH	83.2	0.07	46

べて速くなった。凝縮性ガスである CO_2 では表面拡散や毛管凝縮による透過も起こり，透過速度が増加したと考えられる。より高温の600, 700℃で焼成した膜は顕著な分子ふるい挙動を示し，分子径の大きい気体の透過速度が大きく減少し，分離係数が大きくなった。これらの膜の液体窒素温度での窒素の吸着等温線は全てのサンプルでⅠ型の等温線を示し，ミクロ孔が存在した。細孔径分布を二酸化炭素の273Kでの吸着等温線の結果をもとに，非局所的密度汎関数法（NLDFT法）により評価した結果，いずれの炭素膜も4～7Åに細孔径分布のピークが存在し，高温焼成膜ほど，約5Åの細孔径がシャープに分布していた[8]。

表2に水／アルコール（10/90 wt%）系，測定温度75℃でのLC炭素膜の浸透気化分離性能を示す。炭素膜は水選択透過性を示し，分離係数はミクロ細孔がシャープに発達している高温焼成膜の方が高い値であった。XPS測定から求めたLC炭素膜の表面の官能基は400℃焼成膜については未焼成膜とほとんど変わらない結果を示したが，500～800℃焼成膜ではC-C(C-H)結合は約65％であり，そのほかC-O，C＝O，COOH結合などの親水性官能基が多く存在することがわかった。C_{1s} と O_{1s} のピーク面積比から，未焼成膜と比較して焼成膜の方が C_{1s} の比が大きく炭化が進行していることが確認されたが，グラファイトに比べ，焼成膜の酸素含有量が非常に多いこともわかった[9]。

図3にLC炭素膜の水，エタノール，イソプロピルアルコールの吸着等温線を示す[9]。吸着量は水が最も多く，続いてエタノール，イソプロピルアルコールであった。水の吸着等温線は相対圧0.5付近で吸着量が急激に増加した。炭素材料は電気的に中性であるため，水のような極性の強い分子とは相互作用しにくく，相対圧の低いところでは吸着量が少ないが，相対圧が高くなると親水性官能基を核として吸着が起こり，水のクラスターができる[10]ために急激に吸着量が増

第4章 循環型リグニン素材「リグノフェノール」の機能開発

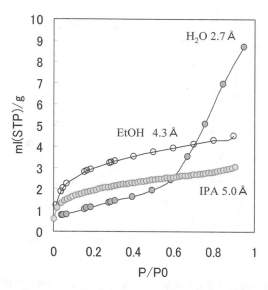

図3 700℃10分焼成LC膜の液相吸着等温線

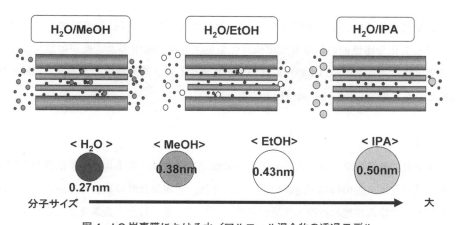

図4 LC炭素膜における水／アルコール混合物の透過モデル

加する。この結果，水／アルコールの浸透気化分離で膜は親水性で優れた水選択透過性を示した。

表2には分子径の異なる3つのアルコール系（分子径：水2.7 Å，メタノール3.8 Å，エタノール4.3 Å，イソプロピルアルコール5.0 Å）での分離実験結果を併せて示す。分子径の大きなアルコールほど高い分離係数を示し，透過流束は分子径の大きなアルコールほど大きな値を示した。分子径が小さいメタノール分子は炭素膜の細孔に侵入し水の透過を阻害するが，分子径の大きいイソプロピルアルコールは細孔内には入りにくいので水の透過を阻害しないので流束が大きくなり，分離係数も上がったと考えられる。透過機構の模式図を図4に示した。

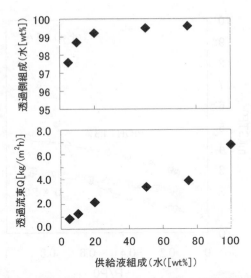

図5　700℃焼成LC膜の水／エタノール系における浸透気化分離性能の供給液組成依存性（75℃）

図5には焼成温度700℃，保持時間10分で作製した1回コートLC炭素膜の水／エタノール混合液の浸透気化分離性能の供給液組成依存性を示す。供給液中の水濃度が増加するにつれてH_2Oの透過流束は増加し，EtOHの流束はわずかに減少した。透過液中の水濃度も供給液中の水濃度増加とともに増加しほぼ98 wt%以上であった。

9.4　おわりに

化学工業などで製造プラントの大半を占める分離プロセスは，エネルギー多消費の蒸留法が中心で，地球温暖化ガス排出抑制の達成のために，今後，各産業分野においては抜本的な省エネルギー技術および環境調和型の技術の開発が必要とされている。電力・鉄鋼などに次ぐエネルギー多消費産業である化学産業において省エネルギー，省資源，環境負荷低減を目指した化学プロセス技術の開発には，製造プラントの大半を占める反応・分離の両工程の見直しが必要不可欠とされており，ブレークスルーをもたらす革新的な反応分離技術の開発が強く要望されている。分子ふるい膜は，ナノサイズのチャンネル空間における分子サイズと形状の認識による選択透過機能とナノ反応場での触媒機能を有する，21世紀のグリーンケミストリー・サステイナブルプロセスを担う新しい高度分離システムにおける先導的候補として注目される。

ナノ細孔を利用した無機ミクロ多孔体膜として世界で初めて実用化されたA型ゼオライト膜は，水／有機液体混合物の浸透気化分離および蒸気透過分離において，高い水選択性と高い水透過性を併せ持つ優れた膜であるが，欠点は多結晶体で結晶粒界がピンホールになりやすいことと

第 4 章　循環型リグニン素材「リグノフェノール」の機能開発

耐酸性が低い点である。一方，リグニン誘導体を前駆体とした炭素膜は，優れた耐酸性を有し，これまで検討されてきたポリイミドなどの合成高分子と違い，焼成時に軟化溶融して欠陥が自己修復できる優れた製膜性を活かして 1 回のコート製膜でピンホールフリーの膜の作製が可能であり，さらに炭化・多孔質化する際の分解ガスが多いため膜の多孔質化が進み，結果として高い透過性の膜が得られるなど，これまでの合成高分子膜にない特徴を有することから，ゼオライト膜に代わる新しいナノスペース膜として期待される。

文　　献

1) H. Kita, in "Materials Science of Membranes", Edited by Y. Yampolskii, I. Pinnau and B. D. Freeman, Wiley, p373-389 (2006)
2) 喜多英敏，「ケイ素化合物の選定と最適利用技術 下巻」，p181-188，技術情報協会 (2006)
3) H. Kita, in "Materials Science of Membranes", Edited by Y. Yampolskii, I. Pinnau and B. D. Freeman, Wiley, p335-354 (2006)
4) R. W. Baker, "Membrane Technology and Application, 2nd Ed." Wiley, p301-392 (2004)
5) 喜多英敏，舩岡正光，第 4 章 5，5.1，機能性分離膜の創製，「木質系有機資源の新展開」，監修 舩岡正光，シーエムシー出版 (2005)
6) M. Funaoka and S. Fukatsu, *Holzforschung,* **50**, 245 (1996)
7) T. Koga, H. Kita, K. Tanaka and M. Funaoka, *Trans. Mater. Res. Soc. Jpn.*, **31**, 287 (2006)
8) 古賀智子，喜多英敏，化学工学，**71**, 825 (2007)
9) T. Koga, H. Kita, T. Suzuki, K. Uemura, K. Tanaka I. Kawafune and M. Funaoka, *Trans. Mater. Res. Soc. Jpn.,* **33**, 825 (2008)
10) 飯山拓，化学と工業，**53**, 121 (2000)

10 循環型リグノセルロース系複合材料

舩岡正光[*1], 青栁 充[*2]

10.1 はじめに

リグノフェノールを用いたリグノセルロース系循環材として，古紙パルプを構造体として用いたリグノフェノール—パルプ複合体が挙げられる。古紙パルプは再利用の過程でフィブリル化が進行し水素結合などの分子間相互作用が増加し安定したシート状になりにくく，「紙」としては再利用しにくい状態になっている。しかし一方で，豊富な水素結合を三次元的に用いることによって強固な構造体（パルプモールド）を形成することができる。さらに，熱圧成型のような外部からのストレスをかけずに常温・常圧で自然の凝集力に従って成型することで水素結合が十分に発現した最も安定な立体を得ることができる。この立体はセルロースで構成されているため天然リグニン誘導体のリグノフェノールは高い親和性を示す。リグノフェノール溶液にパルプモールドをディップして溶媒を留去することで均一にリグノフェノールにコーティングされた複合体が得られ，リグノフェノールが有する特性を反映させることができる。例えば疎水性のリグノフェノールであればその疎水性が発現し耐水性が向上し，コーティングによる寸法安定性が得られる。この複合は相互作用によるものであり，溶媒を用いて自在に解体・分離ができる。この分離によってリグノフェノールとセルロース資源を回収できることから形状を変えての再利用のみならず，回収してから加水分解するカスケード利用も可能である。ここでは主にパルプモールド側の構成や物性を利用した循環型リグノセルロース系複合材料の特性の制御について述べる。

10.2 パルプ成型体調製のこれまでの取り組み

以上に述べたような常温・常圧で得られるパルプモールドは紙の調製の原理を応用して調製され，その物性はパルプの解繊度や叩解度に強く影響される。詳細は既報[1]に詳述があるが，ここでは特徴的な情報を列挙した。古紙パルプモールドは，未叩解であるバージンパルプを用いたモールドより高強度を発現した[2]。濾水率（フリーネス，F）が低下するほどモールドは剛直となった。またリグニンが残留しているグラウンド・パルプ（GP）はクラフト法で製紙されたクラフト・パルプより性能が低かった。これは残留リグニンによって特に分子間水素結合が低減するためであると考えられる。また，木材パルプではなく非木材性資源であり，紙幣などに用いられるマニラ麻繊維を用いてモールドを調製すると軽量かつ強靭な試料が得られた[3]。

さらに一つの技術革新として減圧脱水ができる形状制御装置（山本鉄工㈱）を用いて，圧力を

[*1] Masamitsu Funaoka 三重大学 大学院生物資源学研究科 教授
[*2] Mitsuru Aoyagi 三重大学 大学院生物資源学研究科 特任准教授

第4章　循環型リグニン素材「リグノフェノール」の機能開発

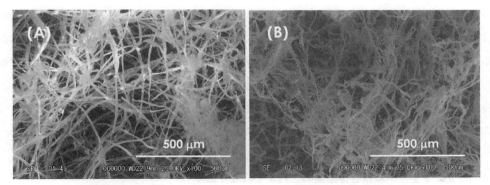

図1　解繊・外部，内部フィブリル化した古紙70％含有パルプの走査型電子顕微鏡（SEM）写真（×100）
（A）F400，（B）F100

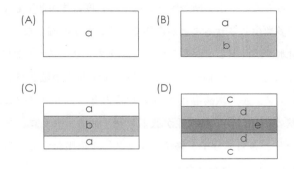

図2　パルプモールドの構造
（A）単層モールドまたはブレンドモールド，（B）二層，（C）三層，（D）緩衝層を含む五層モールド。積層モールドの表記は「二層F100/400」のように（1）積層数＋（2）フリーネス順a/b, a/b/aまたはc/d/e/d/cで表記した。ブレンドモールドもF100/400という表記とした。

かけずに水を含んだモールドの乾燥に伴う収縮に連動し追従してプレスするとF400〜100のパルプから種々の，均一で緻密なファイバーボードを得ることができるようになった[4]。

10.3　積層パルプモールド調製の試み

このように，これまでは単一フリーネスのパルプを用いた均一のモールドの調製が試みられてきた。それに対し，複数の異なるフリーネスを有する繊維を用いた系では実績がなく，積層あるいはブレンドさせてモールドを調製し，その物性の評価が行われた[5]。図1に実際に使用したF400ならびに100の繊維の電子顕微鏡写真を示した。BET表面積は1.5倍程度となり，繊維間距離が小さく凝集している様子が伺える。この繊維の懸濁液を図2に示したような組み合わせで

モールドを調製した。例えば三層の場合（C）のa層にはそれぞれ50gのパルプを，またb層には100gを用いて調製した[6]。そうすることで「表面がかたく内側が柔軟」などの特性を付与することを試みた。特に層間剥離を抑制するためにブレンドモールドを各層の間に導入し緩衝層とした5層成型体（D）などではフリーネスの違いや組み合わせのみによる制御の可能性について検討を加えた例である。これらの積層モールドをそのまま比較すると同時にリグノフェノールとの複合体を調製し，それらの特性も同時に比較した。

10.4 リグノフェノール複合体調製のこれまでの取り組み

パルプ成型体とリグノフェノールを複合化させる手法は1995年には完成しており，技術の詳細に関してはこちらも既報を参照されたい[1]。概略のみを示すと，溶媒による再抽出が可能であり，170℃の圧縮した場合にも変性が見られなかった[7]。繊維にリグノフェノールを添着させて成型すると均一にはなるものの，水素結合頻度が低下し強度自体が低下したことからもパルプ間の水素結合を高頻度で多数生じさせることが重要であることが明確となった[8]。リグノフェノール比率が増加すると耐水性が向上しながら，オオウズラタケやカワラタケによる白色腐朽菌による腐朽試験の結果，それぞれ20〜40%，60〜75%の重量減少が確認され，高い生分解性が確認された[9]。リグノフェノール二次誘導体[10]を用いると強度はリグノフェノールと同等であるがフェノール性水酸基の増加に伴い耐水性が低下し[11]，他方，セルロース・アセテートと混合すると物性が向上した[12]。さらに分子を修飾しフェノール樹脂化すると耐水・耐薬品性の大幅な上昇と約1.5倍の強度の向上が見られた[4]。

このように，添着するリグノフェノールの構造を制御することによって，可逆的な分離性を維持したままでリグノフェノール複合体の物性を制御できることが明らかにされてきた。

10.5 パルプモールドと複合体の特性

図3に示すように[6]，曲げ強さ（MOR）ではF100の単層モールドならびに複合体が最も高い値を示した。それに匹敵したのは三層F100/400/100であった。曲げ弾性率（MOE）ではモールドのみでは三層F100/400/100が最も高かったが，複合体では単層F100も同様に高い値を示した。MOEは材料の柔軟性を示すがブレンドF100/400も単層F400より高い値を示した。他方三層でありながらF400/100/400では強度が小さくなった（図3）。この相違は表面にあるパルプの特性が外部からのストレスに対する対応の差から生じることを示唆している。すなわち，表層がF100の場合には，曲げ応力がかかった場合に最大の引っ張り，圧縮応力を受けるのがこの剛直なF100層であるためモールド全体として強度を維持できると考えられる。またブレンドモールドでは，木材細胞壁中の原型に近いセルロース高次構造を有するが，その繊維間に高次構造が

第4章　循環型リグニン素材「リグノフェノール」の機能開発

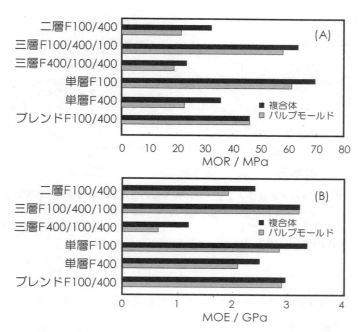

図3　パルプモールドと複合体の（A）曲げ強さ（MOR）と，（B）曲げ弾性率（MOE）
リグノフェノールは Birch-lignophenol（p-cresol type）を使用。日本 MRS の許可を得て転載[6]。

開放された緻密な F100 が入り込んで充填し均一な水素結合が形成されて高い強度を発現したと考えられる。

　三層 F100/400/100 は最も強い積層モールドであったがその破壊パターンは中心層付近でのせん断破壊型を示していた。そのため中心の F400 層に 30%の F100 層をブレンドして配合した結果，破壊パターンが引張り型に変化したことから中心層の補強ができた。しかし，MOR，MOE の向上は生じなかった。この原因は層間界面での内部応力の上昇による層間剥離であった。このようにパルプ組成を変えることで得られる成型体の特性の制御が可能であることが明らかになった。層間剥離を抑制するためにブレンドパルプを緩衝層として層間に挿入したモールドでは三層 F100/緩衝/400，五層 F100/緩衝/400/緩衝/100 では単層 F100 と同等の MOR（約 60 MPa）と同時に F100 を大幅に上回る MOE（約 4.0 GPa）を示した[6]。このように特に積層時の界面における応力集中を緩和することで高物性を導出できる。

　またリグノフェノール複合体は総じて MOR，MOE ともにモールドよりも向上し，さらにリグノフェノール・フェノール樹脂コーティングを行うと非常に高い耐水性を示した。このように，これまで蓄積された複合化や調製手法に関するノウハウを適用可能であり，そこに積層した際の制御の結果も単純に反映されることが示された。同様に吸水による耐水性ならびに寸法安定性の

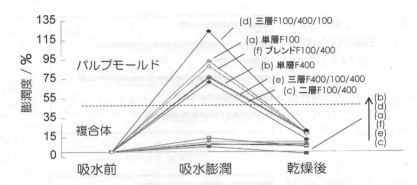

図4 パルプモールドとリグノフェノール複合体の吸水率と乾燥後の寸法安定性比較
リグノフェノールは Birch-lignophenol（p-cresol type）を使用。
(a) 単層 F100, (b) 単層 F400, (c) 二層 F100/400, (d) 三層 F100/400/100,
(e) 三層 F400/100/400, (f) ブレンド F100/400。

評価では総じて高い安定性を示した（図4）。特に緩衝層を挿入したモールドでは層間剥離が抑制されるなど，構造維持の特性が向上した[13]。

10.6 おわりに

　セルロース高次構造が大きく異なった2種類以上のパルプ繊維を均一に混合するだけで容易に強固な成型体を形成可能であり，また，それらの繊維層を交絡させて傾斜構造を形成させることにより物性の制御が可能であることが明らかになった。ブレンド層を緩衝層として挿入すると層間剥離を抑制でき，強度を大幅に向上させることができた。その組み合わせにより高強度，高靭性，軽量性などの特徴を付与できた。さらに複合化調製により耐水性，寸法安定性，高強度が付与された。これらのリグノフェノール添着効果は補助的要素が大きく，成型体の構造体としての特性の多くはモールドの特性が重要であった。このように目的，用途，パルプの種類に応じて調製法を選択し特性が制御可能であると言える。

文　　献

1) Y. Nagamatsu,『木質系有機資源の新展開』，シーエムシー出版（2005）
2) T. Shi, 三重大学大学院修士論文（2001）
3) Y. Yamamoto, 三重大学卒業論文（2001）

第 4 章　循環型リグニン素材「リグノフェノール」の機能開発

4) T. Ichikawa, 三重大学卒業論文（2004）
5) T. Naito, 三重大学大学院修士論文（2007）
6) M. Aoyagi *et al., Trans. Mater. Res. Soc. J.,* **32**, 1123（2007）
7) M. Matsubara, 三重大学大学院修士論文（1995）
8) K. Kinoshita, 三重大学卒業論文（1996）
9) M. Maeda, 三重大学大学院修士論文（1997）
10) M. Funaoka, *Polym. Int.,* **47**, 277（1998）
11) Y. Tanigawa, 三重大学卒業論文（1997）
12) Y. Ebata, 三重大学大学院修士論文（2000）
13) 内藤堯ほか，平成 19 年度繊維学会年次大会予稿集（2007）

11 車体への応用

平田慎治*

11.1 はじめに

　植物材料で車を作ろうという発想は，石油材料いわゆるプラスチックで部品を製造するときの加工時に発生する二酸化炭素による地球環境特に温暖化問題や，同様に廃却時に焼却処理されて大気中に放出される二酸化炭素の増加による温暖化問題（図1）の対策として考えられてきた。さらに，中国・インドなどのいわゆる経済発展途上国が今後本格的な経済発展とともに，先進諸国のようなモータリゼーションを迎えることは必須である。その時には，自動車の燃料問題は深刻になってくる。石油のピークアウトが15年と言われるように，エネルギーセキュリティーの観点からも石油以外の燃料による自動車の開発が急がれる。

　20世紀流の石油依存・資源消費型の生産活動や経済活動をこのまま続けることは単に石油などの資源枯渇問題だけに留まらず地球規模での環境問題，特に温暖化の面からも限界が見えてくる。そこで持続的に発展可能な社会実現のためには，鉄や石油などの地下埋蔵資源でなく，持続的に再生可能な資源の有効活用がキーテクノロジーになる。植物材料は，太陽からの光エネルギーを使って水と炭酸ガスから，食料になる糖やセルロースやリグニンなどの有用資源を生み出す。まさに，これからの循環型社会を実現し発展させるためには，現在話題になっているエネルギー源・燃料源としてのバイオマスの利用もさることながら，工業原料としての活用も望まれる。

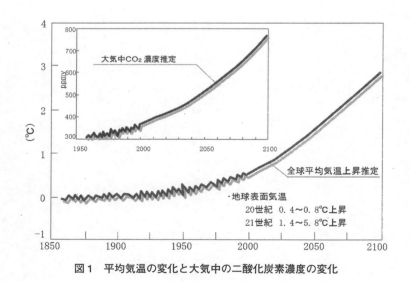

図1　平均気温の変化と大気中の二酸化炭素濃度の変化

---

*　Shinji Hirata　トヨタ車体㈱　新規事業部　部長

第4章　循環型リグニン素材「リグノフェノール」の機能開発

図2　植物材料開発の目的

11.2　自動車産業としての環境問題

　この地球温暖化の原因になると言われている温暖化ガスすなわち二酸化炭素の日本における産業別排出寄与率を見ると運輸部門は23%であり，この中で自動車の占める割合は約90%，すなわち自動車の二酸化炭素の排出寄与率は20%にも及ぶ。このような，現状の中で自動車産業は以前から環境問題に積極的に取り組んできた。従来の大気，水質，土壌などの局地的な環境汚染の問題だけでなく，酸性雨などの広域的な問題から，最近では温暖化，オゾン層破壊，資源枯渇などの地球的規模の問題が議論され，これらの解決のために，自動車に関する生産から使用・廃棄にいたるライフサイクルの中で環境負荷を低減する方法を色々実践している（図2）。自動車メーカーが近年電気自動車や燃料電池車やハイブリットやバイオエネルギーの開発に積極的なのもこのような視点から21世紀の地球規模の環境問題を総合的に考えているからである。ガソリン車の二酸化炭素の排出量を100とすると，ハイブリットなどは60～70程度になる。排出ガスが水だけの水素を燃料とする燃料電池車は40ぐらいになる。さらに電気自動車の場合，排出ガスは0なのでその面では究極のゼロエミッションであるが，その一面，発電方法によってはそこ

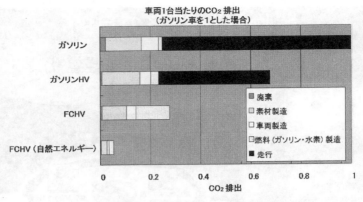

図3 車両一台あたりの CO_2 排出量比較

で排出される二酸化炭素の量は相当な量になる。また，現時点では，車載する電池の数に限界があり，蓄電量の制約から一回の充電での航続距離は短くなり実用上は現状の自動車と比較検討するのが難しい。また，その燃料電池車も水素製造にかかるエネルギーは石油からガソリンを製造するエネルギーと比較すると二倍と多い。これは水素製造に現状では火力発電の電気を使うからでこのエネルギーを太陽光発電や水力・風力などの自然エネルギーに転換すれば，本当の意味で温暖化防止に役立つ技術になる（図3）。

持続的に発展が可能な循環型社会実現のためには，排気ガスに代表される使用時の環境問題に加えて，自動車の生産時，廃却時の環境問題も重要でLCA的に見て素材製造・自動車製造における「環境に優しい製品の実現」が現在自動車メーカーに課せられた最大の課題である。従来の石油を中心にした消費型社会から，循環型社会への産業構造・経済構造の変換がキーポイントになる。石油資源を使用することによる資源枯渇問題，その製品を廃却する時に生じる廃棄場問題や土壌汚染などの環境汚染問題また焼却する時に発生する二酸化炭素による地球温暖化問題などが，資源を植物に置き換えることによって解決できる。植物資源でできた製品は廃却すれば最終的には土の中で水と二酸化炭素に分解される。また熱エネルギーとして回収するために焼却処理しても，発生する二酸化炭素はもともとその製品を構成する植物が成長する時に光合成で大気中から吸収固定した二酸化炭素である。この概念をカーボンニュートラルと呼び，最近循環型社会構築のためのキーワードになっている。石油資源も，もともとは植物なり動物が太陽エネルギーを介して2億～3億年かけて石油に変換したものを我々が利用しているので，太陽エネルギーを資源として利用するという意味では石油資源も植物資源と同じである。大きく違うのは植物資源は一年草であれば去年の太陽エネルギーを変換したものであり，森林であれば10年前の太陽エネルギーであるのに対して，石油資源は2億～3億年前の太陽エネルギー由来であるということ

第4章 循環型リグニン素材「リグノフェノール」の機能開発

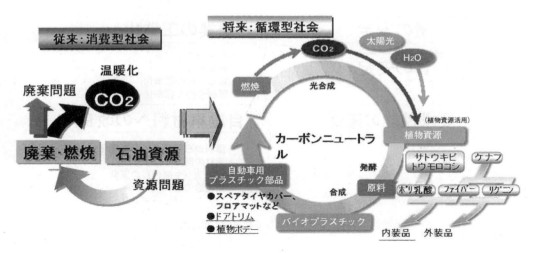

図4　カーボンニュートラル

である。持続的発展可能な循環型社会構築に向けて，太陽エネルギーを我々にとって有用な資源として固定する能力の早い植物，特に一年草の工業資源としての活用に注目して開発を実施してきた（図4）。

11.3　農業と工業の融合

　植物材料の場合，播種から収穫まではいわゆる農業の世界である。植物材料を工業製品の素材として活用しようとした場合重要になるのが素材品質の均一化と供給量の安定化と平準化である。工業製品を加工しようとした場合，昨日と違う品質のものが納入されて加工機械の条件をその都度変更するわけにもいかないし，納入量が不安定で加工機械の稼働率を常に変更するようでは，生産計画も立てられない。綿や麻など衣料素材として天然素材が今でも使われているが，紡績メーカーに聞くと石油由来の合成繊維は，品質も均一であるから糸に加工する紡績機の歩留まりも90％以上で運転できる。片や天然繊維の場合は長さも太さも素材の組成も微妙に違うので，同様の機械で歩留まりは60％程度に落ちるそうである。我々工業の世界の者からすればどちらを選ぶかといえば，考える余地も無い。

　以上の例のように天然素材を工業材料として使用するには安定供給に向けた工夫が必要である。ここでの安定供給とは量と質の確保を言う。天然素材には当然品種差や気候差，地域差，土壌差，育成時期の差などがあり，また，部位による素材特性の差や収穫したものを素材にする加工の方法による差もある。従来はこれらを使用目的に合わせてグレード選別していたが，自動車のように工業材料として利用するにはロスが多く，資源の無駄になるばかりでなくコスト面でも

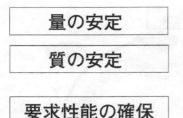

図5　工業材料として利用時の留意点

天然素材の利用拡大を阻害する要因の一つであった。我々は，自動車の部品に使用するには高品質で均一な素材にするために以下のことを試みている。①種子：栽培地の気候に合って，自動車部品に使う品質に適した種子を専門機関とともに開発している。②播種（種まき）：収率を上げるため播種についても，植える間隔や数量を最適化する研究をしている。③栽培から収穫：肥料も収穫量を最適にする肥料種類，施肥の仕方を研究している。④素材加工：必要特性を明確にして無駄のない最適な加工を実施している。そしてこれらの各工程でさらに品質を向上させ，安定化させるために装置化の研究もしている。上述した綿花の場合，綿を日本に持ってきて製糸化する時40%は工程内産業廃棄物（実際は脱脂綿の原料や綿火薬の原料として再利用しているそうである。）になり廃棄物処理などの不要のコストが必要になる。栽培現地で素材加工を行なえば肥料として畑に戻したりすることが可能である。これは，加工産業を栽培地に立地することで地域の産業発展にも貢献できるし，資源的にもエネルギー的にも地球貢献にもなる（図5）。

11.4　車体への応用

天然素材を工業製品に使用するには，現時点においては二つの考え方がある。一つは製品の要求特性を満足する天然素材を選別して使用可能な物だけ活用する考え方。もう一つは，天然素材の品質や量がバラついても製品性能や製造に影響を及ぼさないように工夫して製品に活用する考え方である。しかしながら，将来的に天然素材を広く工業製品への展開を図るためには，植物の栽培者側と工業製造者側の相互の努力と協力が必要になる。すなわち，栽培者が対応し得る範囲での天然素材の生産方法および，条件を標準化して，バラツキの少ない天然素材を作る工夫と，工業製造者の天然素材の長所・特性をいかした製品開発の推進にある。将来はバイオ技術による品種改良を行ない，工業製品用として適した資源植物開発が実現すれば，より幅広い分野への展

第4章 循環型リグニン素材「リグノフェノール」の機能開発

開が期待できるであろう。

　また最近ではさまざまな植物由来のものが実用化されている。さらに，我々はリグニンを変性した熱硬化性の接着剤の開発も進めている。これと天然繊維を複合化することによって，自動車外板に適用できるような高強度な素材も開発できた（写真1）。自動車の車体用材料として考えたときに，リグノフェノールに代表される熱硬化型の材料は必要とされる要件を満たしている。熱硬化材料の弱点であったリサイクルが困難という点も解消された。これらの素材はリグノフェノールが主体の熱硬化材料であるが，使用済みになった時無理にリサイクルする必要もなく焼却廃棄することが可能である。廃却時に燃焼させても発生する二酸化炭素は，もともと空気中の二酸化炭素を固定したものでトータルとしては二酸化炭素の増加をもたらすものではない（図6）。

　植物材料を工業材料として応用する場合，材料の供給が問題になるが，全ての植物は，リグノフェノールの原料になるリグニンとセルロースとヘミセルロースの3成分から成り立っている。リグニンをリグノフェノールに変性し接着剤に，セルロースは補強繊維，ヘミセルロースは発酵などの処理でエタノールなどのエネルギー源として利用すれば，地球上の全てのバイオマスを資源として有効活用できるようになると思う。さらに天然素材の分子レベルでの活用技術開発により，表皮だとか塗料なども石油由来の化学合成物質を含まない100％天然素材による自動車が作れる日は遠くないと確信する。また，工業材料は工場を出荷した時点から劣化が始まる。我々は，昔の天然素材のように使えば使うほど別の価値が出てくる，使用中に傷がついても自己修復できるような，使用すれば使用するほど進化して・深化して本当の真価が出てくるような，天然由来の賢材を目指し開発していきたい。

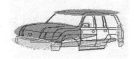

写真1　東京モーターショー2007
　　　コムスBP

図6　植物を車体材料として使用する場合の課題

第5章　セルロース，ヘミセルロースの制御技術

1　セルロースの解重合（触媒）

小林広和[*1]，福岡　淳[*2]

1.1　はじめに

　地球温暖化を抑止し，低炭素社会を実現するため，再生可能な資源であるバイオマスから燃料や化成品を合成する反応が精力的に研究されている。従来，主にとうもろこしなどのデンプンが原料として用いられてきたが，第一義的には食料であるため食料価格の高騰や飢餓の増加が懸念される。このような背景から，食料と競合せず，また化学原料としては有効に利用されてこなかった木質バイオマスが注目されている。

　木質を構成するリグノセルロースはセルロース，ヘミセルロースおよびリグニンからなる。この内，セルロースはリグノセルロースの40～70%を占め，光合成により年間1000億トン以上合成されている。この資源として豊富なセルロースを化学原料として有効活用できれば大変に意義深いと考えられる。本節では触媒法によるセルロースの解重合・分解反応の最近の進展について紹介する。

1.2　セルロースの構造

　セルロースは，D-グルコースがβ-1,4-グリコシド結合により数百から一万程度繋がった高分子である[1]。天然のセルロースは，主にセルロースI_αおよびセルロースI_βと呼ばれる結晶構造を取っている。図1に示したように，結晶性のセルロースは分子内および分子間に水素結合を多数有した剛直な構造である。例えばセルロースI_αではグルコース1単位につき8つの水素結合を有していることが示唆されている[2]。このため，ほとんどの溶媒に不溶であり，また化学的にも安定である。このことは，D-グルコースがα-1,4-グリコシド結合で繋がったアミロースが熱水に可溶であることに加え，アノマー効果のためにグリコシド結合が比較的切断されやすいことと対照的である。

　結晶性のセルロースをボールミル処理またはリン酸処理[3]することにより非晶質化することができる。この時，グルコース1単位につき水素結合の数は5.3に減少することが示唆されてい

[*1]　Hirokazu Kobayashi　北海道大学　触媒化学研究センター　助教
[*2]　Atsushi Fukuoka　北海道大学　触媒化学研究センター　教授

第5章　セルロース，ヘミセルロースの制御技術

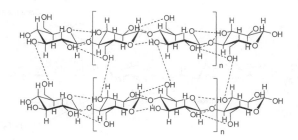

図1　セルロースの構造と水素結合

る[2]。つまり，セルロースを非晶質化することにより反応性を高めることができる。

セルロースの結晶化度（CrI）は，CP/MAS ^{13}C NMR を用いて概算することができる[4]。グルコースの C4 位のシグナルは結晶性セルロースの場合，化学シフト $\delta = 86 \sim 92$ ppm にシグナルが観測される。一方，非晶質セルロースの場合，$\delta = 84 \sim 86$ ppm にシグナルが観測される。従って，CrI は式（1）のように表わされる。ここでAは，シグナルの積分値を示す。

$$CrI = \frac{A_{86\text{-}92\text{ppm}}}{A_{86\text{-}92\text{ppm}} + A_{84\text{-}86\text{ppm}}} \tag{1}$$

1.3　セルロースの分解反応

1.3.1　セルロースのガス化および熱分解反応

セルロースを500℃以上の高温で分解すると様々な生成物が生成する。例えば Bilbao らはアルミン酸ニッケル触媒を用いて，650℃でセルロースを熱分解したところ，CO, H_2, CO_2 などのガス，タール，チャーが生成したとしている[5]。また，冨重らは空気共存下セリア担持 Rh 触媒を用いて 550℃でセルロースを分解すると，CO, H_2, CO_2 が主生成物として生成することを報告している[6]。これらの反応では，熱力学的な平衡のため生成物は常に混合物になる。

一方，大塚らはチタニア担持 Ni 触媒を用いて，水蒸気を流通させながらセルロースと水酸化ナトリウムを反応させると，式（2）に従って H_2 が定量的に生成することを報告した[7]。COおよび CO_2 は検出限界以下（< 30 ppm）であったとしている。

$$(C_6H_{10}O_5)n + 12n\text{NaOH} + n\text{H}_2\text{O} \rightarrow 12n\text{H}_2 + 6n\text{Na}_2\text{CO}_3 \tag{2}$$

以上述べたように，セルロースのガス化・熱分解反応では複雑な混合物を与えるか，H_2 および C_1 化合物が主生成物となる（図2）。H_2 や C_1 化合物は有用であるが，セルロースの化学構造を活かすという意味においてはあまり魅力的ではない。従って，C_2 以上の化合物を選択的に合成することが目標となる。以下では C_2 以上の化合物の選択的な合成反応について紹介する。

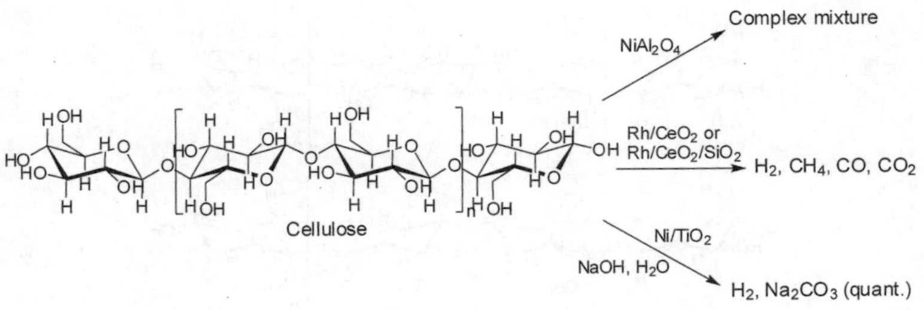

図2 セルロースの熱分解およびガス化反応

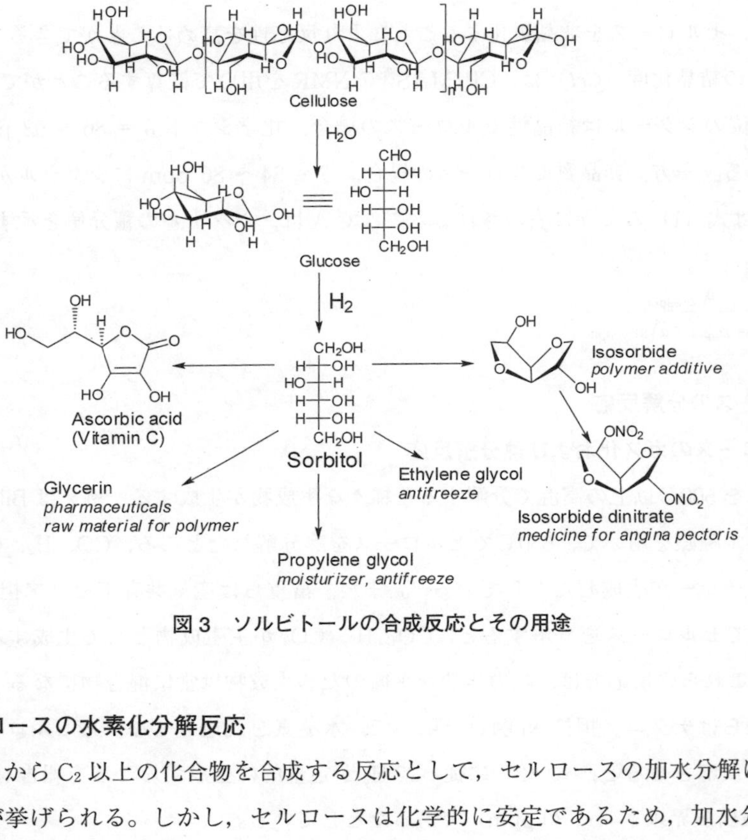

図3 ソルビトールの合成反応とその用途

1.3.2 セルロースの水素化分解反応

セルロースから C_2 以上の化合物を合成する反応として,セルロースの加水分解によるグルコースの合成が挙げられる。しかし,セルロースは化学的に安定であるため,加水分解してグルコースを合成するには一般に厳しい反応条件を必要とする一方で,生成したグルコースはアルデヒド基を有するため化学的に不安定である。そのため,セルロースを加水分解してグルコースを高収率で合成することは極めて難しい。そこで,生成したグルコースを速やかに水素化し,化学的に安定性の高いソルビトールに変換すれば,ソルビトールを効率良く合成できる可能性がある(図3)。ソルビトールはプラスチックの添加剤および医薬品原料となるイソソルビドなどに転換可能な有用な化合物である[8]。

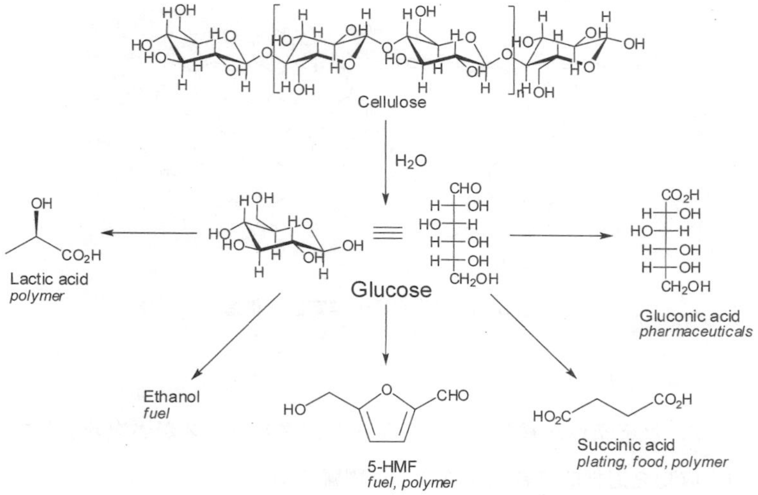

第5章 セルロース,ヘミセルロースの制御技術

図4 グルコースの合成とその用途

　190℃の熱水中,アルミナ担持 Pt または Ru 触媒を用いて,水素加圧条件でセルロースの分解反応を実施すると,セルロースの加水分解反応が進行し,逐次的にグルコースが水素化され,ソルビトールとその異性体であるマンニトールが選択的に生成する[9]。本研究を契機に,触媒によるセルロース分解反応の研究は活発化した。Liu らは活性炭担持 Ru 触媒を用いることにより,ソルビトールが収率約 40%で生成することを報告した[10]。また,Wang らはカーボンナノチューブ担持 Ru 触媒を用いることにより,ソルビトール収率は 63%まで増加したと報告している[11]。また非貴金属触媒も検討され,Zhang らは,活性炭担持 Ni-W_2C 触媒を用いると,ソルビトールの C-C 結合が水素化開裂し,エチレングリコールが主生成物として得られることを報告している[12]。

1.3.3 セルロースの加水分解反応

　セルロースの加水分解生成物であるグルコースは,生分解性ポリマー原料となる乳酸やエタノールなど様々な物質に変換可能な有用な化合物である（図4）。本項ではセルロースの加水分解によるグルコースならびにその誘導体の合成について紹介する。

　硫酸を用いるとセルロースの加水分解反応が進行することは古くから知られている[13]。しかし実用的な観点からは,耐食性の反応装置を必要とし,反応後に硫酸の中和を必要とする難点がある。また,酵素であるセルラーゼを用いると,温和な条件のもと選択率良くセルロースを加水分解してグルコースを合成できる[14]が,高価なセルラーゼを多量に必要とし,反応速度が遅く,生成物の分離が困難である。セルロースを亜臨界もしくは超臨界水中で加水分解する反応も報告

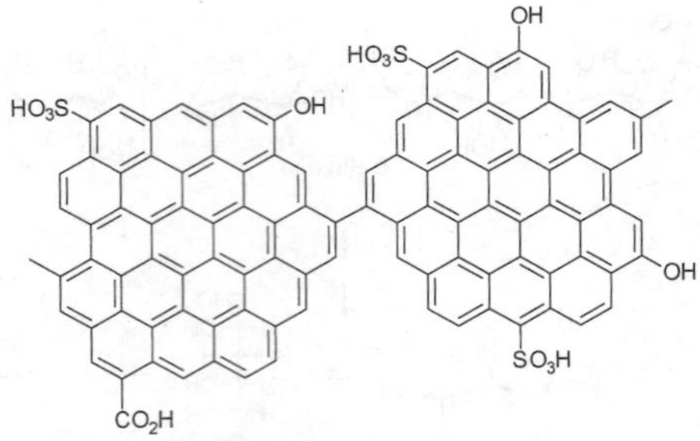

図5 硫酸化炭素の推定部分構造

されている[15, 16]が，反応条件が厳しいため，生成したグルコースが逐次分解して複雑な混合物となり，単一の生成物を選択的に合成することは困難である。

このような状況の下，固体酸触媒を用いるセルロース分解が報告されている。原らは炭化させたセルロースを発煙硫酸によりスルホン化して固体酸（図5）を調製し，セルロースの加水分解反応に用いた[17, 18]。100℃の低温でセルロースの加水分解反応が進行し，主生成物としてセロオリゴ糖が生成することを見出した。セロオリゴ糖をモデル基質に用いた反応の結果から，触媒上のフェノール性水酸基，カルボキシ基，スルホン酸基がセルロースの吸着を促進することにより高い活性を示すと提案している[19]。また，恩田らは市販の活性炭をスルホン化したものを触媒に用いてもセルロースの加水分解反応が進行することを報告した[20, 21]。150℃の熱水中，24時間反応させたところ，グルコースが収率40%で生成したとしている。

これらの反応では，いずれも固体のセルロースを基質に用いている。セルロースを溶解させることができれば反応性が増加し，セルロースを選択率良く分解できる可能性がある。Schüthらは，セルロースが溶解するイオン液体である［BMIM］Cl（1-ブチル-3-メチルイミダゾリウムクロリド）中，固体酸樹脂であるアンバーリスト触媒によりセルロースの加水分解反応が進行することを報告した[22]。

また，同様にイオン液体を用いて，グルコースをさらに5-HMF（5-ヒドロキシメチルフルフラール）に転換する反応法が提案されている。5-HMFは高オクタン価燃料の原料として注目されている[23]。Zhangらは［EMIM］Cl中，$CrCl_2$触媒を用いるとグルコースから5-HMFを収率70%で合成できることを報告した[24]。イオン液体中で生成した［$CrCl_3$］$^-$がグルコースからフルクトースへの異性化を促進し，フルクトースが脱水して5-HMFが生成すると提案している。さらに共触媒として$CuCl_2$を用いると120℃の低温でセルロースから5-HMFを直接合成できる（収率58%）ことを明らかにした（図6）[25]。Rainesらも，DMA（ジメチルアセトアミド）-LiCl-［EMIM］Cl混合溶液中，$CrCl_2$とHClを触媒に用いてセルロースの分解反応を実施し，5-HMFが収率54

第 5 章 セルロース，ヘミセルロースの制御技術

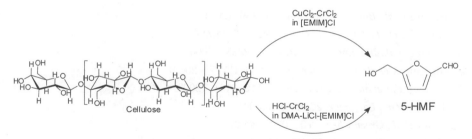

図 6 セルロースからの 5-HMF の直接合成

％で生成したと報告した[26]。イオン液体はセルロースの分解反応に有効な溶媒である。

1.4 おわりに

以上紹介したように，近年，セルロースを分解し化学原料を合成する反応は急速に進展してきた。しかし，いずれの反応法においても収率や選択率の改善，触媒量の低減，触媒寿命など解決しなければならない課題は多い。触媒は多様な反応条件の適用が可能で，生成物分離が容易であるという利点がある。この利点を活かして，今後，セルロースの分解および変換反応の研究がさらに進展することが望まれる。

文　献

1) D. Klemm *et al., Angew. Chem. Int. Ed.,* **44**, 3358（2005）
2) K. Mazeau *et al., J. Phys. Chem. B,* **107**, 2394（2003）
3) Y.-H. P. Zhang *et al., Biomacromolecules,* **7**, 644（2006）
4) H. Kono *et al., J. Am. Chem. Soc.,* **124**, 7506（2002）
5) L. Garcia *et al., Ind. Eng. Chem. Res.,* **37**, 3812（1998）
6) K. Tomishige *et al., Catal. Surv. Asia,* **7**, 219（2003）
7) M. Ishida *et al., Energy & Fuels,* **20**, 748（2006）
8) P. L. Dhepe *et al., ChemSusChem,* **1**, 969（2008）
9) A. Fukuoka *et al., Angew. Chem. Int. Ed.,* **45**, 5161（2006）
10) C. Luo *et al., Angew. Chem. Int. Ed.,* **46**, 7636（2007）
11) W. Deng *et al., Abstracts of 14th Int. Cong. Catal.,* OD09（2008）
12) N. Ji *et al., Angew. Chem. Int. Ed.,* **47**, 8510（2008）
13) J. F. Saeman, *Ind. Eng. Chem.,* **37**, 43（1945）

14) K. H. Kim *et al.*, *Bioresour. Technol.*, **77**, 139 (2001)
15) T. Adschiri *et al.*, *J. Chem. Eng. Jpn.*, **26**, 676 (1993)
16) M. Sasaki *et al.*, *Ind. Eng. Chem. Res.*, **39**, 2883 (2000)
17) S. Suganuma *et al.*, *J. Am. Chem. Soc.*, **130**, 12787 (2008)
18) D. Yamaguchi *et al.*, *J. Phys. Chem. C*, **113**, 3181 (2009)
19) M. Kitano *et al.*, *Langmuir*, **25**, 5068 (2009)
20) A. Onda *et al.*, *Green Chem.*, **10**, 1033 (2008)
21) A. Onda *et al.*, *Top. Catal.*, **52**, 801 (2009)
22) R. Rinaldi *et al.*, *Angew. Chem. Int. Ed.*, **47**, 8047 (2008)
23) Y. Román-Leshkov *et al.*, *Nature*, **447**, 982 (2007)
24) H. Zhao *et al.*, *Science*, **316**, 1597 (2007)
25) Y. Su *et al.*, *Appl. Catal. A Gen.*, **361**, 117 (2009)
26) J. B. Binder *et al.*, *J. Am. Chem. Soc.*, **131**, 1979 (2009)

2 セルロースナノファイバーの製造と利用

矢野浩之[*1]，アントニオ・ノリオ・ナカガイト[*2]，
阿部賢太郎[*3]，能木雅也[*4]

2.1 無尽蔵のナノファイバー―セルロースミクロフィブリル

セルロースナノファイバー（バイオナノファイバー，BNF（図1））は，もっとも基本となる単位であるセルロースミクロフィブリルから，それが4本程度のゆるやかな束となって細胞壁中での基本単位として存在するセルロースミクロフィブリル束（図2），そのようなミクロフィブリル束がさらに数十～数百 nm の束となりクモの巣状のネットワークを形成しているミクロフィブリル化セルロース（MFC，図3）など，様々な形態のナノファイバーを包含する。

セルロースミクロフィブリルでは直線的に伸びたセルロースが分子内あるいは分子間の水素結合で固定され，伸びきり鎖微結晶となっている。結晶の弾性率は約140GPaである[1]。セルロースミクロフィブリル1本について力学特性を評価した例はないが，Pageらは，その集合体であるクラフトパルプ繊維について引張試験で約100GPaの弾性率と1.7GPaの強度を得ている[2]。パルプにおいてミクロフィブリルの約7～8割が繊維長軸方向に配列していることを考えると，ミクロフィブリルの弾性率は結晶弾性率に近く，また，強度は少なくとも2～3GPaはあると言える。さらに，西野ら[3]は，オールセルロース繊維材料において，繊維方向の熱膨張係数として測定限界に近い0.17ppm/Kを得ている。これは石英ガラスに匹敵する値であり，E-ガラスの約1/50である。また，我々は，セルロースナノファイバーシートの熱伝導率がガラス並みに大きいことを明らかにしている[4]。

2.2 セルロースナノファイバーおよびウィスカーの製造

木材パルプなど植物系繊維材料からのセルロースナノファイバー製造について，種々の方法が開発されている。数％濃度のパルプスラリーについて行う低濃度での解繊技術としては，高圧ホモジナイザー法[5]，マイクロフリュイダイザー法[6~8]，グラインダー磨砕法[9,10]，凍結粉砕法[11]，超音波解繊法[12]がある。低濃度での解繊は均一なナノファイバーを得やすいが，一方で，解繊効率やその後の脱水プロセスに起因してコスト高である。固形分が数10％程度のパルプ・

[*1] Hiroyuki Yano　京都大学　生存圏研究所　教授
[*2] Antonio Norio Nakagaito　京都大学　生存圏研究所　博士研究員
[*3] Kentaro Abe　京都大学　生存圏研究所　JSPS博士研究員
[*4] Masaya Nogi　京都大学　生存圏研究所　JSPS博士研究員

木質系有機資源の新展開Ⅱ

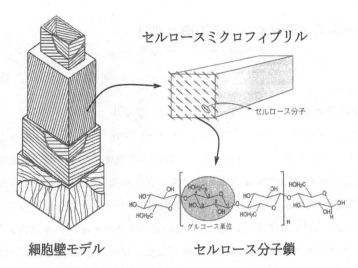

図1 木材の細胞構造とセルロースナノファイバー

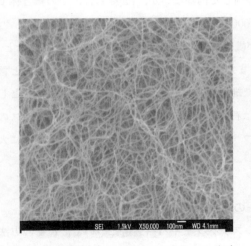

図2 木材細胞壁中のセルロースナノファイバー
（図中のバーは100nm）
（京都大学，粟野博士提供）

図3 ミクロフィブリル化セルロース
クラフトパルプ（NBKP）を高圧ホモジナイザーで解繊

水混合物を出発点とした解繊技術として二軸混練機などを用いた強せん断混練法[13]やボールミル粉砕法[14]などがある。ポリマー存在下での混練や粉砕によるナノファイバー化は，ポリマー中への均一フィラー分散を同時に行える可能性があり，複合材料へのナノファイバー利用において有利である。

最近，セルロース表面の化学修飾により容易にナノ解繊できることが明らかにされた。すなわ

第5章 セルロース,ヘミセルロースの制御技術

ち,TEMPO(2,2,6,6-tetramethyl-1-piperidinyloxy radical)を触媒に安価な次亜塩素酸ナトリウムを用い,水系で非晶領域にある6位のセルロース水酸基を選択的にカルボキシル化すると,ナノファイバー相互の反発性が高まり,ナノファイバー化が促進される[15]。ミキサーなどの極めてゆるやかな機械処理によってもミクロフィブリルのレベルまで均一にナノファイバー化できる。ナノファイバー化の促進については酵素の利用についても検討されている[7,8,16,17]。

植物パルプや動物性セルロースナノファイバー(チュニケート)を強酸で処理し,ホモジナイザーなどで切断すると針状結晶物質,ナノウィスカーが得られる。セルロースナノウィスカーの基本的な製造技術は1955年に見出され,その後,工業化され,製薬,食品,飲料,化粧品など,様々な分野で添加剤として利用されている[18]。

セルロースナノファイバーにおいては,製造コストとナノファイバーの品質のバランスが重要である。その点について我々は原材料の観点から検討している。木材パルプ以外に,稲ワラ,バガス(サトウキビの搾りカス),ジャガイモやキャッサバのデンプン搾りカス,砂糖ダイコン(シュガービート)の搾りカス,あるいは焼酎カスといった農産廃棄物や産業廃棄物についてグラインダー処理による解繊を検討し,原料に依存せず,いずれの資源からも幅20〜50nm程度の均一セルロースナノファイバーが得られることが明らかになっている[19,20]。

セルロースナノファイバーには,酢酸菌などのバクテリアが産出するものもある。ナタデココといった方が馴染みがあるかもしれない。身近なデザート食品である。植物原料は細胞壁からマトリックス成分を取り除き,機械的解繊によりナノファイバーを取り出す必要があるが,バクテリアセルロースではバクテリアが培養液中でナノファイバーを紡ぎながら移動し,かつ分裂するため,幅50〜100nmのセルロースナノファイバーが凝集することなく溶液中に均一に分散したネットワーク構造体が容易に得られる。このため,高弾性のゲル状シートとして,人工血管や傷口治療用シートなど,医療関係への応用が多く研究されている[21]。乾燥シートがスピーカ振動板として用いられている例もある[22]。

2.3 セルロースナノファイバーおよびウィスカーによるラテックス補強

セルロース系のナノコンポジットに関する最初の研究は,1987年に遡る[23]。セルロースナノウィスカーによるポリスチレンやポリプロピレンの補強である。まだ,当時はナノコンポジットという概念が確立されておらず,高強度・高弾性のナノウィスカーを用いたことの特徴が見出せないままに研究は終了したようである。セルロースナノウィスカーの補強効果が最初に明らかになったのは,1995年にフランス,グルノーブルのセルロース研究者グループ(CERMAVほか)が報告したナノウィスカーとラテックスの複合材料(ウィスカー量:3〜10wt%)においてである[24]。同グループは,その後,50近い論文を発表しているが,多くは柔らかなマトリックス

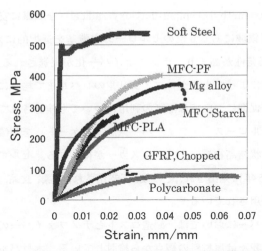

図4 ミクロフィブリル化繊維成形材料と他材料の強度特性比較

を剛直なナノウィスカーのネットワークで補強するという考えに基づくもので，パーコレーション理論の適用可能な複合材料である[25]。少量のナノウィスカー添加でTgより高温側での弾性率低下が大きく抑制されることを特徴としており，用途としては塗膜や生分解性フィルム，あるいはリチウムバッテリー固体電解質の補強などがある[26]。また，ウィスカー表面を導電性プラスチックで覆うと，ネットワーク形成に対応して電気が流れるようになるという報告もある[27]。

2.4 ミクロフィブリル化セルロース（MFC）を用いた繊維強化材料

リファイナーで予備解繊した植物繊維（パルプ）を高圧ホモジナイザーでさらに解繊したMFC（Microfibrillated Cellulose）をシート化し，フェノール樹脂（PF）を10〜20％含浸後，積層成形すると，400MPa近くの曲げ強度を示す成形体が得られる（図4，曲げヤング率は20GPa）[28〜31]。この強度は，軟鋼やマグネシウム合金に匹敵する強度である。MFCコンポジットの密度は約1.5g/cm³で，鋼鉄の1/5である。植物繊維をナノ化し利用することで，鋼鉄の1/5の軽さで鋼鉄と同等の曲げ強度を有する材料になると言える。

MFC10％濃度のスラリーに酸化デンプンをバインダーとして2％添加し，脱水後に熱圧すると（図4，MFC-Starch），曲げヤング率は12.5GPaにまで低下するが，破壊ひずみが大きくなり，曲げ強度は320MPaに到達する[32]。

また，MFCとバイオベースの熱可塑性樹脂であるポリ乳酸の繊維（PLA）を水中で混抄し（MFCとPLAの重量比は7：3），シート化後，積層熱圧すると，成形物（MFC-PLA）の曲げヤング率，曲げ強度が，それぞれ17.5GPaおよび270MPaに達する[29]（図4）。これはガラス短繊維で補強

第5章 セルロース, ヘミセルロースの制御技術

した繊維強化材料の倍以上の強度である。また, ナノレベルまで解繊された MFC は保水性が高く単体ではシート化に時間がかかるが, ミクロサイズの繊維と混抄することで濾水時間を大幅に短縮できる[33]。

上述の MFC を多く含む系において高強度が得られる理由については, ミクロフィブリル化の程度や MFC 量を変化させた MFC・フェノール樹脂成形体およびバクテリアセルロース・フェノール樹脂成形体の力学特性から, マイクロからナノレベルまでのクモの巣状ネットワーク構造が破壊の進展を抑え, ナノファイバーの強度をマクロに発現させているためと考えられる[30, 34, 35]。また, アルカリ処理によりセルロースミクロフィブリルの結晶形をセルロースIからセルロースIIにすると, MFC 成形体の破壊じん性が大きく向上することが見出されている[36]。

少量のナノファイバー添加の効果について検討した例としては, ミクロフィブリル化セルロース強化 PVA シートに関する研究がある。ナノファイバー添加量が増えるにつれて強度が増大し, 10%のナノファイバー添加で引張強度は約2倍にまで増大する[6]。PVA とセルロースの親和性が良いことが高い補強効果が得られた理由であろう。

我々は, バイオベースのポリマーであるポリ乳酸樹脂の補強について検討している。アセトン溶媒中で非晶性ポリ乳酸と MFC を混合後, 溶媒を除去し混練して得たコンパウンドを熱圧成形したシートでは, 10%の MFC 添加で弾性率および強度がそれぞれ約1.3倍にまで増大する[37]。また, 結晶性のポリ乳酸樹脂では, MFC 添加により結晶化の促進と共に高温側での弾性率低下が大きく抑制される[38]。

2.5 ナノファイバー繊維強化透明材料

ナノファイバーには, 透明樹脂の補強用繊維としての期待がある。光波長の1/10以下の大きさのコンポーネント(要素)は光の散乱を生じない, という物理的原理に基づくものである。すなわち, 可視光波長 (400~800nm) の1/10以下の大きさの物体は, 材料に混合されても可視光の散乱を生じない。このため, 耐熱性あるいは強度特性に優れたナノ材料を透明樹脂中に均一分散することで, 樹脂の透明性を保ちながら耐熱性や強度特性を改善できる。この様な素材は, ロール状シートにエレクトロニクスデバイスを連続的に印刷していく, Roll to Roll プロセス用の透明基板として注目されている。また, セルロースナノファイバーの優れた環境調和性は, Roll to Roll プロセスで大量製造されたフラットパネルディスプレイや太陽電池の廃棄においても重要である。

我々は, バクテリアセルロースが, 幅50nm と可視光波長に対して十分細く均一であることに着目し, バクテリアセルロースによる透明樹脂の補強について検討した[39~45]。バクテリアセルロースのペリクル(ナタデココの状態)を加熱しながらプレスで脱水すると, フィルム状の白色

シートが得られる。このシートに屈折率がセルロースに近い透明アクリル樹脂やエポキシ樹脂を注入するとシートは透明になる。繊維含有率が約60%もあるにも関わらず，光透過率は透明樹脂に比べ10%程度しか低下しない。高強度，低熱膨張の繊維で補強されているので，この透明ナノ繊維強化材料は，鋼鉄に近い強度（引張強度：320MPa）と共に，ガラスやシリコン結晶に匹敵する低線熱膨張係数（3～7ppm/K）を示す[39]。しかも，フレキシブルで大きく曲げられる。

ナノファイバー補強では，サイズ効果により透明性が保たれるため，幅広い屈折率を有する樹脂に対して透明補強が可能である。例えば，繊維を60%含有した状態で，樹脂の屈折率を1.53～1.64まで変化させても，直線透過率の低減はわずか2%以内に収まる。さらに，樹脂（ポリマー）は温度変化に伴い屈折率が変化するため，屈折率のマッチングにより透明性を得る場合は温度変化に伴って透明性が損なわれてしまうが，バクテリアセルロースで補強した複合材料は，20℃から80℃まで温度が変化しても透明性は全く変化しない[40]。

さらに，低弾性率のマトリックス樹脂との複合により，よりフレキシブルでかつ低熱膨張の透明材料が得られている[44]。ポリエチレン樹脂（HDPE）相当の柔らかさでありながら線熱膨張係数は4ppm/Kである。次世代のフラットパネルディスプレイ製造システムであるRoll to Roll用の透明基板材料として期待される。

そこで，有機EL（OLED）ディスプレイの透明基板（有機EL素子を搭載し，ディスプレイとするための透明材料）への応用について検討したところ，数々の処理プロセスの検討，改良を経て，バクテリアセルロース補強透明材料上で有機ELを発光させることに成功した[45]。

我々は，資源的に豊富な植物繊維からの透明ナノコンポジットの開発も進めている[10, 46～49]。これまでに未乾燥パルプをグラインダーで処理して得た均一ナノファイバー（図5）を用いたナノ繊維複合材料は，バクテリアセルロースと同等の透明性や低熱膨張性を有することが明らかになっている。さらに，最近では，ナノファイバー間の空隙をナノレベルに制御することで，セルロースナノファイバーだけで透明な低熱膨張材料（CTE：8.5ppm/K）が得られている[50,51]（図6）。この材料は，紙の様に折りたたむことができる。

2.6　おわりに

セルロースナノ材料には，①高強度・低熱膨張，②リニューアブル（持続性），③CO_2排出抑制（カーボンニュートラル），④安全・安心（生体適合性），⑤マテリアル・サーマルリサイクル可能，⑥低環境負荷（生分解性付与），⑦農産廃棄物・産業廃棄物の資源化，など，多くの優れた特性が期待できる。低炭素社会の早期実現に向けて，20世紀を支えた「炭酸ガス排出型マテリアル」から，「炭酸ガス吸収固定型マテリアル」へのパラダイム転換が叫ばれる中，新規の低環境負荷ナノ材料として，企業と大学が協力し，製紙・化学産業から自動車やエレクトロニクスデバイス

第5章　セルロース，ヘミセルロースの制御技術

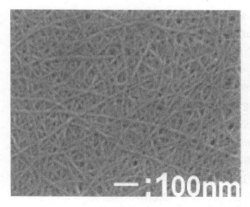

図5　グラインダー処理で木材から取り出した幅15〜20nmのセルロースナノファイバー束

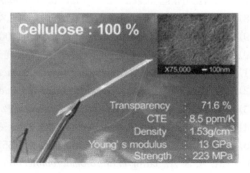

図6　100％セルロースナノファイバーでできた透明材料

　の部材製造業までが垂直連携したより大きなチームで，セルロースナノファイバーの分離・機能化・構造化に関する基盤技術開発を早急に進める必要がある。

文　　　献

1)　I. Sakurada *et al., Journal of Polymer Science,* **57**, 651-660（1962）
2)　D. H. Page and F. EL-Hosseiny, *Journal of Pulp and Paper Science,* **9**, 99-100（1983）
3)　T. Nishino *et al., Macromolecules,* **37**, 7683-7687（2004）
4)　Y. Shimazaki *et al., Biomacromolecules,* **8**(9), 2976-2978（2007）
5)　A. F. Turbak *et al., Applied Polymer Symposium,* **37**, 815-827（1983）
6)　T. Zimmermann *et al., Advanced Engineering Materials,* **6**(9), 754-761（2004）
7)　M. Paakko *et al., Biomacromolecules,* **8**(6), 1934-1941（2007）
8)　M. Henriksson *et al., Biomacromolecules,* **9**(6), 1579-1585（2008）
9)　T. Taniguchi and K. Okamura, *Polymer International,* **47**, 291-294（1998）
10)　S. Iwamoto *et al., Applied Physics A,* **81**(6), 1109-1112（2005）
11)　A. Bhatnagar and M. M. Sain, *Journal of Reinforced Plastics and Composites,* **24**(12), 1259-1268（2005）
12)　H.-P. Zhao *et al., Applied Physics Letters,* **90**, 073112（2007）
13)　矢野浩之，矢野一憲，茂木優子，特許 4013870
14)　磯貝明，"セルロースの科学"，朝倉書店，159-160（2003）
15)　T. Saito *et al., Biomacromolecules,* **7**(6), 1687-1691（2006）

16) S. Janardhnan and M. M. Sain, *Bioresources*, **1**(2), 176-188 (2006)
17) M. Henriksson *et al., European Polymer Journal*, **43**, 3434-3441 (2007)
18) 飯嶋秀樹，セルロース学会編"セルロースの事典"，朝倉書店，522-530 (2003)
19) K. Abe and H. Yano, *Cellulose*, DOI 10.1007/s10570-009-9334-9
20) 矢野浩之，H19年度NEDO国際共同研究先導調査報告書
21) D. Klemm *et al., Advances in Polymer Science*, **205**, 49-96 (2006)
22) S. Yamanaka *et al., Journal of Materials Science*, **24**, 3141-3145 (1989)
23) A. Boldizar *et al., International Journal of Polymeric Materials*, **11**, 229-262 (1987)
24) V. Favier *et al., Macromolecules*, **28**, 6365-6367 (1995)
25) V. Favier *et al., Acta Materialia*, **45**(4), 1557-1565 (1997)
26) M. A. S. A. Samir *et al., Biomacromolecules*, **6**(2), 612-626 (2005)
27) L. Flandin *et al., Polymer Composites*, **21**(2), 165-174 (2000)
28) A. N. Nakagaito *et al.*, Proceedings of 6th Pacific Rim Bio-based Composites Symposium, p.171-176, Oregon State University (2002)
29) H. Yano *et al.*, Proceedings of 6th Pacific Rim Bio-based Composites Symposium, p.188-192, Oregon State University (2002)
30) A. N. Nakagaito and H. Yano, *Applied Physics A*, **78**(4), 547-552 (2004)
31) A. N. Nakagaito and H. Yano, *Applied Physics A*, **80**(1), 155-159 (2005)
32) H. Yano and S. Nakahara, *Journal of Materials Science*, **39**, 1635-1638 (2004)
33) A. N. Nakagaito *et al., Composites Science and Technology*, **69**(7-8), 1293-1297 (2009)
34) A. N. Nakagaito and H. Yano, *Cellulose*, DOI 10.1007/s10570-008-9212-x
35) A. N. Nakagaito *et al., Applied Physics A*, **80**(1), 93-97 (2005)
36) A. N. Nakagaito and H. Yano, *Cellulose*, **15**(2), 323-331 (2008)
37) A. Iwatake *et al., Composites Science and Technology*, **68**(9), 2103-2106 (2008)
38) L. Suryanegara *et al., Composites Science and Technology*, **69**, 1187-1192 (2009)
39) H. Yano *et al., Advanced Materials*, **17**(2), 153-155 (2005)
40) M. Nogi *et al., Applied Physics Letters*, **87**(1), 243110 (2005)
41) M. Nogi *et al., Applied Physics Letters*, **88**, 133124 (2006)
42) M. Nogi *et al., Applied Physics Letters*, **89**, 233123 (2006)
43) S. Ifuku *et al., Biomacromolecules*, **8**(6), 1973-1978 (2007)
44) M. Nogi and H. Yano, *Advanced materials*, **20**, 1849-1852 (2008)
45) 矢野浩之ほか，バイオサイエンスとインダストリー，**63**(11), 28-29 (2005)
46) S. Iwamoto *et al., Applied Physics A*, **89**, 461-466 (2007)
47) K. Abe *et al., Biomacromolecules*, **8**(10), 3276-3278 (2007)
48) S. Iwamoto *et al., Biomacromolecules*, **9**(3), 1022-1026 (2008)
49) Y. Okahisa *et al., Composites Science and Technology*, in press.
50) M. Nogi *et al., Advanced materials*, **21**(16), 1595-1598 (2009)
51) M. Nogi and H. Yano, *Applied Physics Letters*, in press.

3　固体酸の開発とその応用

原　亨和*

3.1　はじめに

硫酸は様々な石油化学製品，化成品の原料，汎用薬品，医薬品，そしてセルロースバイオマスからの糖類の製造に必要不可欠な触媒である。しかし，硫酸は繰り返し使用できる触媒ではなく，中和などによる硫酸と製品の分離，廃酸処理に多くのエネルギーと労力が必要である。このため，年間1500万トン以上の硫酸が「リサイクルできない触媒」として消費され，膨大なエネルギーの浪費と廃棄物の排出が環境に大きな負荷を与えている。硫酸に依存する酸触媒反応プロセスをできるだけ環境に負荷を与えない高効率なプロセスに変えることは，今後の化学産業にとって大きな課題である。繰り返し使用でき，分離・回収が容易で毒性の少ない固体の酸—固体酸—はこの課題をクリアーする1つのキーワードである[1,2]。

3.2　カーボン系固体酸の合成・構造・機能

芳香族炭化水素は強酸性のスルホ基を容易に結合できる分子である。実際，ベンゼンスルホ酸，p-トルエンスルホ酸といった芳香族スルホ酸は比較的強い酸として機能するが，多くの溶媒に溶解するため，固体酸として使うことができない。一方，カーボン材料は熱的，化学的に安定な多環式芳香族炭化水素—ベンゼン環の集合体—と考えることができる。従って，高密度のスルホ基が結合したカーボン材料は不溶性の固体強酸として働く可能性がある。しかし，高密度にスルホ基を結合したカーボン材料は活性炭やカーボンブラックなどの既存のカーボン材料をスルホ化しても得ることはできない。これらのカーボン材料は数nmを越える大きなグラファイトのシート（グラフェン）で構成されている。スルホ基はグラフェンシートの外周炭素原子のみに結合するため，大きなグラフェンシートをスルホ化しても単位重量あたりのスルホ基量（スルホ基密度）が少ない。また，大きなグラフェンシートに結合したスルホ基は不安定であり，水の存在下で容易にはずれてしまう。

そこで，我々はこれまで機能性材料として使われることのなかった小さなグラフェンシートで構成されたカーボン材料，すなわち，有機化合物とアモルファスカーボンの中間状態なら安定なスルホ基を大量に保持する固体酸になると考えた[3]。実際，目的のカーボン材料は図1に示すように，砂糖，セルロース，デンプンなどの安価で豊富な天然有機物を低温で部分的に炭化し，ス

---

*　Michikazu Hara　東京工業大学　応用セラミックス研究所　教授；
　　㈶神奈川科学技術アカデミー「エコ固体酸触媒プロジェクト」
　　プロジェクトリーダー

木質系有機資源の新展開II

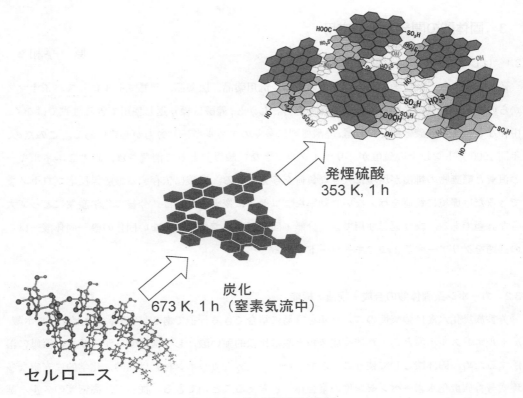

図1　カーボン系固体酸の合成

ルホ化するだけで簡単に得ることができる[4〜6]。この合成法では，573〜773 K での部分炭化によりフェノール性水酸基が結合した小さなグラフェンからなるアモルファスカーボンが形成される。このカーボン材料を硫酸中で加熱するとグラフェンのスルホ化と一部のフェノール性水酸基の酸化が進み，高密度のスルホ基，水酸基，カルボキシル基の結合したアモルファスカーボンが生成する。後述のように，これら全ての官能基が反応で重要な役割を果たす。

様々な構造解析から予想される当該カーボン材料の構造模式図を図2に示す[4〜6]。この材料が均一なグラフェンで構成されると仮定すると，それぞれのグラフェンには1つのスルホ基とカルボキシル基，および3つのフェノール性水酸基が結合しており，これらのグラフェンが sp3, sp2 で結合して 10〜40 μm の1つの粒子を形成していると考えられる。大量の親水性分子をバルク内に取り込めることもこの材料の特徴の1つとして挙げられる。これまでの研究からこの材料は水だけでなく，オリゴ糖などの高分子を含めた親水性分子を大量かつ迅速に取り込めることが明らかになっている。なお，この固体材料に結合したカルボキシル基はスルホ基の安定化に重要な役割を果たすことが明らかになりつつある。一般的に芳香環に結合したスルホ基は水の存在

第5章　セルロース，ヘミセルロースの制御技術

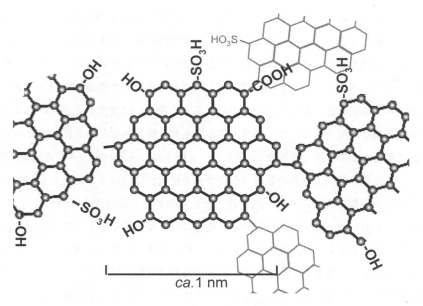

図2　カーボン系固体酸の構造模式図

下で加水分解し，硫酸と芳香環に戻りやすい。しかし，芳香環にスルホ基とカルボキシル基などの電子吸引性基を結合させると芳香環炭素とスルホ基の硫黄間の電子密度が増加するため，炭素-硫黄結合が強固になる。当該材料が水の存在下での酸触媒反応に繰り返し使用してもスルホ基の溶出はほとんど起こらず，安定な触媒として機能するのは[3〜6]，グラフェンに結合した高密度のカルボキシル基に由来すると予想している。

3.3　カーボン系固体酸の触媒能
3.3.1　セルロースの加水分解による単糖の製造
　親水的基質に疎水的スルホ基が結合したカーボン系固体酸は低級・高級脂肪酸のエステル化[4,5]，アルケンの水和によるアルコール生成[5]，加水分解反応[6]といった水存在下での酸触媒反応に硫酸に匹敵する触媒能をもつ硫酸代替固体酸触媒として機能する。反応後，カーボン固体酸は液相と容易に分離し，分離した固体酸は繰り返し・連続的に反応に利用できる。ここではカーボン系固体酸によるセルロースの加水分解反応を解説する。
　糖類，および容易に糖類に転化できるデンプンは医薬品，ビタミンなどのファインケミカルだけでなく，飽和・不飽和炭化水素，フルフラール類，エタノール，乳酸を含めた種々の有機酸に転化できる。フルフラール類は容易に炭化水素やエンジニアプラスチックに変換できるため，単糖をフルフラール類に転化するルートは特に重要である。このように単糖を原料として様々な必

須化学資源ができるため，糖類・デンプンは現在の化石燃料と同等の役割を果たす多用途な資源だと言える。しかし，これらの原料となる食糧の生産には限界があるため，食糧を原料とした上記バルクケミカルの生産はエタノールを除いて大々的には行われていない。一方，糖類の高分子であるセルロース（グルコースがβ-1,4グルコシド結合で結合した直鎖状高分子（β-1,4グルカン）同士が強固な水素結合で凝集してできる水に不溶の固体）は豊富で安価な再生可能資源であるため，普段有効に活用されていない雑草，農産廃棄物，廃木材などの天然セルロースを低環境負荷で単糖に変換することができるなら，持続的に多種多様の必須バルクケミカルを獲得できる。

　セルロースの加水分解による糖の製造（セルロース糖化）は既に半世紀以上も前から検討されており，大規模に展開できるセルロース糖化法として酵素法と硫酸法の2つが注目されてきた。硫酸を触媒としてセルロースを加水分解する硫酸法は様々な天然セルロースを迅速に単糖まで加水分解できるメリットをもつが，反応後の硫酸と糖類の分離，硫酸の回収に大きなエネルギーを必要とする。このように既存の手法はいずれも大きな問題を抱えているため，未だ大規模なセルロース糖化プロセスは実現していない。筆者らは固体ブレンステッド酸触媒でセルロースの加水分解が進むなら，環境低負荷なセルロース糖化法を実現できると考えた。反応後，固体酸触媒は糖水溶液から速やかに分離され，回収された触媒は繰り返し・連続的に使用できるため，触媒の分離・回収にエネルギーを必要としない。

3.3.2　カーボン系固体酸によるセルロースの加水分解

　図3(a)に反応前後のリアクターの写真，図3(b)には同一の反応条件（触媒量：0.3 g，水：0.7 g，セルロース（結晶性セルロースAvicel）：0.025 g，反応温度：373 K，反応時間：3時間）における種々のブレンステッド酸触媒のセルロース加水分解能を示す。図3（a）はカーボン系固体酸を触媒とした場合，反応後に白色のセルロースが消失し，透明の溶液が得られることを示している。この溶液にはセルロースの加水分解生成物であるグルコースとβ-1,4グルカン（4～12個のグルコースがβ-1,4グルコシド結合で結合した直鎖状高分子）が溶解していることが確認された[6]。このことから，カーボン系固体酸は鉱酸触媒と同様なメカニズム（①β-1,4グルカン間の水素結合の切断とβ-1,4グルカンの加水分解による水溶性β-1,4グルカンの生成，②水溶性β-1,4グルカンの加水分解による単糖の生成）でセルロースを加水分解していると考えられる。図3（b）はカーボン系固体酸がセルロースをグルコースと水溶性β-1,4グルカンに加水分解し，その加水分解能は硫酸に匹敵することを示している。リアクタントの結晶性セルロースは全て反応開始後6時間以内に水溶性の糖に加水分解され，系内から消失する。反応後，カーボン材料は沈殿により速やかに糖水溶液から分離する。分離したカーボン材料を洗浄・乾燥し，25回以上反応を繰り返しても加水分解触媒能に変化は見られなかった[6]。前述のようにグラフェンに結合したカルボキシル基がこの触媒能の安定性に大きく貢献している。このようにカーボン系固体酸が

第5章　セルロース，ヘミセルロースの制御技術

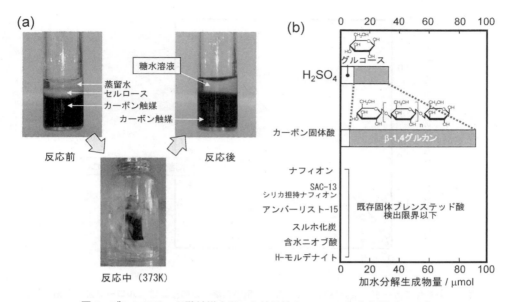

図3　ブレンステッド酸触媒を用いた結晶性セルロース加水分解（373 K）
(a) カーボン系固体酸触媒を用いた場合での反応前，中，後の反応器の写真
(b) ブレンステッド酸触媒存在下，373 K で 3 時間反応した場合での加水分解生成物量
触媒：0.3 g，水：0.7 g，結晶性セルロース：0.025 g

高い触媒能を示す一方，既存の無機酸化物および高分子固体酸はセルロースを加水分解しない[6]。図3(b)の反応条件ではグルコース生成が水溶性 β-1,4 グルカンの生成を大きく下回ることから，この条件でカーボン系固体酸は β-1,4 グルカンの加水分解によるグルコース生成を効率的に進めることができないが，リアクタントのセルロース量を増やし，水の量を減少させるとセルロースの加水分解は飛躍的に促進される[6]。図4には図3(a)で示したリアクターと異なるリアクターでセルロースをカーボン系固体酸で加水分解した結果を示す。この条件ではグルコース生成が β-1,4 グルカンを上回り，グルコース生成速度は図3におけるそれの数十倍に達する。なお，図4と同じ反応条件における硫酸の触媒能はカーボン系固体酸の 8 割程度である。カーボン系固体酸は結晶性セルロースだけでなく，ユーカリや藁などの天然セルロース原料も硫酸と同等の触媒能で単糖類に加水分解できることが確認されている。

カーボン系固体酸によるセルロースの加水分解反応において，セルロースから水溶性 β-1,4 グルカンの生成は室温以上で，また，水溶性 β-1,4 グルカンからグルコースの生成は 323 K 以上で進む。373 K 以下の温度で測定したグルコース生成の見かけの活性化エネルギーは 110 kJ mol^{-1} であり，硫酸を触媒としたセルロースからのグルコースの生成における最適条件でのそれ（170 kJ mol^{-1}）[7,8] を下回る。グルコースの生成は 373 K を越えると温度の上昇と共に大きくなるが，

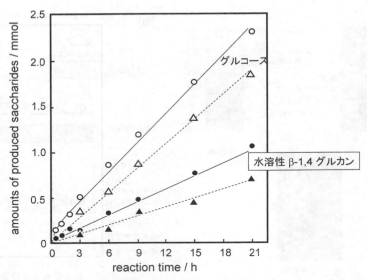

図4 同じ反応条件でカーボン系固体酸触媒と硫酸を用いた場合での結晶性セルロース加水分解（373 K）
カーボン系固体酸 ○：グルコース生成量，●：水溶性 β-1,4 グルカン生成量
硫酸 △：グルコース生成量，▲：水溶性 β-1,4 グルカン生成量
触媒：3.0 g，水：2.5 g，結晶性セルロース：3.0 g

373 K 以下で測定したアレニウスプロットから予測される速度を大きく下回る。これは前述のように，高い反応温度でのセルロース表面の変質による加水分解反応の阻害，および，生成した糖類の分解・脱水による副生物の増加に由来する。実際，濃硫酸を触媒としたセルロース糖化プロセスで最高反応温度を 373 K 以下に設定しているのは上記の理由のためである。なお，イオン交換樹脂を含めたスルホ基含有固体酸の多くが 423 K を越えた温度でセルロースをグルコースに加水分解し始めることが多くの研究者によって確認されているが，上述のように反応条件が苛酷であるだけでなく，その反応速度も同じ反応条件，あるいは最適条件の硫酸触媒に比べてかなり小さい。

　カーボン系固体酸は親水的基質に疎水的強酸性スルホ基が結合しているため，水存在下の酸触媒反応で硫酸に匹敵する顕著な触媒性能を発揮するが，これだけではその効率的な固体-固体間の触媒作用を説明することはできない。最近，様々な実験からこの固体酸触媒の特異的な性質が明らかにされている。水中でのセルラーゼによるセルロースの加水分解反応はセルラーゼ（タンパク質）とセルロースの固体-固体間の触媒反応であり，セルロースにセルラーゼが吸着することによってはじめて反応が進む。すなわち，このような固体-固体間の触媒反応でも吸着が重要であることは一般的な触媒反応と変わらない。スルホ基を結合した高分子固体酸は水中で β-1,4 グルカン，および β-1,4 グルカンの凝集体であるセルロースを吸着できないが，カーボン系固体

第 5 章　セルロース，ヘミセルロースの制御技術

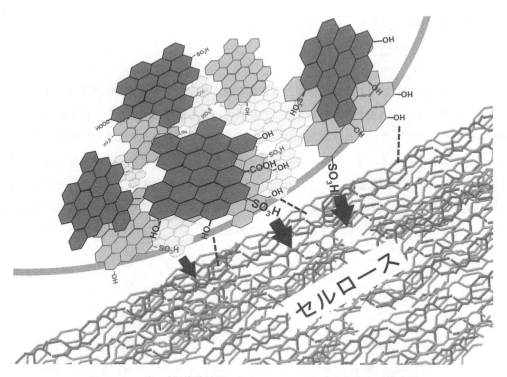

図 5　カーボン系固体酸触媒によるセルロース加水分解反応の模式図

酸は迅速に両者を吸着することが実験によって確認されており[6]，この吸着能がセルロース糖化におけるカーボン系固体酸の高い触媒能の原因となっている。セルロースはグルコースの高分子であるβ-1,4 グルカン間の強固な水素結合によって凝集したものであり，この水素結合はグルコースモノマーの中性水酸基間で生じる。カーボン系固体酸も高密度のフェノール性水酸基を有しており，これがセルロースやβ-1,4 グルカンの水酸基と水素結合をつくり，吸着すると考えられる。なお，無機酸化物固体酸の水酸基もある程度セルロースと結合することができるが，その密度が少ないこと，また水存在下での酸強度が低いため，セルロースを加水分解できない。

　以上の結果から予想されるカーボン系固体酸によるセルロース糖化反応の概要を図 5 に示す。高密度のスルホ基，フェノール性水酸基，カルボキシル基を結合したナノグラフェンからなるアモルファスカーボンは水中でフェノール性水酸基を介してセルロースに吸着する。このため，グラフェンに結合した疎水的強酸性スルホ基はその能力を最大限に発揮してβ-1,4 グルカン間の水素結合とβ-1,4 グルコシド結合を切断し，グルコースを生成する。グラフェンに結合したカルボキシル基はスルホ基を守る。この固体材料は「とりつく」，「切る」，「守る」といったいくつかの機能を利用してセルロースを分解することから，硫酸の触媒能を有し，しかも熱的・化学的に安

定な無機の酵素と見なせるかもしれない。

3.4 おわりに

　カーボン系固体酸における親水的性質と高密度で疎水的かつ安定な強酸性スルホ基は1nm程度のナノグラフェンに由来する。そして，この材料の新たな機能がセルロースの加水分解を通して明らかになりつつある。これまでセルロース系バイオマスの有用化学資源化は触媒に手を加えずにプロセスを改良することが開発の中心となっていた。しかし，近年，触媒開発に基づく新しいルートの開拓に注目が集まっており，セルロースの水素化分解によるソルビトールの生成などの我が国が世界をリードする研究が進んでいる。資源が乏しい我が国でバイオマスの有用化学資源化は今後ますます重要な課題になると予感している。

文　献

1) M. Misono, *Comptes Rendus de l'Academie des Sciences, Serie IIc: Chimie,* **3**, 471 (2000)
2) T. Okuhara, *Chem. Rev.,* **102**, 3641 (2002)
3) M. Hara, T. Yoshida, A. Takagaki, T. Takata, J. N. Kondo, K. Domen, S. Hayashi, *Angew. Chem. Int. Ed.,* **43**, 2955 (2004)
4) M. Toda, A. Takagaki, M. Okamura, J. N. Kondo, K. Domen, S. Hayashi, M. Hara, *Nature,* **438**, 178 (2005)
5) M. Okamura, A. Takagaki, M. Toda, J. N. Kondo, K. Domen, S. Hayashi, M. Hara, *Chemistry of Materials,* **18**, 3039 (2006)
6) S. Suganuma, K. Nakajima, M. Kitano, D. Yamaguchi, H. Kato, S. Hayashi, M. Hara, *J. Am. Chem. Soc.,* **130**, 12787 (2008)
7) R. Buzzoni, S. Bordiga, G. Ricchiardi, G. Spoto, G. A. Zecchina, *J. Phys. Chem.,* **99**, 11937 (1995)
8) B. Girisuta, L. Janssen, H. JHeeres, *Ing. Eng. Chem. Res.,* **46**, 1696 (2007)

4 ポリ乳酸のケミカルリサイクル

白井義人*

4.1 はじめに

　私たちの体の中を流れている血液は，1日，何百リットルも心臓から送り出される。しかし，私たちが体内に取り込み，対外に排泄する水分はわずか数リットルである。このように，私たちの体は，必要な水分の大部分を，体内で循環させることで賄っている。一方，海中のイソギンチャクのようなプリミティブな生物には血管のような循環器官はない。水分はすべて海から直接吸収し，老廃物はそのまま海に捨てられる。20世紀の私たちの社会は資源の大量消費と廃棄物の一方的な処分によって成立していた。20世紀は，社会の命の水である石油が無限にあった時代であり，イソギンチャクと同様，私たちの体のような循環の仕組みはなかったからである。私たちは無限の水がまわりにない陸に上がり，水をうまく循環させる生物に進化した。21世紀には，限られた資源を有効に利用する循環社会が求められているし，もはや枯渇が視野に入った化石資源に頼らない低炭素社会が求められているのであるから，生物が進化したように，私たちの社会もまた低炭素循環社会に適合した社会に進化させなければならない。イソギンチャクは陸に上がれば生きていけないのであるから。

　さて，20世紀に発明されたプラスチックは，軽く，安く，丈夫で，加工もし易く，私は20世紀の最高の発明品のひとつと思っている。しかし，プラスチックは，構成する分子単位が，まるで鎖のように長く繋がった高分子と呼ばれる構造をしているため，鎖が切れると容易に劣化する。そのため，使い捨ての代表選手のように見なされ，大量生産，大量消費，大量廃棄社会を助長する元凶と目されていた。長寿命素材を用いた持続可能な社会がひとつの社会的なゴールと見なされる。しかし，多様に変化する社会においては，さまざまな需要がそのときどきに現われる。プラスチックはそのような需要にオンタイムで応えられる点に特徴がある。この多様性と持続性の両方を満足させることも必要である。

　ところで，私たちの体は，20種類のアミノ酸が鎖のように長く繋がったタンパク質という高分子から構成されている。プラスチックよりもはるかに脆い構造をしているが，生命はその誕生以来何十億年も綿々とタンパク質を中心とした持続可能な社会を築いてきた。自然が，生命の構成物質として，脆弱な高分子物質を主役に抜擢して，これまで持続可能な生態系を維持してきたことは，21世紀の循環社会を考える上で示唆に富んでいる。

　ポリ乳酸は乳酸が長く繋がったポリエステルだ。とうもろこしや米といった植物デンプン（ブドウ糖）が原料になる。ポリ乳酸は，焼却処分されても，排出された炭酸ガスと水は光合成によ

---

*　Yoshihito Shirai　九州工業大学　大学院生命体工学研究科　教授

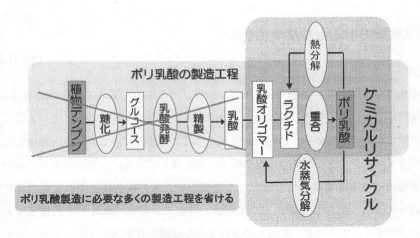

図1 ポリ乳酸の製造工程とケミカルリサイクル

り再び植物に取り込まれる。そのため，石油のように一旦焼却されると，再び資源に戻れない資源と比較すると，大きな循環が可能な持続性のある資源なのである。このような大きな炭素循環に加え，ポリ乳酸はより小さな循環も可能である。すなわち，ポリ乳酸は加水分解が容易で，分解されると，その直接の原料である乳酸やラクチドを得ることができる。一般に，ポリ乳酸は，植物の栽培→デンプンの分離→乳酸発酵→乳酸の分離精製→ラクチドの合成→ポリ乳酸の合成，というプロセスを経てつくられる。一方，ポリ乳酸を化学的に分解した場合，ポリ乳酸製造が乳酸やラクチドを原料として始められることから，ポリ乳酸をつくるコストもエネルギーも少なくなる。このようなプロセスをケミカルリサイクルと呼ぶ（図1）。

ケミカルリサイクルが容易にできれば，たとえば，卵パックや飲料カップのように，短期間のみの使用が求められる製品についても，その回収と分別，輸送が合理的に行われれば，それを再度ポリ乳酸の原料とすることができる。これにより，一旦光合成により固定された炭素を再度ポリ乳酸として別の用途に利用することができる。さらに，分子量の高いポリ乳酸として再生させることにより，さらに高い品質と需要に応えられる素材とすることも可能である。このような仕組みを社会につくることができれば，持続可能な循環社会の実現に貢献することができる。

4.2 ポリ乳酸の熱分解

ポリ乳酸は熱分解によって，モノマーのラクチドへ変換することが可能である。この場合，ポリ乳酸製品を粉砕して熱分解装置に投入するという単純なプロセスだけでポリ乳酸の前駆体であるラクチドを得ることができる。しかし，その際，ポリ乳酸製品はプラスチック廃棄物として，他のプラスチックと混ざっている場合が多い。ポリ乳酸を含むプラスチック廃棄物から，選択的

第5章 セルロース，ヘミセルロースの制御技術

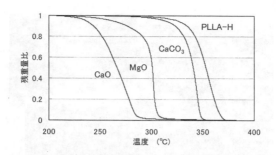

図2 アルカリ土類金属化合物を添加したPLLAのTG曲線（5k/min）

に高収率で高純度のラクチドを取り出せるようにしなければならない。

ポリ乳酸の熱分解挙動には，共存する金属化合物の影響が大きい。環境にやさしい金属化合物として，アルカリ金属とアルカリ土類金属がある。そのような金属イオン末端を有するポリ乳酸（PLLA-Na，PLLA-K，PLLA-Ca，PLLA-Mg）の熱分解挙動を調べたところ，アルカリ土類金属はポリ乳酸の熱分解温度と活性化エネルギーを下げることが確認された。さらに，アルカリ土類金属イオン末端を有するポリ乳酸の熱分解生成物は，ラクチド以外の成分が抑えられて，選択的にラクチドを生成した[1,2]。

実用化に向けて，ポリ乳酸にアルカリ土類化合物を添加し，熱分解挙動に与える影響を調べた。カルシウムとマグネシウム化合物では，ポリ乳酸の熱分解に及ぼす効果が違うことがわかった。アルカリ性が強いカルシウムやマグネシウム化合物はより低温側で熱分解が進む（図2）。カルシウムやマグネシウム化合物を加えたポリ乳酸の熱分解温度は純ポリ乳酸より100℃も下がって，効率的に熱分解する可能性を示した。このことは，ポリエチレンのような汎用プラスチックの熱分解温度は350℃を超えるため，これらがポリ乳酸と混ざっていたとしてもポリ乳酸だけが選択的にラクチドとして回収できることを意味する。図3に実験用押出成形機でポリ乳酸を熱分解し，ラクチド蒸気を回収し，凝縮したラクチド粉末を示す。図からわかるように，容易にポリ乳酸の原料になるラクチドが回収できることがわかる。

さらに，アルカリ土類金属イオン末端を有するポリ乳酸と同様に，アルカリ土類化合物を添加したポリ乳酸の熱分解生成物にも，ラクチド以外の成分はほとんどなく，選択的にラクチドを生成した[3]。しかし，いくら選択的にラクチドが生成しても320℃を超える温度下での熱分解ではラセミ化が進み，高い光学純度のラクチドは得られない可能性がある。酸化マグネシウムを触媒として用いた場合，熱分解は250℃以下では起きず，したがって，室温からポリ乳酸を加熱しても，生成したラクチドの光学純度は高く保つことができる。図4に各熱分解温度で生成した熱分解物の組成を示す。このように，酸化マグネシウムを触媒にすることで，光学純度を高く保ってラク

図3 実験用エクストルーダによるポリ乳酸の熱分解と回収したラクチド粉末

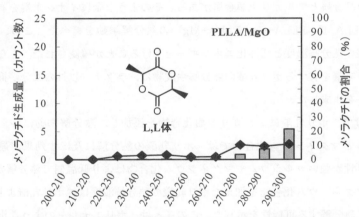

図4 PLLA-MgOの熱分解に伴うラセミ化の進行と分解温度との関係

チドを得ることができる[4]。

このように，分解温度と触媒を巧妙に制御することによりポリ乳酸から高い収率で光学純度の高いラクチドが得られることがわかり，より容易にポリ乳酸のケミカルリサイクルを実現できる可能性が見出せた。

4.3 加圧高温水蒸気によるポリ乳酸の加水分解

一般的に，カップの素材になっているようなポリ乳酸の場合，その内部構造は結晶相と非結晶相からなる。加水分解速度は結晶相より非結晶相の方が大きいため，加水分解は非結晶相で主に起こる。一般的に，水性媒体を用いた加水分解反応の場合，ポリ乳酸はそのpHに応じて分解さ

第5章　セルロース，ヘミセルロースの制御技術

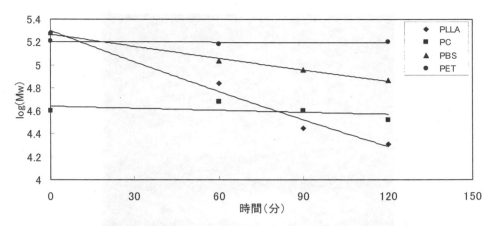

図5　130℃の加圧水蒸気によるポリ乳酸とその他のプラスチックの分子量変化

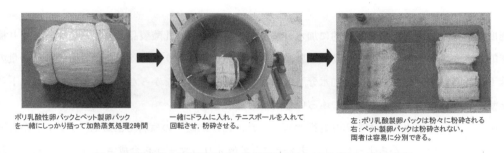

図6　加圧高温水蒸気処理によるポリ乳酸とペット卵パックの分別

れ，低分子の乳酸オリゴマーを生じる。乳酸オリゴマーは急速に分解され，乳酸モノマーとなって溶媒中に溶解する。一方，水蒸気でポリ乳酸が処理された場合，水蒸気はポリ乳酸内部へ容易に浸透し，エステル結合を攻撃し，これを加水分解する。カルボキシル基が形成されると，それが触媒的に作用してさらに近接するエステル結合を開裂する。このように自己触媒的にポリ乳酸内部で加水分解が進行していく[5]。図5に130℃での飽和水蒸気条件で処理した際のさまざまなプラスチックの加水分解による分子量の変化を示す。ペットやポリカーボネートはほとんど分子量の低下は認められないが，特に，ポリ乳酸は急速に分子量が低下することがわかる。また，この反応に際して，ポリ乳酸の光学純度の低下は全く見られなかった。

　ポリ乳酸製とペット製の卵パックをそのまま加圧高温水蒸気処理にかけ，その後，単純なコンクリートミキサーで粉砕する。ポリ乳酸は低分子化されて強度が激減するので，ペット製卵パックと容易にふるい分けできる。このようなプロセスによって，ポリ乳酸の原料になる乳酸オリゴマーを容易に入手することができる。図6に実験手順を示すが，ポリ乳酸とペットでは加水分解

木質系有機資源の新展開 II

図7　ポリ乳酸製鶏卵パック事例（10個詰め）および識別表示法

速度が異なり，ポリ乳酸が選択的に加水分解を起こすのでポリ乳酸製品のみオリゴマーとなり機械的強度が著しく低下する。ポリ乳酸製品以外の製品は熱により変形はしているものの分子量の低下は見られず，機械的強度は加水分解前の状態とほぼ変わらなかった。これをコンクリートミキサーにかけることにより崩壊しふるい分別が可能となる。

ケミカルリサイクルによるポリ乳酸の再生のためには，直接の原料であるLLラクチドが必要である。図1からわかるように，LLラクチドは乳酸オリゴマーから合成される。加圧高温水蒸気により分別のために低分子化され，結果的に乳酸オリゴマーが得られることは，これそのものがLLラクチドの原料になるので，ケミカルリサイクルによるポリ乳酸の再生に繋がる。

4.4　ポリ乳酸製卵パックの回収と分別

筆者らは，北九州市における環境保全技術の発展とその啓発のために，大学等研究教育機関，産業界，民間活動グループ，行政を積極的に結び付ける事業を行い，北九州市の環境保全と地域の活性化に寄与することを目的とし，平成17年6月14日にNPO法人北九州エコ・サポーターズを設立した。北九州エコ・サポーターズは現在(財)バイオインダストリー協会（JBA）と共同でジャスコ若松店（北九州市若松区）においてポリ乳酸製卵パック回収を試行している。この際，回収を推進するためのキーポイントがいくつかあることがわかった。

まず，ポリ乳酸製の卵パックと一般に卵パックとして用いられているペット製のものを見分けることは難しく，一旦集まった大量の卵パックからこれらを分別するには時間がかかり，分別する人の負担になる。そのため，一般消費者に働きかけ，ポリ乳酸製の卵パックのみを集めることが試みられた。そのため，ポリ乳酸製パックには，図7に示すように，バイオマス起源（ポリ乳

第 5 章　セルロース，ヘミセルロースの制御技術

図 8　スーパー店頭での回収品（2008 年 9 月分）　　図 9　スーパー店頭での回収品（2008 年 12 月分）

酸製）であることを示す表示がなされている。しかし，図 8 に示すように，回収ボックスには，卵パックはほとんど含まれていなかった。一般消費者には，なぜポリ乳酸製の卵パックのみを回収せねばならないのか，なぜペット製のものは回収されないのかなど，回収に協力する理由がわかりにくいためであったと予想された。そのため，卵パックであればポリ乳酸製，ペット製に関わらず回収することとし，その旨，回収ボックスに掲示すると同時に 1 月に 1 回程度の啓発キャンペーンを店頭で展開した。その結果，図 9 に示すように卵パックのみを回収することができた。また，卵パックに占めるポリ乳酸製カップの割合も徐々に上昇し，現在は 10％以上になり，販売されているポリ乳酸パックに入った卵の割合に近づいた。

このように回収された卵パックは前項で説明した加圧高温水蒸気を用いた方法で，ペット製とポリ乳酸製に分別した。その様子を図 10 に示す。この方法により，ポリ乳酸は乳酸オリゴマーとして容易に回収することができた。また，処理が困難な紙のシールも容易に乳酸オリゴマーと分別できるばかりでなく，シール裏に張り付いたポリ乳酸も含め，85％以上のポリ乳酸を乳酸オリゴマーとして回収することに成功した。

現在，ジャスコ若松店では卵パックの回収も，発泡トレーの回収と同様，定着している。これは卵パックの独特の形状のため，消費者に判別が容易であることと，一般家庭ごみとした場合，ごみ袋を嵩張らせるため，ごみ排出に支障をきたし，来店時に 1，2 個のパックを持参するだけで，これを軽減できることが理由と推定できる。もちろん，短時間で卵パック回収が定着したのは，多くの消費者が発泡トレーなどの回収で，リサイクルの有用性を認識していることは言うまでもない。

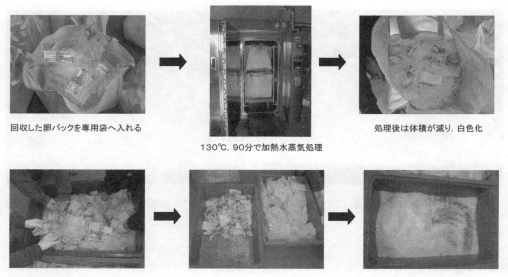

図10 加圧高温水蒸気による回収卵パックからの乳酸オリゴマーの回収

4.5 ポリ乳酸のケミカルリサイクルの実現性

これまでの研究結果から考えると，ポリ乳酸製卵パックのように，流通経路がしっかりしており，その輸送と回収・返送が，たとえば，行き便と帰り便の有効利用により，リサイクルとは無関係な業務に便乗して行われたり，中間集積場でさまざまな分別処理ができれば，あとは一旦分散した製品を消費者の普段の行動の中で容易に回収できるものであれば，リサイクルをすることによってむしろマイナス効果になる，ということはなくなるだろう。さらに，ここで述べてきたように，雑多な回収物から，それほど困難を伴わず，自動的に分別ができる技術が開発されれば，リサイクルは資源保全の有効な手段になる。ここでは，リサイクルの難しいもののひとつであるプラスチックのアップグレードなリサイクルについて考えた。ポリ乳酸はバイオマスを原料とする持続可能な資源である。しかし，その容易な化学的分解性により，アップグレードな再生が可能になることを示した。このようなバイオマスプラスチックは多様な社会ニーズ（短寿命）と資源の保全を両立できる方法として注目できる。すなわち，いわゆる，長寿命素材がそのものとして長寿命を目指すのに対し，ポリ乳酸のケミカルリサイクルは固定された炭素を長寿命に地上に固定することを目指しているのである。

第5章　セルロース，ヘミセルロースの制御技術

文　　献

1) Y. Fan, H. Nishida, S. Hoshihara, Y. Shirai, Y. Tokiwa, and T. Endo, *Polym. Degrad. Stab.,* **79**, 547-562 (2003)
2) Y. Fan, H. Nishida, Y. Shirai, and T. Endo, *Polym. Degrad. Stab.,* **84**, 143-149 (2004)
3) 樊，西田，白井，遠藤，高分子学会予稿集, **51**(14)，3841 (2002)
4) Y. Fan, H. Nishida, T. Mori, Y. Shirai, and T. Endo, *Polymer,* **45**, 1197-1205 (2004)
5) M. A. Ahmad-Faris, H. Nishida, and Y. Shirai, *Polym. Degrad. Stab.,* **93**, 1053-1058 (2008)

5 メタン発酵

井藤和人[*1]，舩岡正光[*2]

木質バイオマス（リグノセルロース）資源の有効利用の観点から，フェノール誘導体および濃硫酸を用いた相分離系変換システムによって，木質バイオマス中のリグニンから直接，付加価値のある新規リグニン素材（リグノフェノール）を誘導し，製品化への応用など，リグニン資源の長期循環システムの構築に関する一連の研究が行われている[1]。このリグニンの抽出過程で残渣として生成するセルロース・ヘミセルロースなどの多糖類およびその加水分解物を含む糖液についても，有機物（バイオマス）資源として有効利用することが望まれる。木質バイオマスの微生物利用によるバイオ燃料への変換には，糖化のための前処理が必要であり，これまでに酸を用いた化学的方法や酵素を用いた生化学的方法など様々な方法が検討されている[2]。相分離系変換システムでは濃硫酸を用いるため，この過程でリグノセルロースは低分子化され，生成される抽出残渣は幅広い分子量分布を持つセルロース糖液であることが明らかにされている。また，濃硫酸を再利用するための回収方法についても検討され，回収率を向上させるとともにセルロース糖液中の硫酸濃度を低く抑える技術が確立されつつある。このセルロース糖液を微生物による発酵の基質とするためには残留する希硫酸を中和する必要があるが，中和後に残存する硫酸塩が発酵プロセスに及ぼす影響を評価しておく必要がある。この中和に水酸化バリウムや消石灰（水酸化カルシウム）を用いれば溶液中の硫酸塩濃度を下げることができるが，コストや生成する沈殿の除去など，問題点も多い。一方，硫酸残渣を安価な苛性ソーダ（水酸化ナトリウム）で中和すると，生成する硫酸塩の溶解度が大きいため，濃度によっては発酵を行う微生物に影響を及ぼす可能性がある。

微生物の働きによりバイオマス資源をメタンに変換する方法は古くから行われており，廃棄物や排水処理技術として実用化されているものも多い[3]。メタン発酵は生成物であるメタンガスをそのまま燃料として使えるエネルギー回収型の処理技術であり，嫌気的に進行するプロセスであるため，送風動力が必要でないことや汚泥の発生量が少ないことが利点として挙げられる。また，メタン発酵では最終的にはメタン生成菌がメタンの生成を担っているが，メタン生成菌が利用できる基質が主に酢酸または水素と二酸化炭素に限られているため，バイオマス資源をこれらの化合物にまで分解させるための微生物群が必要となる。セルロース糖液の場合を例に取れば，セルロース・ヘミセルロースを分解するセルロース分解菌，生成したグルコースなどの糖類を発酵に

[*1] Kazuhito Itoh　島根大学　生物資源科学部　教授
[*2] Masamitsu Funaoka　三重大学　大学院生物資源学研究科　教授

第 5 章　セルロース，ヘミセルロースの制御技術

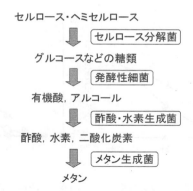

図1　セルロース・ヘミセルロースのメタン発酵における微生物群集

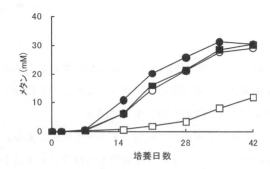

図2　汽水域底質におけるろ紙からのメタン生成
● 宍道湖ろ紙あり，○ 宍道湖ろ紙なし，■ 中海ろ紙あり，□ 中海ろ紙なし

より有機酸やアルコールに変換する発酵性細菌，これらの有機酸，アルコールを酢酸および水素に変換する酢酸・水素生成細菌，酢酸および水素，二酸化炭素を最終的にメタンに変換するメタン生成菌，の各種微生物の存在とそれらの協調的な働きが必要となる（図1）[4]。従って，用いるバイオマス資源の種類により必要な微生物群集は異なり，それぞれのケースにおいて最適な培養条件を検討する必要がある。

　例えば，硫酸塩を含む嫌気的環境下でセルロースからのメタン生成に必要な各種微生物群が生息していると考えられる島根県の汽水域である宍道湖および中海の底質を用いたセルロースからのメタン生成を比較すると，メタン生成活性自体は宍道湖底質で高いにもかかわらず，セルロース由来のメタン生成は中海底質で高く，底質中の微生物群集の特徴に両者で大きな違いがあることがわかる（図2）。

　リグノセルロースは強固な化学構造により微生物分解を受け難いため，一般的に，リグニンとセルロースの分離のための化学的または酵素による前処理が必要となる。相分離系変換システム

209

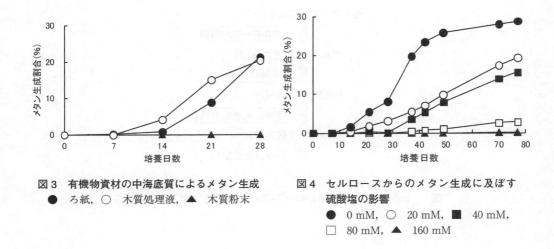

図3 有機物資材の中海底質によるメタン生成
● ろ紙，○ 木質処理液，▲ 木質粉末

図4 セルロースからのメタン生成に及ぼす硫酸塩の影響
● 0 mM，○ 20 mM，■ 40 mM，
□ 80 mM，▲ 160 mM

で分離されるセルロース糖液についても処理前の木材と比較すると，リグニンとセルロースの分離および低分子化により微生物による利用性が促進され，残存する硫酸塩を除くことができればセルロース糖液の分解およびメタン生成が向上する（図3）。

嫌気的な環境下における有機物分解の最終段階はメタン生成菌によるメタンへの分解と硫酸還元菌による二酸化炭素への分解である。メタン生成菌と硫酸還元菌は電子供与体である水素に対して競合関係にあり，水素に対する親和性は硫酸還元菌の方が高いため，硫酸塩が存在する環境下では硫酸還元菌が優勢となり，硫酸還元反応が進行する一方でメタン生成は抑制される[4]。従って，硫酸還元菌が生息する底質などをメタン発酵の微生物源とするときは，試料中に存在する硫酸塩の影響を評価しておく必要がある。

セルロース粉末をモデル化合物として，中海底質を微生物源としたときのメタン発酵における例では，メタンの生成は 20 mM の硫酸塩で抑制が始まり，濃度の上昇とともに抑制の程度が強くなり，160 mM では完全に阻害された（図4）[5]。メタン発酵の阻害の要因として，硫酸塩による直接的阻害，共存する硫酸還元菌の硫酸還元反応による水素の消費，硫酸還元により生成する硫化物による阻害などが考えられる。いずれにしても，木質バイオマスからのリグニン抽出後に硫酸を回収するとともに，中和後に生成する硫酸塩濃度を低下させることが必要であるが，硫酸塩濃度をより低濃度にするためにはそれだけコストも増加するため，回収に伴うコストの増加と硫酸塩の濃度上昇に伴うメタン生成活性の低下の程度を考慮し，それらの条件を設定することが必要である。また，硫酸塩の影響により活性は抑制されているが，このような環境でも活性のある微生物群を集積すれば活性をさらに高められる可能性があり，微生物活性の最適化についても改善の余地はある。

第5章　セルロース，ヘミセルロースの制御技術

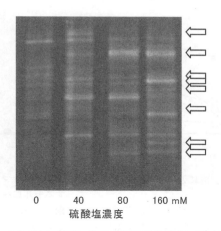

図5　セルロースのメタン発酵における細菌群集構造に及ぼす硫酸塩の影響
矢印は硫酸塩の添加で新たに出現したDNAバンド

　セルロース糖液からメタン生成までの過程には種々の微生物が関与しているため，培養中におけるそれらの微生物群集構造を解明しておくことは，これらの一連の微生物群集の状態を把握するために重要である。また，鍵となる微生物群を特定することができれば，培養の制御や発酵プロセスの最適化がしやすくなる。中海底質を微生物源とした培養では元来，底質中に生息していた多種多様な微生物群から培養条件に適した微生物群が選抜，集積され，特異な群集構造が形成されている。環境中の微生物の多くは培養できないことから，培養中のDNAを直接抽出し，真正細菌およびアーキアに特異的なプライマーで16S rRNA遺伝子をPCR増幅し，変性剤濃度勾配電気泳動で解析すると，培養中の硫酸塩の濃度により，異なる微生物群集構造が形成されていることが認められた（図5)[5]。また，この培養中におけるアーキア群集は多様なメタン生成菌群からなり，それらのほとんどが酢酸利用型メタン生成菌の近縁種であった。

　硫酸塩によるメタン発酵の阻害は微生物源として用いた中海底質に生息する硫酸還元菌による硫酸還元反応が主な要因であると考えられたため，その影響について検討した。セルロース粉末を基質としてメタン生成活性のある培養の一部を滅菌済みの嫌気培地に取り，順次，希釈することにより微生物密度の異なる培養を作製した。接種源の培養には硫酸塩を添加しないようにして，硫酸還元菌の密度をセルロース分解からメタン生成までに関わる微生物群集の密度より低くすることにより，培養の希釈操作で硫酸還元菌の排除を試みた例を紹介する。

　この実験では，培養の8次希釈により硫酸還元菌を排除し，硫酸還元反応を抑制することができた。一方，セルロース粉末からのメタン生成は8次希釈まで抑制されることはなかった。しかし，この培養に20 mMの硫酸塩を添加した場合には，メタンおよび二酸化炭素の生成は大きく抑制された（図6)[6]。硫酸還元反応を抑制してもメタン生成が抑制されたため，硫酸塩そのも

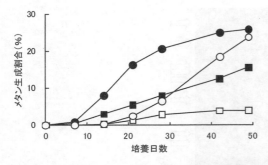
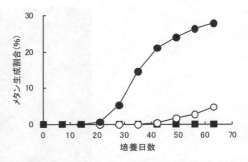

図6 セルロースからのメタン生成に及ぼす硫酸還元反応の影響
2次希釈：硫酸還元環境，8次希釈：硫酸還元なし，● 0 mM 2次希釈，○ 0 mM 8次希釈，■ 20 mM 2次希釈，□ 20 mM 8次希釈

図7 木質バイオマスの相分離系変換後に生成するセルロース糖液からのメタン生成
■ 原液，○ 5倍希釈，● 10倍希釈

のがセルロースからメタン生成までのいずれかのプロセスに影響していること，または，硫酸還元菌がこのプロセスで何らかの役割を果たしていることが示唆される。これまでの研究で，ある種の硫酸還元菌は，メタン生成菌と共生して有機酸などの有機物を分解することが報告されている[7]。微生物群集がより多様である低次希釈の培養の方が，硫酸塩または硫酸還元反応による影響が少ないため，複雑な微生物群集構造が活性の維持あるいは安定化に寄与しているかもしれない。

次に，実際の相分離系変換システムによってリグニン成分を抽出したときに得られた，硫酸塩を含むセルロース糖液のメタン発酵性について紹介する。この廃液には木質バイオマス由来の多種多様な成分が含まれるため，それらの成分のメタン生成に及ぼす影響についても評価する必要がある。ここでは，硫酸塩の影響を除くため，水酸化バリウムにより硫酸バリウムとして沈殿させることで硫酸塩を除いた廃液を用いている。

セルロース糖液の原液からのメタンおよび二酸化炭素の生成は完全に抑制され，処理液中の何らかの成分が微生物による発酵を阻害した。メタンの生成は処理液を5倍に希釈することで生じ，10倍に希釈することで，その影響がほとんどなくなった（図7）。また，セルロース糖液の原液にはシステム反応系で添加される4-メチルフェノールが高濃度で含まれており，これが抑制の原因物質であると予想されたが，4-メチルフェノールを種々の濃度で添加してその影響を調べた結果，4-メチルフェノールはメタン生成を抑制する主要な原因ではなかった。今後は，この阻害要因を取り除き，原液でも処理できる条件を整えることが課題である。

第5章 セルロース,ヘミセルロースの制御技術

文　　献

1) 舩岡正光ほか,Lignocellulose を解く,科学技術振興機構「植物系分子素材の逐次精密機能制御システム」総括シンポジウム (2009)
2) 中島田豊,西尾尚道,バイオマスからの気体燃料製造とそのエネルギー利用,p.178 (2007)
3) 木田建次,バイオマスエネルギーの特性とエネルギー変換・利用技術,p.339 (2002)
4) 上木勝司,永井史郎,嫌気性微生物学,養賢堂 (1993)
5) 井藤和人,吉田真祐美,巣山弘介,第 24 回日本微生物生態学会講演要旨集,p.117 (2008)
6) 井藤和人,吉田真祐美,巣山弘介,セルロースからのメタル発酵に及ぼす硫酸塩の影響,科学技術振興機構「植物系分子素材の逐次精密機能制御システム」総括シンポジウム (2009)
7) M. P. Bryant *et al., Appl. Environ. Microbiol.,* **33**, 1162 (1977)

6 乳酸発酵

谷口正明[*1], 岡部満康[*2]

6.1 はじめに

　乳酸は食品添加物として認められている安全なカルボン酸で日本酒, ビールなどの醸造用剤に, また, 酸味料, pH調整を目的とした食品添加物として, また医薬品, 農薬などの化学合成原料として大量に製造, 消費されている。これまで乳酸はこれらの用途において石油由来のDL-乳酸とバイオマス由来のL-乳酸が区別無く併用されており, 特殊な用途としてファインケミカル原料用のD-乳酸生産が少量行われていた。

　しかし近年, 再生可能なバイオプラスチックの主流と目されるポリL-乳酸（PLA）の原料としてのL-乳酸の需要が増大したことから, 微生物によるL-乳酸の工業的生産量が飛躍的に増大した。これらを支える技術として原料, 発酵, 精製などの技術革新によるところが大きいが, 本節ではこのうち, L-およびD-乳酸の発酵生産技術および稲わらなどのいわゆるソフトバイオマスからの乳酸発酵の可能性などについて, その現状と将来の可能性について論じたい。

6.2 乳酸菌によるL-乳酸発酵

　乳酸発酵の主体者は *Lactobacillus casei* や *Lactobacillus delbrueckii* などのホモ型発酵乳酸菌でEMP回路を使ってグルコースを代謝し, 乳酸のみを生産する。この発酵においては理論上, 1モルのグルコースから2モルの乳酸が生産される。

　Lactobacillus delbrueckii を生産菌とする典型的な乳酸発酵プロセスを図1に示した。通常100〜120g/Lのグルコースとアンモニア水, 硫安および1〜10g/Lの濃度のCSL, 酵母エキス, ポリペプトンなど天然有機物を混合した培地から理論値に対して85〜95％の収率で乳酸が生産される。発酵が終了すると硫酸を加え遊離の乳酸と硫酸カルシウムとに分離し, 遊離の乳酸は所定濃度まで濃縮し精製工程へ移る。精製工程としては①抽出法, ②イオン交換法ならびに③エステル化法などがあり, 製品の用途に応じ, いずれかの方法で精製される。一方, 生産された乳酸と等モル発生する硫酸カルシウムの廃棄処理が非常に難しく本プロセスの大きなデメリットとなっている。

　将来の生分解性プラスチックの原料としてのL-乳酸の大量生産を目的としてIshizakiらは電気透析とリンクした菌体リサイクルを伴う連続発酵プロセスを提案[1]している。本方法によれば希釈率 $0.5h^{-1}$ で比生産速度 2g/g-cell g/h, 菌体濃度 5g/L, 乳酸濃度 20g/L, 残存グルコース

---

*1　Masaaki Yaguchi　㈱武蔵野化学研究所　企画開発部　副主管
*2　Mitsuyasu Okabe　㈱武蔵野化学研究所　顧問；静岡大学名誉教授

第5章 セルロース，ヘミセルロースの制御技術

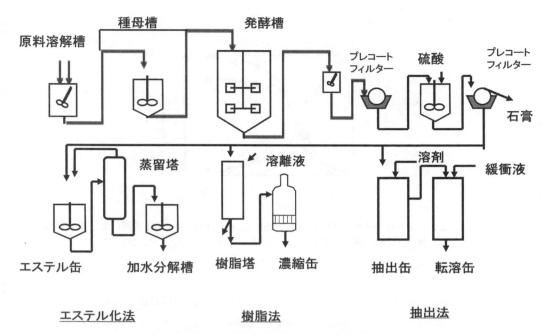

図1 伝統的なL-乳酸の発酵ならびに回収精製プロセス

濃度5g/Lでの乳酸の連続生産が可能であった。

6.3 カビによるL-乳酸発酵

 Rhizopus 類のつくる乳酸の対糖収率は70〜75%を最高とすると報告[2]されており，工業生産の場合，到底ホモ型乳酸発酵に対抗できない。しかしながら *Rhizopus* を使う利点は栄養的には炭素源以外はすべて無機質ないし尿素のような簡単な物質しか要求しないことから，乳酸の回収精製が容易であることが考えられる。Yinならびに三浦らは培地コストの低減化ならびに精製の容易さに注目し，*Rhizopus* によるL-乳酸の新規な製造プロセスの開発を行った[3,4]。まず抗生物質のスクリーニング法にならい，発色寒天培地とアンモニア濃度勾配法の2種類の方法を組み合わせたアンモニア耐性でかつ高い乳酸の生産性を示す変異株の効率的なスクリーニング法を開発した。また1次スクリーニングを通過した変異株はすべて工業化の場合を想定し省エネタイプの小型エアリフトバイオリアクターを用いて2次スクリーニングを行った。本スクリーニング法で得られたアンモニア耐性変異株 *Rhizopus* sp. MK-96-1196 とこの変異株の元株との培養特性を比較したところ，明らかに変異株はアンモニアによるpH制御下で元株より高い乳酸生産速度を示した。図2に本変異株を用いた100L型バイオリアクターでのパイロット培養試験の結果を示した。120g/Lのグルコースから96g/LのL-乳酸が生産され，L-乳酸の相対光学純度は99.8%であ

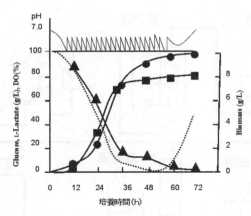

図2　100L エアリフト型バイオリアクターでの *Rhizopus* sp. MK-96-1196 を用いた L-乳酸発酵
● L-乳酸，■ 乾燥菌体，▲ グルコース，― pH，… DO

った．本変異株の取得により従来の炭酸カルシウムで中和する回収精製法が一新された．図3に示したように炭酸カルシウムで培養のpHを制御する従来法に比べアンモニア中和法では回収精製の連続化が可能となり製品の品質の安定化につながり光学純度が極めて高い，高品質L-乳酸の製造方法を確立することができた．

将来ポリ乳酸の原料としてのL-乳酸の需要が増大した場合，従来型の容量が，せいぜい500kLが限度である通気撹拌槽では対応できない．Yaguchiらは幾何学的形状が相似である3L，100Lならびに5kLのエアリフト型気泡塔を用いて *Rhizopus* sp. MK-96-1196株によるL-乳酸発酵のスケールアップについて検討した[5]．結果的に3Lから5kLエアリフト型気泡塔までのスケールアップが，図4に示したように酸素容量移動速度（OTR）を基準とすることで可能なことを明らかにし，このスケールアップ実験結果から3000kL程度までの外挿が可能ではないかと論じている．

6.4　組換え酵母による L-乳酸発酵

本来酵母は嫌気条件下ではL-乳酸脱水素酵素（L-LDH）活性が弱いので，L-乳酸は生成せず，ピルビン酸からアセトアルデヒドを経由してエタノールを生成する．そこで多くの研究者が外来L-LDH遺伝子を酵母にクローニングし，組換え酵母によるL-乳酸の生産の可能性について検討している．遺伝子組換えを応用した酵母の分子育種の戦略をまず概観する．酵母の主要な代謝系を図5に示した．分子育種にあたっては，①グルコースがピルビン酸を経てエタノールへ流れないようにピルビン酸脱水素酵素（PDC）欠損変異株をとる．②同様にピルビン酸を経てTCA回路に流れないようにピルビン酸脱水素酵素（PDH）欠損変異株をとる．③以上の準備を行った後，

第5章　セルロース，ヘミセルロースの制御技術

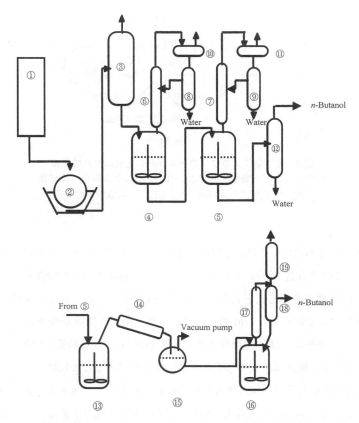

図3　乳酸アンモニアから n-ブチル乳酸エステルを回収精製するプロセス
①エアリフトバイオリアクター　⑧2相分離缶　　　⑮レシーバー
②濾過機　　　　　　　　　　　⑨2相分離缶　　　⑯加水分解缶
③蒸発缶　　　　　　　　　　　⑩コンデンサー　　⑰蒸留塔
④アンモニア蒸発缶　　　　　　⑪コンデンサー　　⑱2相分離缶
⑤エステル化反応缶　　　　　　⑫フラッシュ蒸発缶　⑲コンデンサー
⑥第1蒸留塔　　　　　　　　　⑬蒸発缶
⑦第2蒸留塔　　　　　　　　　⑭コンデンサー

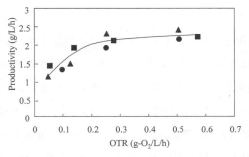

図4　OTRを基準とした 3L から 5kL エアリフト型バイオリアクターへのスケールアップ
3L ▲，100L ●，5kL ■

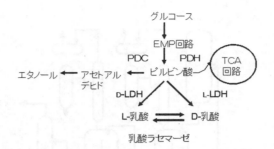

図5 微生物によるグルコースからの乳酸の生合成経路
PDC，ピルビン酸脱炭酸酵素；PDH，ピルビン酸脱水素酵素；
L-LDH，L-乳酸脱水素酵素；D-LDH，D-乳酸脱水素酵素

例えばL-乳酸が目的であればL-LDHを強化するため，外来の強力なL-LDH遺伝子を酵母のゲノムに導入する。この場合宿主酵母がD-LDHを有していればこれの欠損変異株をとる。D-乳酸が目的であればL-乳酸の逆の方策をとればよい。乳酸生産を目的とした酵母の分子育種は前述のようにルーチン化しており多くの研究者によって様々な取り組みがなされている。なお酵母を乳酸生産菌とする理由は，酵母が比較的低いpH（4.0〜4.4）で培養が可能で，pH制御を必要としないからである。例えば培養のpHを中性付近に維持するためには，アルカリによる中和が必要で，結果的にかなり多量の塩が生成される可能性があり，コスト面また環境保全の面でかなり厳しくなってくる。Saitohらは前述の戦略に従い，仔牛のLDH遺伝子をワイン酵母にクローニングしたトランスゲニック組換え酵母を構築することに成功し，サトウキビしぼり汁を主体とした培地からのL-乳酸の生産を行った[6]。図6にその発酵経過を示したが，対糖収率61％で122g/LのL-乳酸（光学純度99.9％）を生産した。しかしながら対糖収率が乳酸菌や*Rhizopus*に比較して低いことや，20g/L近くのエタノールを副生しており，まだ工業利用上の問題は残されている。

6.5 D-乳酸発酵

ポリL-乳酸は従来の石油をベースとするプラスチックの再生可能な代替物質として開発されているが，このポリマーは耐熱性が弱いのが欠点であると指摘されている。最近IkedaらはポリL-乳酸とポリD-乳酸を混合し，ステレオコンプレックスを形成することで融点が従来のポリL-乳酸より50℃以上上昇することを明らかにした[7]。この発見によりD-乳酸発酵によるD-乳酸の大量安定生産の重要性が増大した。Fukushimaらは*Lactobacillus delbrueckii*を用いて米糖化液からのD-乳酸発酵生産について検討している。米粉をα-アミラーゼ，β-アミラーゼおよびプルラナーゼを混合してマルトースを主成分とする糖液とし，これから，70％の対糖収率で相対純度

第5章 セルロース,ヘミセルロースの制御技術

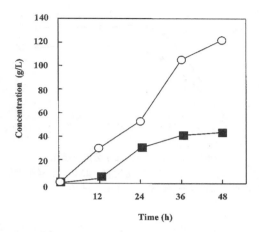

図6 サトウキビしぼり汁（糖濃度20%）からのS. cerevisiae T165RによるL-乳酸発酵の経時変化
ジャー培養条件 32℃,pH5.2,通気量 0.15vvm.
○ L-乳酸, ■ エタノール

97.5%のD-乳酸を得た。米粉からの総括収率は47%であった[8]。OkanoらはL-LDH欠損,α-アミラーゼ分泌性 Lactobacillus plantarum を分子育種し,生デンプンを主原料としたD-乳酸発酵を試みている。その結果,培養48hで73.2g/LのD-乳酸が生産された。対糖収率は85%で,得られたD-乳酸の光学純度は99.6%であった[9]。一方Ishidaらは①ピルビン酸脱水素酵素の完全欠失,②外来性L-LDH（leucomostoc mensenteroides subsp. Mensenteroides）遺伝子のゲノムへの導入を目的とした酵母の分子育種を試みた。結果的に得られた酵母はpHを中和しない条件下で,対糖収率53%で光学純度99.9%以上のD-乳酸を生産した。一般にpHを制御する培養では最終的に多量の塩が生成され,その分離に膨大なコストがかかることから,pHを中和しない培養が可能になった工業上の意義は大きい[10]。

6.6 リグノセルロース系バイオマスからのL-乳酸の生産

バイオエタノール問題からトウモロコシや砂糖価格の高騰が起こり,これらの糖質資源からの乳酸の発酵生産がエタノール同様コスト的に危うくなってきた。乳酸発酵においても将来的には稲わらや木質系バイオマスにその原料を求めざるを得なくなってくるものと思われる。Yangらは木質系バイオマスからの乳酸の生産を最終的な目的としてキシロースから乳酸生産について検討しており,Rhizopus oryzae の変異株を用いたフェッドバッチ培養で100g/Lのキシロースから77.39g/LのL-乳酸を得たと報告[11]している。

一方,Miuraらは農業廃棄物,特にアメリカや中国などコーン生産地で大量に排出されるコーンコブからの乳酸生産の可能性について検討[12]した。コーンコブはトウモロコシの穂軸で,ト

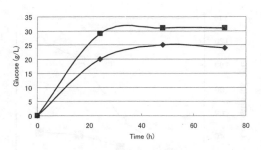

図7 コーンコブの加水分解（糖化）
基質濃度（コーンコブ） 100g/L，反応温度 45℃，酵素濃度 10u/g-cob,
■ アクレモニウムセルラーゼ，◆ メイセラーゼ

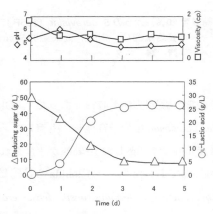

図8 コーンコブ加水分解物からの3L エアリフト型バイオリアクターでのL-乳酸発酵生産
通気量 2vvm，培養温度 30℃

ウモロコシ全体の10%を占める。Miuraらはコーンコブの風乾物をボールミルで粉砕し，粒径1mm以下の微粉を得た。この微粉の一般分析（AOAC法）を行った結果，繊維質が80%を占め，そのうち可溶性繊維（主としてデンプン）が9%，不溶性繊維（セルロース，ヘミセルロース，リグニン）が60%であった。これを市販のセルラーゼであるアクレモニウムセルラーゼ（明治製菓）とメイセラーゼ（明治製菓）をそれぞれ用いて3Lジャーファーメンターでの糖化実験を行った。図7にその経時変化を示したが，糖化開始後40hで100g/Lのコーンコブ粉末からそれぞれ32g/Lと25g/Lのグルコースが生産された。前記スケールアップ試験で使用した3Lエアリフト型バイオリアクターを用いてコーンコブ糖化液からの乳酸発酵を行い，その培養経時変化を図8に示した。初発グルコース濃度が50g/Lとなるように調製した糖化液からの乳酸発酵では培養開始後72時間で35.5g/LのL-乳酸が生産された。初発グルコース濃度からの対糖収率は71%であった。

第5章　セルロース，ヘミセルロースの制御技術

6.7　おわりに

　PLAの原料を供給するため，バクテリアやカビを生産菌とするL-乳酸発酵技術はより近代化された形での製造技術開発が進められている。さらに，PLAの耐熱性が改善されたステレオコンプレックスが新たに開発され，D-乳酸の需要も新たに喚起されつつある。

　D-乳酸発酵生産は古くから検討されているが，最近は伝統的に醸造でその大量培養法が確立している酵母に注目し，遺伝子組換えによるD-乳酸およびL-乳酸の高収率生産試験の成果が報告されている。しかしながら酵母はカビと比べると資化できる炭素源が限られ，またエタノールの副生の問題もあり，実用化に向かっては更なる技術開発が必要であろう。

　一方ではバイオエタノール増産に伴い，サトウキビやトウモロコシなどの価格は上昇の傾向にあることは確実であるから，PLA製造を目指した乳酸生産にも大きく影響してくるものと思われる。将来的には乳酸発酵も木質系バイオマスあるいは農業廃棄物にその原料供給源を求めざるを得なくなるであろう。こうした状況を踏まえ，農業廃棄物糖化液からの乳酸発酵の研究も進められてはいるが，これが成功するか否かはその糖化技術にかかっており，実用化のためにはブレークスルーしなければならない多くの問題がある。

文　　献

1)　A. Ishizaki *et al., Biotechnology. Lett.,* **18**, 1113-1118 (1996)
2)　朝井勇宣ほか，微生物工業，p.435，朝倉書店 (1950)
3)　P. M. Yin *et al., J. Ferment. Bioeng.,* **85**, 96-100 (1998)
4)　S. Miura *et al., J. Biosci. Bioeng.,* **96**, 65-69 (2003)
5)　M. Yaguchi *et al., J. Biosci. Bioeng.,* **101**(1), 9-12 (2006)
6)　S. Saitoh *et al., S. Appl. Environ. Microbiol.,* **71**(5), (2005)
7)　Y. Ikeda *et al., Macromolecules,* **20**, 904-906 (1987)
8)　K. Fukushima *et al., Macromol Biosci.,* 1021-1027 (2004)
9)　K. Okano *et al., Applied and Environmental Microbiology,* 462-467 (2009)
10)　N. Ishida *et al., J. Biosci. Bioeng.,* **101**, 173-177 (2006)
11)　Y. Yang *et al., Plasma Science and Technology,* **9**, 638-642 (2007)
12)　S. Miura *et al., J. Biosci. Bioeng.,* **97**(3), 153-157 (2004)

7 糖質の転換利用

渡辺隆司*

7.1 はじめに

　地球温暖化と化石資源の枯渇問題を背景として，石油リファイナリーに代わってカーボンニュートラルな資源であるバイオマスから化学品，燃料，エネルギーを体系的に生産するバイオリファイナリーが注目を集めている。バイオリファイナリーにおいては，生物的方法や熱化学的方法などにより，糖質，リグニン，油脂からエネルギーのみでなく多様な化学品を生産する[1, 2]。中でも糖質の発酵生産による有用物質の生産はバイオリファイナリーの中核となる技術である。ここでは，バイオリファイナリーという基本概念のもと，現在研究開発が活発化している糖質の変換について述べる。

7.2 バイオリファイナリーと糖質の変換

　バイオリファイナリーの創成には，地球温暖化の抑制，化石資源の枯渇，新産業の創出，エネルギー安全保障，地方経済の活性化，農林業の活性化，など多数の重要な因子が関係している。新産業としてのバイオリファイナリー創成のインパクトは大きく，21世紀の産業革命とも呼ばれる。20世紀は石油化学の時代であり，エチレン，プロピレン，ベンゼンに代表される炭化水素をコア化学品とする体系的な化学産業が構築された。これに対し，バイオマスの主要原料である糖は炭素，水素の他に酸素原子を多く含む。このため，バイオリファイナリーにおける糖からの化学品の生産体系は，石油リファイナリーとは根本的に異なる。このことは，バイオリファイナリーの上流に位置する基本化学品を決め，その基本化学品の生産技術（特許）を握った企業や国家が，バイオリファイナリーという新しい産業体系を主導することを示す。すなわち，基本化学品（プラットフォーム化合物）が決まると，その先の枝葉に相当する化学品も限定されることになるため，戦略的にプラットフォーム化合物からの製品開発，特許取得を進めることが可能となる。こうした点を背景として，米国エネルギー省（DOE）では，バイオリファイナリーのプラットフォーム化合物を12種選定し，それから誘導される化学品をいち早く提示した。すでに，プラットフォーム化合物の生産には，多くの米国企業が参入しており，競争が激化している。バイオリファイナリーでは，これまでエタノール生産の原料として利用されてきたデンプンやショ糖に代わり，リグノセルロースが主要な原料として利用される。

---

　　*　Takashi Watanabe　京都大学　生存圏研究所　生存圏学際萌芽研究センター　センター長，教授

第5章　セルロース, ヘミセルロースの制御技術

7.3 バイオリファイナリーにおける糖質の変換技術

リグノセルロース系バイオリファイナリー実現のためには, 様々な技術革新が必要である。微生物を用いた変換においては, ①植物細胞壁中の多糖を加水分解して単糖を生成する技術, ②生成した単糖を発酵して高効率で目的物を生産するとともに, 発酵生産物から有用な化学品や材料を作る技術, ③微生物変換と熱化学変換を効率的に組合せたシステム構築, が必要である。

7.3.1 植物細胞壁多糖の酵素加水分解

植物細胞壁中の多糖を加水分解する技術には, 硫酸などの強酸を用いる方法, 超臨界水あるいは亜臨界水を用いる方法, 酵素を用いる方法, それらの複合処理法がある。これらについては, 第2章を参照されたい。

7.3.2 リグノセルロース系バイオリファイナリーのためのセルラーゼの開発

バイオマス酵素糖化のためのセルラーゼの高機能化と生産性増強の研究は, 日欧米でこれまで活発に行われてきたが, 近年コーンストーバーからのエタノール生産のコストダウンを目的とした米国の研究が注目を集めている[1〜3]。コーンストーバーの酵素糖化のためのセルラーゼのコストを下げるため, DOEは, Novozymes社とGenencor International社にセルラーゼの開発研究を委託し, それぞれコーンストーバー前処理用の酵素の価格を約30分の1以下に下げた。これにより, コーンストーバーの酵素糖化プロセスにおいて, セルラーゼのコストは大きなボトルネックではなくなったとしている。Novozymes社の酵素開発では, コーンストーバーの希硫酸前処理物に対して高い酵素糖化率を示す*Trichoderma reesei*のセルラーゼ, ヘミセルラーゼのコンポーネント組成を*in vitro*でスクリーニングし, その組成を再現する遺伝子組換え発現系を構築して*T. reesei*を宿主として酵素の大量生産を行った。また, 個別の酵素は, 進化工学を用いて安定性と比活性を増大させている。バイオマスの種類と前処理法が異なると, 最大の酵素糖化効率を与えるセルラーゼのコンポーネント構成は大きく変わるため, 酵素開発とバイオマスの種類, 前処理はセットで開発する必要がある。

セルラーゼのコストを下げるためには, 安価な炭素源により酵素を高生産する必要がある。しかしながら, グルコースを炭素源として用いるとカタボライトリプレッションにより酵素生産が抑制される。このため, 変異や遺伝子組換えによりグルコースによるカタボライトリプレッションを外すとともに, セルラーゼ遺伝子の発現誘導機構を解明して転写を促進させることにより, ソホロースなどの高価な誘導剤を用いることなく, セルラーゼの生産性を高める研究が行われている。さらに, セルラーゼによる酵素糖化では, 構造未知なタンパク質が酵素糖化を促進する因子として作用することがこれまで示唆されてきており, その促進因子の同定に関する研究も行われている。Novozymes社では, *T. reesei*のセルラーゼ活性を高める成分を他の糸状菌からスクリーニングし, 活性を高めるタンパク質を分離している。そのタンパク質をクローン化し,

T. reesei で発現させたところ，組換え体のセルロース分解力が向上したと報告している[4,5]。また，セルラーゼの触媒サイトをタンパク質工学的に改変する研究や，セルロースバインディングモジュール（CBM）を組替えて，基質結合能を改変する研究も行われている。CBMをもつモジュラー型酵素の基質特異性は，触媒ドメインのみでは決まらず，触媒ドメインとCBMのコンビネーションで決まる。

　嫌気性バクテリアのセルラーゼは，セルロソームと呼ばれる巨大なモジュラー型酵素であり，骨格タンパク質（スキャフォールディン）に多糖を分解する触媒ドメイン，CBMが最適な配置で並ぶことにより，植物細胞壁多糖を効率よく分解する特徴をもっている。セルロソームの中には，細菌細胞壁と結合するSLH（Surface layer homology）ドメインをもっているものがある。SLH，CBMが存在すると，細菌，セルロソーム，基質が1つにつなぎとめられることになる。

　セルロソームは，タンパク質重量当たりのセルロース分解活性が高いため，セルロソームを異種あるいは同種微生物をホストとして組換え発現する研究が活発化している。我が国でも，中温嫌気性細菌 Clostridium cellulovorans のセルロソームをコリネ型細菌で異種発現する研究が(財)地球環境産業技術研究機構（RITE）で行われている[6]。

7.3.3 糖質の変換のための微生物の改変

　バイオリファイナリーのための発酵技術に関しては，バイオプロセスに用いる微生物細胞を遺伝子レベルで抜本的に改良して，高効率なバイオプロセスを作る技術開発が行われている。その1つが，不要な遺伝子を徹底的に除去して細胞を物質生産のための工場とするMinimum Genome Factory（MGF）の活用である。MGFとは，ゲノム情報を活用して，物質生産に不要な遺伝子を削除し，有用な遺伝子を強化・付与することによって，物質生産に特化した最小限のゲノムをもつ宿主細胞である。ミニマムゲノムをもつ微生物を作り，それに物質生産に必要な遺伝子を組み込んで，与えた炭素源が最大効率で目的物に変換される細胞工場（Cell Factory）を作る。この技術開発には，遺伝子導入と除去によって代謝物のフローがどう変わるかを数学的に予測して遺伝子組換えを最適化するシミュレーション技術が必要である。特に，補酵素の利用効率が物質生産の効率に強く影響するため，補酵素の生産と利用を予測することは欠かせない。また，シミュレーションに基づいて，補酵素の利用性をタンパク質工学的に改変する試みも行われている。例えば，出芽酵母 Saccharomyces cerevisiae は，キシロースなどのペントースを発酵する能力がない。S. cerevisiae に Pichia stipitis などのキシロースリダクターゼ（XR）とキシリトールデヒドロゲナーゼ（XDH）の遺伝子を導入するとキシロース代謝能が付与される。しかし，XRとXDHでは補酵素要求性が異なるために，培養を進めると補酵素のアンバランスが生じる。すなわち，前者は$NADP^+$もNAD^+も利用できるのに対し後者はNAD^+依存性を示す。そこでこの問題を解決するために，XDHをターゲットとしてタンパク質工学的手法を用いて$NADP^+$依

第5章 セルロース，ヘミセルロースの制御技術

存型変異体の作製を試み，完全に NADP$^+$ 依存型となった XDH が作製された。さらにこの機能変換 XDH を S. cerevisiae に形質導入することによりキシロース―エタノール変換効率が向上することが見出されている[7]。

バイオリファイナリーのための微生物の機能改変では，この他，変換効率の高い有用遺伝子をクローニングし，それを高効率で発現させるための形質転換系の開発が必須である。高効率発現には，遺伝子の導入効率を高める技術開発，強力なプロモーターの開発，タンパク質の適切なフォールディングを促進するシャペロンの開発・利用技術，タンパク質の分解を抑えるためにプロテアーゼ遺伝子の発現を抑制する技術，タンパク質の不要な修飾を抑制する技術，目的物質の分泌性能を向上させるために分泌に関わるトランスポーターやシグナル遺伝子を強化する技術，糖，アミノ酸などの取り込みに関わる膜輸送系を強化する技術，疎水性環境下で物質生産するための微生物の分子育種，など様々な技術開発が含まれる。また，開発した微生物を最大効率で利用するためのバイオリアクターの開発，膜による生産物の分離技術の開発も欠かせない。このように，バイオリファイナリーには，革新的なバイオテクノロジーが必要であり，産業構造のみならず学問分野にも大きな変革をもたらすと予測されている（図1）。微生物を利用するバイオプロセス技術については，日本は伝統的に強みを有するものの，スクリーニングにより有用微生物を分離し，それを発酵プロセスに利用する研究が主体であった。バイオリファイナリーでは，システムバイオロジーをベースとした細胞工場の開発が必要であり，特許の取得競争が今後ますます激化すると思われる。

7.3.4 バイオリファイナリーのための糖質由来のプラットフォーム化合物

DOE は，バイオリファイナリー構築に向けて，300 以上の化合物から，市場性，生産コスト，誘導体の用途と市場，既存石油化学品からの代替性などをもとに，C3-C6 をカバーする12種のプラットフォーム化合物を選定した[1,2,8,9]。ここでは，その代表的なものを紹介する。

バイオリファイナリーの C4 プラットフォーム化合物であるコハク酸は，現在，樹脂原料，医療原料，メッキ薬，写真現像薬，調味料などに使用されている。食品用を除いて，その大部分が石油から製造した無水マレイン酸の水素添加により生産されている。無水マレイン酸の世界の市場規模は，160 万トン／年であり，そのうち10%の 16 万トン／年がコハク酸に変換されている[10]。バイオリファイナリーでは，発酵法によるコハク酸生産を汎用化学品まで拡大することが求められる（図2）。コハク酸は，TCA サイクルの代謝中間体であり，TCA サイクルの正回り反応でも逆回り反応でも生産が可能である。しかしながら，TCA サイクルの正回り反応を利用すると理論上1モルのグルコースから最大でも1モルのコハク酸しか生産されないのに対し，TCA サイクルの逆回り反応を利用すると1モルのグルコースから2モルのコハク酸が生産可能となる[8]。このため，微生物によるコハク酸の生産に関する研究は TCA サイクルの逆回り反応

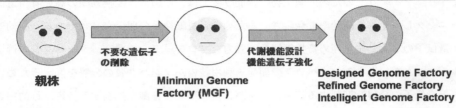

図1 バイオリファイナリーのための微生物の改変と利用

不要な遺伝子を削って Minimum Genome Factory（MGF）を作った後に物質生産に必要な遺伝子を導入して細胞工場を作る研究開発が国際的に進行している。NEDO プロジェクトでは，大腸菌，枯草菌，酵母を物質生産に適した菌に組換える研究が進行中であり，組換え体を，それぞれ，Designed Genome Factory（DGF），Refined Genome Factory（RGF），Intelligent Genome Factory（IGF）と名付けている[28]。

を利用する方法が中心となっている。嫌気性条件下におけるグルコースからコハク酸の生産は，

① ホスホエノールピルビン酸カルボキシラーゼ（PEPC）あるいは，ホスホエノールピルビン酸カルボキシキナーゼ（PEPCK）の作用により，解糖系で生成したホスホエノールピルビン酸（PEP）を直接オキサロ酢酸に変換し，さらにオキサロ酢酸をリンゴ酸デヒドロゲナーゼ，フマラーゼ，コハク酸デヒドロゲナーゼ複合体によりコハク酸に変換する方法，

② ピルビン酸カルボキシラーゼ（PC）により，ピルビン酸をオキサロ酢酸に変換し，①と同様，TCA サイクルの逆回り反応でコハク酸を生成する方法，

③ リンゴ酸酵素によりピルビン酸を直接リンゴ酸に変換し，フマラーゼとコハク酸デヒドロゲナーゼ複合体によりコハク酸を生成する方法

がある（図2）。

Lee らは，嫌気性グラム陰性細菌 *Anaerobiospirillum succiniciproducens* の PEPCK によるホスホエノールピルビン酸の炭酸固定経路を利用して，木材の加水分解物（27g/L グルコース量に相当）

第5章 セルロース，ヘミセルロースの制御技術

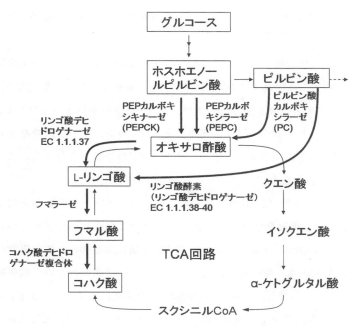

図2 TCA回路の逆反応を利用したコハク酸の生産

から24g/Lのコハク酸を生産した[11]。Guettlerらは，PEPCによるホスホエノールピルビン酸の炭酸固定経路を導入した*Actinobacillus succinogenes* 130Z（ATCC 55618）を用いて，炭酸ガス／水素条件下で培養し，110g/Lのコハク酸を生産した[12]。一方，コリネ型細菌を好気条件下で細胞増殖させ，嫌気条件下においてホスホエノールピルビン酸カルボキシラーゼ（PEPC）の炭酸固定化能を利用して糖からコハク酸を生産する研究も進められている。嫌気条件下でのコリネ型細菌によるコハク酸の生産は，細胞増殖を伴わずに高濃度菌体を用いて糖をコハク酸に変換できるという特徴があり，ホスホエノールピルビン酸あるいはピルビン酸からのバイパス経路を遺伝子破壊により遮断したコハク酸生産菌の開発が進められている[8, 13, 14]。バイオリファイナリーにおけるコハク酸誘導体化の基本反応は，1,4-ブタンジオール，テトラヒドロフラン，γ-ブチロラクトンへの還元である。γ-ブチロラクトンおよびγ-ブチロラクトンから誘導される2-ピロリジノン，*N*-メチル-2-ピロリドン（NMP）は，溶剤として利用される。コハク酸は，バイオリファイナリーにおいて，生分解性プラスチック原料としても利用される。すでに1,4-ブタンジオールとコハク酸のホモポリマー（ポリブチレン・サクシネート），エチレングリコールとコハク酸のホモポリマー（ポリエチレン・サクシネート），コハク酸，アジピン酸，1,4-ブタンジオールの共重合体（ポリブチレン・サクシネート・アジペート）が製造されている。TCAサイクルのメンバーであるリンゴ酸やフマル酸もコハク酸と同様TCAサイクルの逆回り反応を利用

した発酵で生産でき，メタボリックエンジニアリングを用いたこれらの有機酸生産菌の分子育種が進められている。

C6プラットフォーム化合物である2,5-フランジカルボン酸は，ヘキソースの酸化的脱水により生産される。2,5-フランジカルボン酸は，PET樹脂の類縁ポリマーの製造に使用される。2,5-フランジカルボン酸のカルボキシル基の還元は，2,5-ジヒドロキシメチルフラン，2,5-フランジカルバルデヒド，2,5-ジヒドロキシメチルテトラヒドロフラン，コハク酸を与える。また，還元的アミノ化により，2,5-ビス（アミノメチル）テトラヒドロフランを与える。これらは，ポリエステルやナイロンの原料となる。

3-ヒドロキシプロピオン酸（3-HPA）は，炭素数3のヒドロキシカルボン酸であり，バイオリファイナリーにおいて重要なプラットフォーム化合物になると期待されている。3-HPAは，独立栄養細菌である *Chloroflexus aurantiacus* の菌体外中間代謝産物として見出された[15]。穀物大手のCargill社は，米国エネルギー省の助成を受けて，医薬品開発のための微生物の分子育種を専門とするCodexis社と提携し，3-HPAの発酵生産の研究に着手した。3-HPAからは，アクリルアミド，アクリル酸，アクリル酸メチル，アクリロニトリルなど，工業的に重要な化合物が生産される。3-ヒドロキシプロピオン酸を還元すると，1,3-プロパンジオールが生成する。1,3-プロパンジオールは，ポリエステルの原料として利用される。1,3-プロパンジオールは，3-HPAの還元の他，グリセロールから嫌気的に生産されるが，グリセロールが高価なため，遺伝子組換え大腸菌を用いたグルコースからの1,3-プロパンジオールの発酵生産がDupont社とGenencor International社により検討された。135g/L，3.5g/L/hr，対糖収率46.1%の生産性が報告されている。Dupont社では，2004年に1,3-プロパンジオールの製造を石油からトウモロコシを原料とする発酵法に切り替え，これを用いたポリエステルをソロナという商品名で販売している。

C4プラットフォーム化合物であるアスパラギン酸の生産には，有機合成，タンパク質抽出，発酵，酵素合成の4つのルートがあるが，この中で，フマル酸とアンモニアをアスパルターゼの作用で反応させる酵素合成法が副生成物が少ない点から有利とされてきた。アスパラギン酸は，グルコースの直接発酵でも生産されるが，現状では生産性は低い。TCAサイクルで生成するオキサロ酢酸がアスパラギン酸トランスアミナーゼ反応によりアミノ化されると，アスパラギン酸が生成する。この経路を利用したメタボリックエンジニアリングにより，グルコースを原料とするアスパラギン酸生産法が進展すると予想される。

C6プラットフォーム化合物であるグルカール酸は，グルコースの1位と6位の選択的酸化により生産される。デンプンの硝酸による一段階の酸化により製造される。グルカール酸のラクトン類は溶媒として利用される。また，アミドはナイロンの原料となる。

グルタミン酸は，C5プラットフォーム化合物として期待されるが，発酵生産によるコストの

削減が課題である。*Corynebacterium glutamicum* を用いるグルコースからのグルタミン酸の生産が商用化されている。

C5 プラットフォーム化合物であるイタコン酸は，ラテックス，水溶性塗料，アクリル繊維改質剤，紙力増強剤，アクリルエマルジョン，カーペットの裏打糊，印刷インキ，接着剤，樹脂原料などの用途に利用されている。イタコン酸は，クエン酸の 175℃ 以上の熱分解によって生成するが，工業的には *Aspergillus terreus* を用いた発酵により生産されている。イタコン酸は，食品添加物としても認可されており，酸味料や pH 調整剤として使用されている。樹脂原料としては，スチレン，酢酸ビニル，アクリル酸，アクリル酸エステル，ブタジエン，アクリロニトリル樹脂の性質を改変する共重合体原料として利用されている。

レブリン酸は，セルロース，デンプンなどの多糖の酸触媒脱水反応により製造される。酸処理と還元反応を組合わせると，キシロースやアラビノースなどのペントースからも生産できる。メチルテトラヒドロフランやレブリン酸エステル類は，ガソリンやバイオディーゼルの添加剤として利用される。δ-アミノレブリン酸は，除草剤として利用される。ジフェノール酸は，ビスフェノール A の代替品としての利用が期待される。

ソルビトールは，ラネーニッケルを触媒としたグルコースの水素添加により製造される。ソルビトールの水素化分解によりプロピレングリコールが生産されるが，収率が 35% 程度と低く，製造法の改良が必要である。キシリトールは，キシロースの水素添加により製造される。現在，抗齲蝕性糖質としての用途が拡大しているが，アラビニトールとともに，バイオリファイナリーの C5 プラットフォーム化合物となる。キシリトールは，キシロースの代謝中間体であり，発酵法によるコーンコブ，バガスなどのバイオマスからのキシリトール生産も研究され，工業化に近いレベルに達している[16]。

7.4 石油リファイナリープロセスとリンクした糖質からのポリマー生産

バイオリファイナリーは，長期的に見ればバイオマスの変換に適したプラットフォーム化合物の生産とそれからの体系的変換プロセスの構築に向かうであろうが，中短期的には，既存の石油リファイナリープロセスとリンクした化学品の生産が実用化される。現在，バイオマス由来の糖からエタノール，プロパノール，ブタノールを発酵生産し，これからエチレン，プロピレンを合成して，ポリエチレン，ポリプロピレンを製造するプロセス開発が活発化している（図3）。ブラジルでは，バイオエタノールからのポリエチレン製造を Braskem 社と Triunfo 社が 2010 年，Dow Chemical 社と Crystalsev 社が 2011 年に商用化する計画である。また，ベルギーの Solvay 社とブラジルの Petrobas 社もバイオエタノールからのポリエチレン製造を計画中である。バイオエタノールからポリプロピレン製造に関しては，やはりブラジルの Braskem 社が 2012 年に商

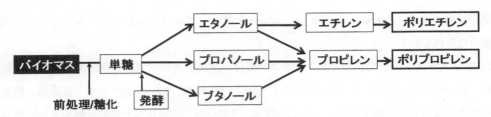

図3 発酵と石油化学プロセスがリンクしたバイオマスからの汎用ポリマーの生産

用化する計画を立てている。日本の経済産業省と農林水産省が中心になって設立したバイオ燃料技術革新協議会でも，バイオアルコールをプロピレンへ変換する技術開発のロードマップが示されており，現在NEDOのプロジェクトで研究開発が実施中である。

7.5 ヘミセルロースの機能開発と製紙産業がリンクした森林バイオリファイナリー

米国では，Weyerhaeuser社，DOEを中心に，森林の育成や既存の紙パルプ製造プロセスとリンクした森林バイオリファイナリー構想が議論されている。こうした議論は欧州でも活発化している。このプロセスでは，既存のパルプ工場にバイオリファイナリーのための化学工場ユニットを導入する。はじめに，パルプ化の前に容易に抽出できるヘミセルロースを抽出・分離し，これを発酵原料としてエタノールや化学品を生産する。既存のパルプ工程では，ヘミセルロースの一部は，蒸解過程でパルプから溶出し，一部はパルプに再吸着されるものの，残りは分解を伴いながら蒸解液に溶解したまま熱源として利用されているにすぎない。このため，溶出したヘミセルロースをボイラーで燃焼させるより，パルプ化の前に抽出して発酵原料とした方が，資源を有効利用できるというのがこの構想である。ジョージア工科大学のShinらは，木材からのヘミセルロースの抽出にNeosartorya spinosa NRRL185が産生するヘミセルラーゼを用いた酵素処理が有用であると発表している[17]。この酵素処理では，分解を伴いながら，25%以上のヘミセルロース（主としてグルコマンナン）が回収される。NRRL185株の酵素は，コーンファイバーからフェルラ酸を分離する処理にも有用である[18]。一方，黒液やパルプスラッジ，木材残滓，発酵残滓，などは，ガス化して合成ガスに変換する。合成ガスは触媒反応によりアルコール類などの有用ケミカルスに変換して利用する。また，生成した水素は分離して，燃料電池，水素燃料エンジン，化学反応の原料として利用する。米国のパルプ工場のボイラーは老朽化しており，これを最新鋭のガス化炉とボイラー設備に更新することによって，パルプ工場が，バイオリファイナリー工場となる。このように，バイオリファイナリーでは，パルプ製造と化学品製造をリンクすることによって，森林バイオマスの付加価値を高め，プロセスの経済収支を向上させることを目標としている。

第5章　セルロース，ヘミセルロースの制御技術

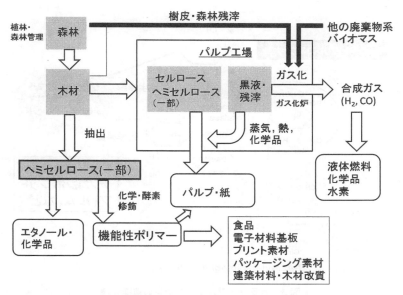

図4　ヘミセルロースの機能変換と紙生産がリンクした森林バイオリファイナリー

　北欧を中心とする欧州の森林バイオリファイナリーでは，ヘミセルロースを発酵原料としてとらえるのみでなく，機能性ポリマー素材として付加価値を高め，それを食品，包装，電子産業など様々な産業とリンクして価値を連鎖させる戦略（バリューチェーン）が提示されている。特にフィンランドでは，この戦略が明確化されており，ヘミセルロースの機能改変が森林バイオリファイナリーの実現に大きな役割を果たすと認識されている（図4）。こうした点を背景として，木質バイオマスからガラクトグルコマンナンやキシランを抽出し，それらに酵素的あるいは化学的修飾を加えて機能改変し，高付加価値物として利用する研究開発が現在活発に行われている[19,20]。針葉樹のヘミセルロースであるガラクトグルコマンナンやアラビノグルクロノシラン，広葉樹の主要なヘミセルロースであるアセチルグルクロノキシランは，ハイドロコロイド，ナノコンポジット材料，機能性フィルムの素材として有望である。とりわけ，ガラクトグルコマンナンはサーモケミカルパルプの製造工程からも大量に産生することから，既存の製紙産業のプロセスに直結する。スプルース材のサーモケミカルパルプでは，およそ5kg/tのガラクトグルコマンナンが副生する。このガラクトグルコマンナンのガラクトース側鎖をガラクトースオキシダーゼにより修飾し，化学修飾の反応点とする研究がヘルシンキ大学やオーボ・アカデミー大学を中心に行われている（図5）。また，コンニャクグルコマンナン，キサンタン，グアーガム，ローカストビーンガム，カラギーナンとのブレンドによる物性の改変も試みられている[20,21]。キシランについても，フィルムの生産を目的として，カルボキシメチルキシラン，ヒドロキシプロピル

231

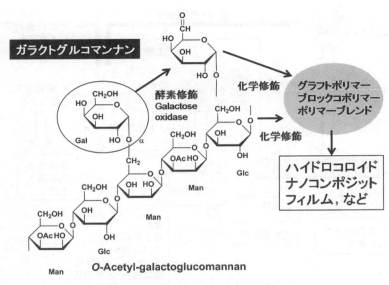

図5 ガラクトグルコマンナンの機能変換

トリメチルアンモニウムキシラン，メチルキシランなどが調製され，物性が調べられている[20]。

7.6 セロオリゴ糖の機能開発

　セルロースはこれまで高分子体として様々な利用法が開発されてきたが，セロオリゴ糖の工業生産は小規模な試薬用途に限られてきた。セルロースは，最も蓄積量の多い天然高分子であることから，セロオリゴ糖はバイオリファイナリーの基本化学品として利用できる可能性を秘めている。筆者らは，日本化学機械製造㈱，松谷化学工業㈱，日本製紙ケミカル㈱とセルロース系オリゴ糖の機能開発とバイオリアクターによる生産に関する共同研究を実施し，セロビオースを90%以上含む"セロオリゴ90"のパイロット生産とヒトとラットに対する生理機能試験を行ってきた。これまでに，セロビオースは，ヒトやラットに対して難消化性オリゴ糖として機能し，腸内細菌による発酵では，大腸上皮細胞の新陳代謝の活性化作用のある酪酸の産生が促進されることを報告している[22, 23]。日本製紙ケミカル㈱は，セロオリゴ糖の飼料用途に注目して，セロオリゴ糖を家畜飼料に給与した場合の生理作用に関する研究を実施した。畜産草地研究所，筑波大学，茨城大学などと共同で，離乳子豚に対してセロオリゴ糖を0.5%添加した市販人工乳を給与すると，飼料摂取量と体重が顕著に増加することを示した[24]。また，セロオリゴ糖を牛に給与すると乾物消化率，繊維消化率が改善されると報告している[25]。"セロオリゴ90"は溶解パルプからβ-グルコシダーゼ活性の低いセルラーゼの作用により生産される。日本製紙ケミカル㈱は，セロオリゴ糖の生産と生理作用に関するこれまでの共同研究の成果をもとに同社江津工場内に

第 5 章　セルロース，ヘミセルロースの制御技術

セロオリゴ糖生産プラントを建設した[25]。セロビオースは，酸化，還元，アルカリ異性化，エステル化，糖転移などにより，様々な誘導体への変換が可能であり[22]，工業生産を契機として，バイオリファイナリーのプラットフォーム化合物としての用途開発が進むことを期待したい。江崎グリコ㈱は，微量のマルトテトラオースを含むセロビオース溶液に5種類の酵素（セロビオースホスホリラーゼ，グルカンホスホリラーゼ，ムタロターゼ，グルコースオキシダーゼ，ペルオキシダーゼ）をリン酸存在下に同時に作用させることにより，アミロースが生産されることを報告した[26,27]。アミロースの分子量は，マルトテトラオースの濃度を変化させることにより，42KDa から 730KDa まで変化する。反応は，最初にセロビオースホスホリラーゼがセロビオースに作用してグルコース-1-リン酸を生じ，次にグルコース-1-リン酸にグルカンホスホリラーゼが作用してアミロースが生産される。ムタロターゼは，アノマー位の α，β の変換，グルコースオキシダーゼは，切断の結果残るグルコースの酸化，ペルオキシダーゼは，グルコースオキシダーゼの反応によって生じる過酸化水素の消去作用をもち，これらの組合わせにより反応効率が上昇する。この方法では，セロビオースの2つのグルコース残基のうちの1つは利用されないという問題点があるが，リグノセルロースから食糧源を作るコンセプトから注目を集めた。プレス発表では，セロビオース 100g からアミロースが 35g できるとしている[27]。

文　　献

1) 渡辺隆司，木材学会誌，**53**，1（2007）
2) 渡辺隆司，リグノセルロース系バイオリファイナリー，ウッドケミカルスの新展開，シーエムシー出版，87-106（2007）
3) G-TeC レポート　第三世代バイオマス技術の日米欧研究開発比較，㈵科学技術振興機構　研究開発戦略センター，東京，1（2006）
4) 高木忍，第6回糸状菌分子生物学コンファレンス講演要旨集，23（2006）
5) 栗冠和郎，セルラーゼ研究会報，**20**，13（2006）
6) Arai, T., *et al., Proc. Natl. Acad. Sci. USA,* **104**, 1456（2007）
7) Watanabe, S., *et al., J. Biol. Chem.,* **281**, 2612（2006）
8) "バイオリファイナリーの研究・技術動向調査"報告書，㈶バイオインダストリー協会，東京（2005）
9) http://www1.eere.energy.gov/biomass/pdfs/35523.pdf
10) S. Kleff, http://www.mbi.org/simpresnew.pdf
11) Lee, P. C., *et al., Biotechnol. Lett.,* **25**, 111（2003）
12) Guettler, M. V., *et al.,* U.S. Patent 5,573,931（1996）

13) Inui, M., *et al., J. Mol. Microbiol. Biotechnol.,* **7**, 182 (2004)
14) 乾将行ほか，バイオサイエンスとインダストリー，**63**, 89 (2005)
15) Holo, H., *et al., Arch. Microbiol.,* **145**, 173 (1986)
16) Santos, J. C., *et al., Biotechnol Prog.,* **21**, 1639 (2005)
17) Shin, H.-D., *et al.,* http://aiche.confex.com/aiche/2006/preliminaryprogram/abstract_61852.htm
18) Shin, H.-D., *et al., Biotechnol. Bioeng.,* **95**, 1108 (2006)
19) 渡辺隆司，Biofuels World 2009，バイオ燃料専門セミナーテキスト，A.B33, 35 (2009)
20) Proc. of Workshop on Production, Functionalization and Analysis of Hemicelluloses for Sustainable Advanced Products, 1-71 (2007)
21) Mikkonen, K. S., *et al., BioResources,* **3**, 178-191 (2008)
22) 渡辺隆司，*Cellulose Commun.,* **5**, 91 (1998)
23) 里内美津子ほか，日本栄養・食糧学会誌，**49**, 143 (1996)
24) 大誠ほか，*Animal Sci. J.,* **75**, 225 (2004)
25) 機能性オリゴ糖セロビオース事業化，食品化学新聞，2007年6月7日
26) 大段光司ほか，2005年度農芸化学会大会講演要旨集，200 (2005)
27) http://www.ezaki-glico.com/release/20050317/index_2.html
28) http://www.nedo.go.jp/activities/portal/gaiyou/p06014/h19jisshi.pdf

第6章　石油社会からバイオ時代へ

舩岡正光*

　植物資源育成の場は，農場と森林に大別される。前者は食料生産の場，後者は木材生産の場と認識され，それを基盤として現在の1次産業の仕組みが形成されている。しかし，経済効果をもたらす区分のみを対象とする従来のシステムは膨大なゴミを生み出し，さらにその一括燃焼廃棄は自然界の仕組みの大規模な攪乱へと繋がっている。生命とその支持体という認識のもとに視点を分子に落とせばそこに全くゴミはなく，全て地球外エネルギーによって構築されたポテンシャルの高い脂肪族系および芳香族系濃縮分子素材である。

　食料は生態系で生産するものとして古くから活動が展開されてきたが，一方工業材料そしてその原料を生物的に生産するというスタンスは我々に乏しい。しかし，石油が使えなくなる時代が目前にあること，地球は有限であることを認識するとき，我々は早急に石油に代わるそしてそのポテンシャルを有する分子原料を持続的に育成，生産しなければならない。従来の農場と森林は，まさにそのための持続的"分子農場"として位置付けられる。

　我々は太陽エネルギーによって濃縮されたポテンシャルの高いリグノセルロース資源を木材，紙としてのピンポイント的な活用後，安易に廃棄，拡散させてはならない。人間社会を一つの閉鎖空間とみなし，分子に包含された機能を活用することによってハイポテンシャル型からローポテンシャル型へと逐次構造を切りかえ，持続的に活用する社会システムを早急に構築しなければならない。農林水産省と経済産業省が融合することが必要なことは言うまでもなく，教育，研究の場においても自然からスタートする農学系と人間からスタートする工学系が融合し，自然からスタートし，人間を経由しながら自然へと帰る全く新しい持続的な学問分野の創成が必要とされる。

　図1は，人類世代における基盤資源と人間の技術レベルを示している。18世紀頃まで我々人間は生態系を肯定し，そこに深く根ざした生活を営んでいた。人間の技術レベルも低く，生態系のすべてを受け入れ，その中で最大に活動する姿勢を持っていた。19世紀に入り石炭が登場する。森林中の樹木分布，樹木中の炭素分布に比べ，地中に高密度で埋蔵される石炭は遙かにその炭素

＊　Masamitsu Funaoka　三重大学　大学院生物資源学研究科　教授

木質系有機資源の新展開Ⅱ

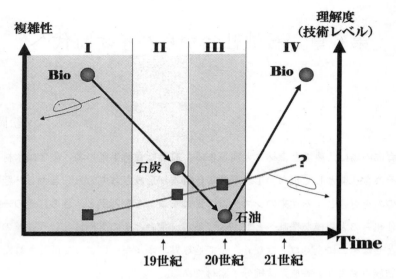

図1　基盤資源と人間の技術レベル

濃縮レベルが高く，石炭は一気にエネルギー資源として社会に取り込まれ，これにより1次の産業革命が起こることになる。石炭の構造と機能は，その上流に位置する植物に比べ遙かに単純であるが，当時の人間の技術レベルではなおその制御は困難であり，そのほとんどはもっぱら分子構造を無視したエネルギー資源として使われることになる。19世紀末から20世紀にかけ石油が広く認知される。これまでの木材，石炭とは異なり石油は液体であり，その炭素濃縮レベルはさらに高く（高発熱体），輸送が容易であるため，エネルギー資源として一気に石炭に代わり世界に広がることになる。その分子解体レベルは石炭よりも遙かに大きく，一方人間の技術レベルは石炭時代よりも遙かに高くなっており，結果として人間はその組成，分子構造のほぼすべてを知ることになる。構造の明確な単純原料から目的とする素材，材料を精密に組み上げる合成化学が立ち上がり，社会への機能材料の大規模提供が開始される。石油を手に入れ人間は初めて資源に対し優位に立ったのである。社会形成に必須となるエネルギーとマテリアルの両者を手中に収めた人間は，周辺の生態系を無視し，"人間の人間による人間のための活動"に特化するようになり，生態系の中で人間のみが暴走し，その結果人間社会は生態系から大きく孤立することになる（環境破壊，環境攪乱）。時代とともに人間の技術は進歩し，一方基盤資源は複雑系（バイオ）から単純系（石油）へ――大きな努力なく社会はバイオから石油の時代へ移行し，そして暴走を始めたのは，ある意味で当然の成り行きである。

　21世紀はバイオの時代と言われている。我々は今石油の有限性，そしてその大量使用による環境攪乱に気づき，改めて『持続性』というキーワードの下で植物の重要性を再認識することに

第6章 石油社会からバイオ時代へ

なる。しかし，我々がエネルギー，物質資源として期待しているバイオ——それは地球生態系の基盤資源であり，人間はその下流側に生きる従属体である。生態系構成ユニットという意味で人間も木材もトマトも対等であり，そのすべての仕組みを認識することは不可能に近い。生物の解体によって誘導された単純系資源（石油）の技術で複合系としての仕組みを持ったバイオマテリアルを制御できるわけはなく，そして人間の技術で単純に組み上げられた単機能材料の評価法（現代経済）でそれを評価できるわけもない。にもかかわらず，我々はなお自らの活動を変えようともせず，なおも石油系の技術と経済学の中に浸ったまま次世代のバイオ活動を評価しようとしているのではないだろうか。バイオを高エネルギー処理にて一気に解体し，認知できるもののみを活用し他はゴミとする活動，バイオ系材料を常に石油の経済学で評価し，マイナス点を与える活動——このような活動の延長線上に真の環境を攪乱しない持続的社会が来るであろうか。

石油社会からバイオ時代へ——そのなめらかな移行には，生態系を肯定する新しい技術の確立，新しい価値観の創成，新しい社会構造の創成，新しい評価法の確立が必要とされる。新しい文化の創成である。

エネルギーと材料にあふれた現代社会は，長い人類世代の中できわめて異質である。地下に隔離された濃縮炭素（化石資源）を地上に持ち出し，一過的に人間という生物が励起されているに過ぎない。バブルはやがて消え，元の基底状態がやってくる。いや健全な生態系を攪乱し，その一部を既に破壊してしまった現在，元の基底状態へもシフトできないかもしれない。真に持続的社会，発展的社会を目指すのであれば，石油が使える間に我々は代替資源を確保しなければならず，その遅れと失敗が何を引き起こすかは，これまでの人類の悲しい歴史が明確に物語っている。今こそ20世紀までに構築した人間の英知，技術を新しい指針の下に整理し，全く新規な持続的社会システムの構築に向け，国境を越えて積極的かつ発展的な活動を起こさなければならない。その素地は日本に整っている。

木質系有機資源の新展開Ⅱ　《普及版》	(B1152)

2009年10月30日　初　版　第1刷発行
2015年12月 8 日　普及版　第1刷発行

監　修	舩岡正光	Printed in Japan
発行者	辻　賢司	
発行所	株式会社シーエムシー出版	
	東京都千代田区神田錦町 1-17-1	
	電話 03 (3293) 7066	
	大阪市中央区内平野町 1-3-12	
	電話 06 (4794) 8234	
	http://www.cmcbooks.co.jp/	

〔印刷　株式会社遊文舎〕　　　　　　　　　　Ⓒ M. Funaoka, 2015

落丁・乱丁本はお取替えいたします。

本書の内容の一部あるいは全部を無断で複写（コピー）することは，法律で認められた場合を除き，著作者および出版社の権利の侵害になります。

ISBN978-4-7813-1045-9　C3058　¥3800E